"机动车船污染防治和治理"系列丛书

非道路移动机械环境管理
实用手册

中国环境科学研究院　编

中国环境出版集团·北京

图书在版编目（CIP）数据

非道路移动机械环境管理实用手册 / 中国环境科学研究院编.
—北京：中国环境出版集团，2023.10
（"机动车船污染防治和治理"系列丛书）
ISBN 978-7-5111-5597-9

Ⅰ．①非…　Ⅱ．①中…　Ⅲ．①工程机械—环境管理—
中国—手册　Ⅳ．①X76-62

中国国家版本馆 CIP 数据核字（2023）第 161625 号

出 版 人　武德凯
策划编辑　张维平
责任编辑　宾银平
封面设计　彭　杉

出版发行　中国环境出版集团
　　　　　（100062　北京市东城区广渠门内大街 16 号）
　　　　　网　　　址：http://www.cesp.com.cn
　　　　　电子邮箱：bjgl@cesp.com.cn
　　　　　联系电话：010-67112765（编辑管理部）
　　　　　发行热线：010-67125803，010-67113405（传真）
印　　刷　北京建宏印刷有限公司
经　　销　各地新华书店
版　　次　2023 年 10 月第 1 版
印　　次　2023 年 10 月第 1 次印刷
开　　本　787×1092　1/16
印　　张　19
字　　数　430 千字
定　　价　98.00 元

《非道路移动机械环境管理实用手册》

编 委 会

主　　编：解淑霞

副 主 编：郝春晓

编写人员：王军方　纪　亮　黄志辉　谷雪景

　　　　　何卓识　马　帅　李　刚　马　冬

　　　　　田　苗　彭　顿　赵　莹　窦广玉

前　言

　　党的十八大以来，生态文明建设上升到关系党和国家事业的战略高度，大气污染防治受到前所未有的重视。移动源排放是大气污染物的重要来源，《第二次全国污染源普查公报》统计显示，2017年移动源氮氧化物（NO_x）和挥发性有机物（VOCs）排放量分别占污染源排放总量的59.6%和23.5%。《中国移动源环境管理年报（2022年）》显示，2021年非道路移动机械排放的NO_x和颗粒物（PM）分别占移动源排放总量的29%、55%，与机动车相比，非道路移动机械的NO_x、PM排放量分别为机动车的一半和两倍多。根据排放状况，全面开展非道路移动机械排放管控已经成为大气污染治理方面迫切而重要的任务。因此，国家不断通过各项政策、法规、标准等推动非道路移动机械的排放管控。

　　2013年9月，国务院印发《大气污染防治行动计划》，提出开展工程机械等非道路移动机械的污染控制。2018年6月，国务院印发《打赢蓝天保卫战三年行动计划》，提出加强非道路移动机械污染防治。2018年12月，生态环境部等11部门联合印发《柴油货车污染治理攻坚战行动计划》，部署的四大行动措施之一为清洁柴油机行动，主要针对非道路移动机械。2022年11月，生态环境部等15部门发布《深入打好重污染天气消除、臭氧污染防治和柴油货车污染治理攻坚战行动方案》，提出非道路移动源综合治理行动，重点推进非道路移动机械清洁发展及排放监管。为落实以上国家相关政策，各地方和相关部门发布了各种方案措施等以推进非道路移动机械的污染治理。

　　2015年修订的《中华人民共和国大气污染防治法》完善了非道路移动机械环境监管的相关法律规定，随后各地在进行大气污染防治条例和移动源排放污染防治专项条例的制（修）订时，逐渐增加了非道路移动机械的相关内容，促进了大气污染防治法中相关措施在地方的落地实施。同时在《中华人民共和国大气污染防治法》引领下，非道路移动机械逐步建立了环保信息公开、编码登记、高排放非道路移动机械禁用区等制度，2021 年 7 月 1 日施行的《机动车排放召回管理规定》也为非道路移动机械排放超标的召回提供了参照依据，非道路移动机械环境监管法律体系不断完善。

除在政策、法规层面不断完善外，非道路移动机械的排放标准体系也在逐渐完善。目前，非道路移动机械排放标准包括柴油和汽油非道路移动机械，管理的阶段从新生产阶段逐渐过渡到新生产和在用阶段全生命周期监管，监管对象从单一的非道路移动机械发动机逐渐兼顾机械整机排放。从标准发展趋势来看，非道路移动机械尾气排放监管的污染物种类逐渐增多，限值不断加严，更加注重对非道路移动机械全生命周期以及实际排放的管控。

为配合做好非道路移动机械污染防治，实现精准治污、科学治污、依法治污，中国环境科学研究院编制了"机动车船污染防治和治理"系列丛书。本书是系列丛书之一，主要包括我国非道路移动机械排放环境管理体系相关的法律、政策、地方法规、规章及排放标准等内容。本书由中国环境科学研究院解淑霞担任主编，郝春晓担任副主编，黄志辉、纪亮编写了第一部分，彭頔编写了第二部分，何卓识、窦广玉、赵莹编写了第三部分，解淑霞、王军方、李刚编写了第四部分，郝春晓、马帅编写了第五部分，谷雪景、马冬编写了第六部分。非道路移动机械环境管理体系内容丰富，由于编者能力有限，相关内容难免有所疏漏，恳请各位读者批评指正。希望此书有利于促进我国非道路移动机械环境管理体系的不断完善及地方环境监管能力的提升，为持续改善环境空气质量提供支撑。

编　者

2023 年 3 月

目 录

第一部分　法律

中华人民共和国环境保护法

（1989 年 12 月 26 日第七届全国人民代表大会常务委员会第十一次会议通过
2014 年 4 月 24 日第十二届全国人民代表大会常务委员会第八次会议修订）

第一章　总则

第一条　为保护和改善环境，防治污染和其他公害，保障公众健康，推进生态文明建设，促进经济社会可持续发展，制定本法。

第二条　本法所称环境，是指影响人类生存和发展的各种天然的和经过人工改造的自然因素的总体，包括大气、水、海洋、土地、矿藏、森林、草原、湿地、野生生物、自然遗迹、人文遗迹、自然保护区、风景名胜区、城市和乡村等。

第三条　本法适用于中华人民共和国领域和中华人民共和国管辖的其他海域。

第四条　保护环境是国家的基本国策。

国家采取有利于节约和循环利用资源、保护和改善环境、促进人与自然和谐的经济、技术政策和措施，使经济社会发展与环境保护相协调。

第五条　环境保护坚持保护优先、预防为主、综合治理、公众参与、损害担责的原则。

第六条　一切单位和个人都有保护环境的义务。

地方各级人民政府应当对本行政区域的环境质量负责。

企业事业单位和其他生产经营者应当防止、减少环境污染和生态破坏，对所造成的损害依法承担责任。

公民应当增强环境保护意识，采取低碳、节俭的生活方式，自觉履行环境保护义务。

第七条　国家支持环境保护科学技术研究、开发和应用，鼓励环境保护产业发展，促进环境保护信息化建设，提高环境保护科学技术水平。

第八条 各级人民政府应当加大保护和改善环境、防治污染和其他公害的财政投入，提高财政资金的使用效益。

第九条 各级人民政府应当加强环境保护宣传和普及工作，鼓励基层群众性自治组织、社会组织、环境保护志愿者开展环境保护法律法规和环境保护知识的宣传，营造保护环境的良好风气。

教育行政部门、学校应当将环境保护知识纳入学校教育内容，培养学生的环境保护意识。

新闻媒体应当开展环境保护法律法规和环境保护知识的宣传，对环境违法行为进行舆论监督。

第十条 国务院环境保护主管部门，对全国环境保护工作实施统一监督管理；县级以上地方人民政府环境保护主管部门，对本行政区域环境保护工作实施统一监督管理。

县级以上人民政府有关部门和军队环境保护部门，依照有关法律的规定对资源保护和污染防治等环境保护工作实施监督管理。

第十一条 对保护和改善环境有显著成绩的单位和个人，由人民政府给予奖励。

第十二条 每年 6 月 5 日为环境日。

第二章 监督管理

第十三条 县级以上人民政府应当将环境保护工作纳入国民经济和社会发展规划。

国务院环境保护主管部门会同有关部门，根据国民经济和社会发展规划编制国家环境保护规划，报国务院批准并公布实施。

县级以上地方人民政府环境保护主管部门会同有关部门，根据国家环境保护规划的要求，编制本行政区域的环境保护规划，报同级人民政府批准并公布实施。

环境保护规划的内容应当包括生态保护和污染防治的目标、任务、保障措施等，并与主体功能区规划、土地利用总体规划和城乡规划等相衔接。

第十四条 国务院有关部门和省、自治区、直辖市人民政府组织制定经济、技术政策，应当充分考虑对环境的影响，听取有关方面和专家的意见。

第十五条 国务院环境保护主管部门制定国家环境质量标准。

省、自治区、直辖市人民政府对国家环境质量标准中未作规定的项目，可以制定地方环境质量标准；对国家环境质量标准中已作规定的项目，可以制定严于国家环境质量标准的地方环境质量标准。地方环境质量标准应当报国务院环境保护主管部门备案。

国家鼓励开展环境基准研究。

第十六条 国务院环境保护主管部门根据国家环境质量标准和国家经济、技术条件，制定国家污染物排放标准。

省、自治区、直辖市人民政府对国家污染物排放标准中未作规定的项目，可以制定地方污染物排放标准；对国家污染物排放标准中已作规定的项目，可以制定严于国家污染物排放标准的地方污染物排放标准。地方污染物排放标准应当报国务院环境保护主管部门备案。

第十七条 国家建立、健全环境监测制度。国务院环境保护主管部门制定监测规范，会同有关部门组织监测网络，统一规划国家环境质量监测站（点）的设置，建立监测数据共享机制，加强对环境监测的管理。

有关行业、专业等各类环境质量监测站（点）的设置应当符合法律法规规定和监测规范的要求。

监测机构应当使用符合国家标准的监测设备，遵守监测规范。监测机构及其负责人对监测数据的真实性和准确性负责。

第十八条 省级以上人民政府应当组织有关部门或者委托专业机构，对环境状况进行调查、评价，建立环境资源承载能力监测预警机制。

第十九条 编制有关开发利用规划，建设对环境有影响的项目，应当依法进行环境影响评价。

未依法进行环境影响评价的开发利用规划，不得组织实施；未依法进行环境影响评价的建设项目，不得开工建设。

第二十条 国家建立跨行政区域的重点区域、流域环境污染和生态破坏联合防治协调机制，实行统一规划、统一标准、统一监测、统一的防治措施。

前款规定以外的跨行政区域的环境污染和生态破坏的防治，由上级人民政府协调解决，或者由有关地方人民政府协商解决。

第二十一条 国家采取财政、税收、价格、政府采购等方面的政策和措施，鼓励和支持环境保护技术装备、资源综合利用和环境服务等环境保护产业的发展。

第二十二条 企业事业单位和其他生产经营者，在污染物排放符合法定要求的基础上，进一步减少污染物排放的，人民政府应当依法采取财政、税收、价格、政府采购等方面的政策和措施予以鼓励和支持。

第二十三条 企业事业单位和其他生产经营者，为改善环境，依照有关规定转产、搬迁、关闭的，人民政府应当予以支持。

第二十四条 县级以上人民政府环境保护主管部门及其委托的环境监察机构和其他负有环境保护监督管理职责的部门，有权对排放污染物的企业事业单位和其他生产经营者进行现场检查。被检查者应当如实反映情况，提供必要的资料。实施现场检查的部门、机构及其工作人员应当为被检查者保守商业秘密。

第二十五条 企业事业单位和其他生产经营者违反法律法规规定排放污染物，造成或者可能造成严重污染的，县级以上人民政府环境保护主管部门和其他负有环境保护监督管理职责的部门，可以查封、扣押造成污染物排放的设施、设备。

第二十六条 国家实行环境保护目标责任制和考核评价制度。县级以上人民政府应当将环境保护目标完成情况纳入对本级人民政府负有环境保护监督管理职责的部门及其负责人和下级人民政府及其负责人的考核内容，作为对其考核评价的重要依据。考核结果应当向社会公开。

第二十七条 县级以上人民政府应当每年向本级人民代表大会或者人民代表大会常务委员会报告环境状况和环境保护目标完成情况，对发生的重大环境事件应当及时向本级人民代表大会常务委员会报告，依法接受监督。

第三章 保护和改善环境

第二十八条 地方各级人民政府应当根据环境保护目标和治理任务，采取有效措施，改善环境质量。

未达到国家环境质量标准的重点区域、流域的有关地方人民政府，应当制定限期达标规划，并采取措施按期达标。

第二十九条 国家在重点生态功能区、生态环境敏感区和脆弱区等区域划定生态保护红线，实行严格保护。

各级人民政府对具有代表性的各种类型的自然生态系统区域，珍稀、濒危的野生动植物自然分布区域，重要的水源涵养区域，具有重大科学文化价值的地质构造、著名溶洞和化石分布区、冰川、火山、温泉等自然遗迹，以及人文遗迹、古树名木，应当采取措施予以保护，严禁破坏。

第三十条 开发利用自然资源，应当合理开发，保护生物多样性，保障生态安全，依法制定有关生态保护和恢复治理方案并予以实施。

引进外来物种以及研究、开发和利用生物技术，应当采取措施，防止对生物多样性的破坏。

第三十一条 国家建立、健全生态保护补偿制度。

国家加大对生态保护地区的财政转移支付力度。有关地方人民政府应当落实生态保护补偿资金，确保其用于生态保护补偿。

国家指导受益地区和生态保护地区人民政府通过协商或者按照市场规则进行生态保护补偿。

第三十二条 国家加强对大气、水、土壤等的保护，建立和完善相应的调查、监测、评估和修复制度。

第三十三条 各级人民政府应当加强对农业环境的保护，促进农业环境保护新技术的使用，加强对农业污染源的监测预警，统筹有关部门采取措施，防治土壤污染和土地沙化、盐渍化、贫瘠化、石漠化、地面沉降以及防治植被破坏、水土流失、水体富营养化、水源枯竭、种源灭绝等生态失调现象，推广植物病虫害的综合防治。

县级、乡级人民政府应当提高农村环境保护公共服务水平，推动农村环境综合整治。

第三十四条　国务院和沿海地方各级人民政府应当加强对海洋环境的保护。向海洋排放污染物、倾倒废弃物，进行海岸工程和海洋工程建设，应当符合法律法规规定和有关标准，防止和减少对海洋环境的污染损害。

第三十五条　城乡建设应当结合当地自然环境的特点，保护植被、水域和自然景观，加强城市园林、绿地和风景名胜区的建设与管理。

第三十六条　国家鼓励和引导公民、法人和其他组织使用有利于保护环境的产品和再生产品，减少废弃物的产生。

国家机关和使用财政资金的其他组织应当优先采购和使用节能、节水、节材等有利于保护环境的产品、设备和设施。

第三十七条　地方各级人民政府应当采取措施，组织对生活废弃物的分类处置、回收利用。

第三十八条　公民应当遵守环境保护法律法规，配合实施环境保护措施，按照规定对生活废弃物进行分类放置，减少日常生活对环境造成的损害。

第三十九条　国家建立、健全环境与健康监测、调查和风险评估制度；鼓励和组织开展环境质量对公众健康影响的研究，采取措施预防和控制与环境污染有关的疾病。

第四章　防治污染和其他公害

第四十条　国家促进清洁生产和资源循环利用。

国务院有关部门和地方各级人民政府应当采取措施，推广清洁能源的生产和使用。

企业应当优先使用清洁能源，采用资源利用率高、污染物排放量少的工艺、设备以及废弃物综合利用技术和污染物无害化处理技术，减少污染物的产生。

第四十一条　建设项目中防治污染的设施，应当与主体工程同时设计、同时施工、同时投产使用。防治污染的设施应当符合经批准的环境影响评价文件的要求，不得擅自拆除或者闲置。

第四十二条　排放污染物的企业事业单位和其他生产经营者，应当采取措施，防治在生产建设或者其他活动中产生的废气、废水、废渣、医疗废物、粉尘、恶臭气体、放射性物质以及噪声、振动、光辐射、电磁辐射等对环境的污染和危害。

排放污染物的企业事业单位，应当建立环境保护责任制度，明确单位负责人和相关人员的责任。

重点排污单位应当按照国家有关规定和监测规范安装使用监测设备，保证监测设备正常运行，保存原始监测记录。

严禁通过暗管、渗井、渗坑、灌注或者篡改、伪造监测数据，或者不正常运行防治污染设施等逃避监管的方式违法排放污染物。

第四十三条　排放污染物的企业事业单位和其他生产经营者，应当按照国家有关规定缴纳排污费。排污费应当全部专项用于环境污染防治，任何单位和个人不得截留、挤占或者挪作他用。

依照法律规定征收环境保护税的，不再征收排污费。

第四十四条　国家实行重点污染物排放总量控制制度。重点污染物排放总量控制指标由国务院下达，省、自治区、直辖市人民政府分解落实。企业事业单位在执行国家和地方污染物排放标准的同时，应当遵守分解落实到本单位的重点污染物排放总量控制指标。

对超过国家重点污染物排放总量控制指标或者未完成国家确定的环境质量目标的地区，省级以上人民政府环境保护主管部门应当暂停审批其新增重点污染物排放总量的建设项目环境影响评价文件。

第四十五条　国家依照法律规定实行排污许可管理制度。

实行排污许可管理的企业事业单位和其他生产经营者应当按照排污许可证的要求排放污染物；未取得排污许可证的，不得排放污染物。

第四十六条　国家对严重污染环境的工艺、设备和产品实行淘汰制度。任何单位和个人不得生产、销售或者转移、使用严重污染环境的工艺、设备和产品。

禁止引进不符合我国环境保护规定的技术、设备、材料和产品。

第四十七条　各级人民政府及其有关部门和企业事业单位，应当依照《中华人民共和国突发事件应对法》的规定，做好突发环境事件的风险控制、应急准备、应急处置和事后恢复等工作。

县级以上人民政府应当建立环境污染公共监测预警机制，组织制定预警方案；环境受到污染，可能影响公众健康和环境安全时，依法及时公布预警信息，启动应急措施。

企业事业单位应当按照国家有关规定制定突发环境事件应急预案，报环境保护主管部门和有关部门备案。在发生或者可能发生突发环境事件时，企业事业单位应当立即采取措施处理，及时通报可能受到危害的单位和居民，并向环境保护主管部门和有关部门报告。

突发环境事件应急处置工作结束后，有关人民政府应当立即组织评估事件造成的环境影响和损失，并及时将评估结果向社会公布。

第四十八条　生产、储存、运输、销售、使用、处置化学物品和含有放射性物质的物品，应当遵守国家有关规定，防止污染环境。

第四十九条　各级人民政府及其农业等有关部门和机构应当指导农业生产经营者科学种植和养殖，科学合理施用农药、化肥等农业投入品，科学处置农用薄膜、农作物秸秆等农业废弃物，防止农业面源污染。

禁止将不符合农用标准和环境保护标准的固体废物、废水施入农田。施用农药、化肥等农业投入品及进行灌溉，应当采取措施，防止重金属和其他有毒有害物质污染环境。

畜禽养殖场、养殖小区、定点屠宰企业等的选址、建设和管理应当符合有关法律法规规定。从事畜禽养殖和屠宰的单位和个人应当采取措施，对畜禽粪便、尸体和污水等废弃物进行科学处置，防止污染环境。

县级人民政府负责组织农村生活废弃物的处置工作。

第五十条 各级人民政府应当在财政预算中安排资金，支持农村饮用水水源地保护、生活污水和其他废弃物处理、畜禽养殖和屠宰污染防治、土壤污染防治和农村工矿污染治理等环境保护工作。

第五十一条 各级人民政府应当统筹城乡建设污水处理设施及配套管网，固体废物的收集、运输和处置等环境卫生设施，危险废物集中处置设施、场所以及其他环境保护公共设施，并保障其正常运行。

第五十二条 国家鼓励投保环境污染责任保险。

第五章 信息公开和公众参与

第五十三条 公民、法人和其他组织依法享有获取环境信息、参与和监督环境保护的权利。

各级人民政府环境保护主管部门和其他负有环境保护监督管理职责的部门，应当依法公开环境信息、完善公众参与程序，为公民、法人和其他组织参与和监督环境保护提供便利。

第五十四条 国务院环境保护主管部门统一发布国家环境质量、重点污染源监测信息及其他重大环境信息。省级以上人民政府环境保护主管部门定期发布环境状况公报。

县级以上人民政府环境保护主管部门和其他负有环境保护监督管理职责的部门，应当依法公开环境质量、环境监测、突发环境事件以及环境行政许可、行政处罚、排污费的征收和使用情况等信息。

县级以上地方人民政府环境保护主管部门和其他负有环境保护监督管理职责的部门，应当将企业事业单位和其他生产经营者的环境违法信息记入社会诚信档案，及时向社会公布违法者名单。

第五十五条 重点排污单位应当如实向社会公开其主要污染物的名称、排放方式、排放浓度和总量、超标排放情况，以及防治污染设施的建设和运行情况，接受社会监督。

第五十六条 对依法应当编制环境影响报告书的建设项目，建设单位应当在编制时向可能受影响的公众说明情况，充分征求意见。

负责审批建设项目环境影响评价文件的部门在收到建设项目环境影响报告书后，除涉及国家秘密和商业秘密的事项外，应当全文公开；发现建设项目未充分征求公众意见的，应当责成建设单位征求公众意见。

第五十七条 公民、法人和其他组织发现任何单位和个人有污染环境和破坏生态行为的，有权向环境保护主管部门或者其他负有环境保护监督管理职责的部门举报。

公民、法人和其他组织发现地方各级人民政府、县级以上人民政府环境保护主管部门和其他负有环境保护监督管理职责的部门不依法履行职责的，有权向其上级机关或者监察机关举报。

接受举报的机关应当对举报人的相关信息予以保密，保护举报人的合法权益。

第五十八条　对污染环境、破坏生态，损害社会公共利益的行为，符合下列条件的社会组织可以向人民法院提起诉讼：

（一）依法在设区的市级以上人民政府民政部门登记；

（二）专门从事环境保护公益活动连续五年以上且无违法记录。

符合前款规定的社会组织向人民法院提起诉讼，人民法院应当依法受理。

提起诉讼的社会组织不得通过诉讼牟取经济利益。

第六章　法律责任

第五十九条　企业事业单位和其他生产经营者违法排放污染物，受到罚款处罚，被责令改正，拒不改正的，依法作出处罚决定的行政机关可以自责令改正之日的次日起，按照原处罚数额按日连续处罚。

前款规定的罚款处罚，依照有关法律法规按照防治污染设施的运行成本、违法行为造成的直接损失或者违法所得等因素确定的规定执行。

地方性法规可以根据环境保护的实际需要，增加第一款规定的按日连续处罚的违法行为的种类。

第六十条　企业事业单位和其他生产经营者超过污染物排放标准或者超过重点污染物排放总量控制指标排放污染物的，县级以上人民政府环境保护主管部门可以责令其采取限制生产、停产整治等措施；情节严重的，报经有批准权的人民政府批准，责令停业、关闭。

第六十一条　建设单位未依法提交建设项目环境影响评价文件或者环境影响评价文件未经批准，擅自开工建设的，由负有环境保护监督管理职责的部门责令停止建设，处以罚款，并可以责令恢复原状。

第六十二条　违反本法规定，重点排污单位不公开或者不如实公开环境信息的，由县级以上地方人民政府环境保护主管部门责令公开，处以罚款，并予以公告。

第六十三条　企业事业单位和其他生产经营者有下列行为之一，尚不构成犯罪的，除依照有关法律法规规定予以处罚外，由县级以上人民政府环境保护主管部门或者其他有关部门将案件移送公安机关，对其直接负责的主管人员和其他直接责任人员，处十日以上十五日以下拘留；情节较轻的，处五日以上十日以下拘留：

（一）建设项目未依法进行环境影响评价，被责令停止建设，拒不执行的；

（二）违反法律规定，未取得排污许可证排放污染物，被责令停止排污，拒不执行的；

（三）通过暗管、渗井、渗坑、灌注或者篡改、伪造监测数据，或者不正常运行防治污染设施等逃避监管的方式违法排放污染物的；

（四）生产、使用国家明令禁止生产、使用的农药，被责令改正，拒不改正的。

第六十四条　因污染环境和破坏生态造成损害的，应当依照《中华人民共和国侵权责任法》的有关规定承担侵权责任。

第六十五条　环境影响评价机构、环境监测机构以及从事环境监测设备和防治污染设施维护、运营的机构，在有关环境服务活动中弄虚作假，对造成的环境污染和生态破坏负有责任的，除依照有关法律法规规定予以处罚外，还应当与造成环境污染和生态破坏的其他责任者承担连带责任。

第六十六条　提起环境损害赔偿诉讼的时效期间为三年，从当事人知道或者应当知道其受到损害时起计算。

第六十七条　上级人民政府及其环境保护主管部门应当加强对下级人民政府及其有关部门环境保护工作的监督。发现有关工作人员有违法行为，依法应当给予处分的，应当向其任免机关或者监察机关提出处分建议。

依法应当给予行政处罚，而有关环境保护主管部门不给予行政处罚的，上级人民政府环境保护主管部门可以直接作出行政处罚的决定。

第六十八条　地方各级人民政府、县级以上人民政府环境保护主管部门和其他负有环境保护监督管理职责的部门有下列行为之一的，对直接负责的主管人员和其他直接责任人员给予记过、记大过或者降级处分；造成严重后果的，给予撤职或者开除处分，其主要负责人应当引咎辞职：

（一）不符合行政许可条件准予行政许可的；

（二）对环境违法行为进行包庇的；

（三）依法应当作出责令停业、关闭的决定而未作出的；

（四）对超标排放污染物、采用逃避监管的方式排放污染物、造成环境事故以及不落实生态保护措施造成生态破坏等行为，发现或者接到举报未及时查处的；

（五）违反本法规定，查封、扣押企业事业单位和其他生产经营者的设施、设备的；

（六）篡改、伪造或者指使篡改、伪造监测数据的；

（七）应当依法公开环境信息而未公开的；

（八）将征收的排污费截留、挤占或者挪作他用的；

（九）法律法规规定的其他违法行为。

第六十九条　违反本法规定，构成犯罪的，依法追究刑事责任。

第七章　附则

第七十条　本法自 2015 年 1 月 1 日起施行。

中华人民共和国大气污染防治法（摘选）

（1987 年 9 月 5 日第六届全国人民代表大会常务委员会第二十二次会议通过　根据 1995 年 8 月 29 日第八届全国人民代表大会常务委员会第十五次会议《关于修改〈中华人民共和国大气污染防治法〉的决定》第一次修正　2000 年 4 月 29 日第九届全国人民代表大会常务委员会第十五次会议第一次修订　2015 年 8 月 29 日第十二届全国人民代表大会常务委员会第十六次会议第二次修订　根据 2018 年 10 月 26 日第十三届全国人民代表大会常务委员会第六次会议《关于修改〈中华人民共和国野生动物保护法〉等十五部法律的决定》第二次修正）

第一章　总则

第一条　为保护和改善环境，防治大气污染，保障公众健康，推进生态文明建设，促进经济社会可持续发展，制定本法。

第二条　防治大气污染，应当以改善大气环境质量为目标，坚持源头治理，规划先行，转变经济发展方式，优化产业结构和布局，调整能源结构。

防治大气污染，应当加强对燃煤、工业、机动车船、扬尘、农业等大气污染的综合防治，推行区域大气污染联合防治，对颗粒物、二氧化硫、氮氧化物、挥发性有机物、氨等大气污染物和温室气体实施协同控制。

第三条　县级以上人民政府应当将大气污染防治工作纳入国民经济和社会发展规划，加大对大气污染防治的财政投入。

地方各级人民政府应当对本行政区域的大气环境质量负责，制定规划，采取措施，控制或者逐步削减大气污染物的排放量，使大气环境质量达到规定标准并逐步改善。

第四条　国务院生态环境主管部门会同国务院有关部门，按照国务院的规定，对省、自治区、直辖市大气环境质量改善目标、大气污染防治重点任务完成情况进行考核。省、自治区、直辖市人民政府制定考核办法，对本行政区域内地方大气环境质量改善目标、大气污染防治重点任务完成情况实施考核。考核结果应当向社会公开。

第五条　县级以上人民政府生态环境主管部门对大气污染防治实施统一监督管理。

县级以上人民政府其他有关部门在各自职责范围内对大气污染防治实施监督管理。

第六条 国家鼓励和支持大气污染防治科学技术研究，开展对大气污染来源及其变化趋势的分析，推广先进适用的大气污染防治技术和装备，促进科技成果转化，发挥科学技术在大气污染防治中的支撑作用。

第七条 企业事业单位和其他生产经营者应当采取有效措施，防止、减少大气污染，对所造成的损害依法承担责任。

公民应当增强大气环境保护意识，采取低碳、节俭的生活方式，自觉履行大气环境保护义务。

第四章 大气污染防治措施

第三节 机动车船等污染防治

第五十条（第二款）

国家采取财政、税收、政府采购等措施推广应用节能环保型和新能源机动车船、非道路移动机械，限制高油耗、高排放机动车船、非道路移动机械的发展，减少化石能源的消耗。

第五十一条 机动车船、非道路移动机械不得超过标准排放大气污染物。

禁止生产、进口或者销售大气污染物排放超过标准的机动车船、非道路移动机械。

第五十二条 机动车、非道路移动机械生产企业应当对新生产的机动车和非道路移动机械进行排放检验。经检验合格的，方可出厂销售。检验信息应当向社会公开。

省级以上人民政府生态环境主管部门可以通过现场检查、抽样检测等方式，加强对新生产、销售机动车和非道路移动机械大气污染物排放状况的监督检查。工业、市场监督管理等有关部门予以配合。

第五十六条 生态环境主管部门应当会同交通运输、住房城乡建设、农业行政、水行政等有关部门对非道路移动机械的大气污染物排放状况进行监督检查，排放不合格的，不得使用。

第五十八条 国家建立机动车和非道路移动机械环境保护召回制度。

生产、进口企业获知机动车、非道路移动机械排放大气污染物超过标准，属于设计、生产缺陷或者不符合规定的环境保护耐久性要求的，应当召回；未召回的，由国务院市场监督管理部门会同国务院生态环境主管部门责令其召回。

第五十九条 在用重型柴油车、非道路移动机械未安装污染控制装置或者污染控制装置不符合要求，不能达标排放的，应当加装或者更换符合要求的污染控制装置。

第六十条（第二款）

国家鼓励和支持高排放机动车船、非道路移动机械提前报废。

第六十一条　城市人民政府可以根据大气环境质量状况，划定并公布禁止使用高排放非道路移动机械的区域。

第六十五条　禁止生产、进口、销售不符合标准的机动车船、非道路移动机械用燃料；禁止向汽车和摩托车销售普通柴油以及其他非机动车用燃料；禁止向非道路移动机械、内河和江海直达船舶销售渣油和重油。

第六十六条　发动机油、氮氧化物还原剂、燃料和润滑油添加剂以及其他添加剂的有害物质含量和其他大气环境保护指标，应当符合有关标准的要求，不得损害机动车船污染控制装置效果和耐久性，不得增加新的大气污染物排放。

第七章　法律责任

第一百零三条　违反本法规定，有下列行为之一的，由县级以上地方人民政府市场监督管理部门责令改正，没收原材料、产品和违法所得，并处货值金额一倍以上三倍以下的罚款：

（三）生产、销售不符合标准的机动车船和非道路移动机械用燃料、发动机油、氮氧化物还原剂、燃料和润滑油添加剂以及其他添加剂的；

第一百零四条　违反本法规定，有下列行为之一的，由海关责令改正，没收原材料、产品和违法所得，并处货值金额一倍以上三倍以下的罚款；构成走私的，由海关依法予以处罚：

（三）进口不符合标准的机动车船和非道路移动机械用燃料、发动机油、氮氧化物还原剂、燃料和润滑油添加剂以及其他添加剂的。

第一百零九条　违反本法规定，生产超过污染物排放标准的机动车、非道路移动机械的，由省级以上人民政府生态环境主管部门责令改正，没收违法所得，并处货值金额一倍以上三倍以下的罚款，没收销毁无法达到污染物排放标准的机动车、非道路移动机械；拒不改正的，责令停产整治，并由国务院机动车生产主管部门责令停止生产该车型。

违反本法规定，机动车、非道路移动机械生产企业对发动机、污染控制装置弄虚作假、以次充好，冒充排放检验合格产品出厂销售的，由省级以上人民政府生态环境主管部门责令停产整治，没收违法所得，并处货值金额一倍以上三倍以下的罚款，没收销毁无法达到污染物排放标准的机动车、非道路移动机械，并由国务院机动车生产主管部门责令停止生产该车型。

第一百一十条　违反本法规定，进口、销售超过污染物排放标准的机动车、非道路移动机械的，由县级以上人民政府市场监督管理部门、海关按照职责没收违法所得，并处货值金额一倍以上三倍以下的罚款，没收销毁无法达到污染物排放标准的机动车、非道路移动机械；进口行为构成走私的，由海关依法予以处罚。

违反本法规定，销售的机动车、非道路移动机械不符合污染物排放标准的，销售者应当负责修理、更换、退货；给购买者造成损失的，销售者应当赔偿损失。

第一百一十二条 违反本法规定，伪造机动车、非道路移动机械排放检验结果或者出具虚假排放检验报告的，由县级以上人民政府生态环境主管部门没收违法所得，并处十万元以上五十万元以下的罚款；情节严重的，由负责资质认定的部门取消其检验资格。

违反本法规定，伪造船舶排放检验结果或者出具虚假排放检验报告的，由海事管理机构依法予以处罚。

违反本法规定，以临时更换机动车污染控制装置等弄虚作假的方式通过机动车排放检验或者破坏机动车车载排放诊断系统的，由县级以上人民政府生态环境主管部门责令改正，对机动车所有人处五千元的罚款；对机动车维修单位处每辆机动车五千元的罚款。

第一百一十四条 违反本法规定，使用排放不合格的非道路移动机械，或者在用重型柴油车、非道路移动机械未按照规定加装、更换污染控制装置的，由县级以上人民政府生态环境等主管部门按照职责责令改正，处五千元的罚款。

违反本法规定，在禁止使用高排放非道路移动机械的区域使用高排放非道路移动机械的，由城市人民政府生态环境等主管部门依法予以处罚。

中华人民共和国环境保护税法（摘选）

（2016 年 12 月 25 日第十二届全国人民代表大会常务委员会第二十五次会议通过 根据 2018 年 10 月 26 日第十三届全国人民代表大会常务委员会第六次会议《关于修改〈中华人民共和国野生动物保护法〉等十五部法律的决定》修正）

第三章 税收减免

第十二条 下列情形，暂予免征环境保护税：

（二）机动车、铁路机车、非道路移动机械、船舶和航空器等流动污染源排放应税污染物的；

中华人民共和国节约能源法（摘选）

（1997 年 11 月 1 日第八届全国人民代表大会常务委员会第二十八次会议通过　2007 年
10 月 28 日第十届全国人民代表大会常务委员会第三十次会议修订　根据 2016 年 7 月
2 日第十二届全国人民代表大会常务委员会第二十一次会议《关于修改〈中华人民共
和国节约能源法〉等六部法律的决定》第一次修正　根据 2018 年 10 月 26 日第十三届
全国人民代表大会常务委员会第六次会议《关于修改〈中华人民共和国野生动物保护
法〉等十五部法律的决定》第二次修正）

第五十九条（第一款略）

农业、科技等有关主管部门应当支持、推广在农业生产、农产品加工储运等方面应用
节能技术和节能产品，鼓励更新和淘汰高耗能的农业机械和渔业船舶。

中华人民共和国循环经济促进法（摘选）

（2008 年 8 月 29 日第十一届全国人民代表大会常务委员会第四次会议通过　根据 2018
年 10 月 26 日第十三届全国人民代表大会常务委员会第六次会议《关于修改〈中华人
民共和国野生动物保护法〉等十五部法律的决定》修正）

第二十四条　县级以上人民政府及其农业等主管部门应当推进土地集约利用，鼓励和
支持农业生产者采用节水、节肥、节药的先进种植、养殖和灌溉技术，推动农业机械节能，
优先发展生态农业。

第四十条　国家支持企业开展机动车零部件、工程机械、机床等产品的再制造和轮胎
翻新。

销售的再制造产品和翻新产品的质量必须符合国家规定的标准，并在显著位置标识为
再制造产品或者翻新产品。

中华人民共和国道路交通安全法（摘选）

（2003 年 10 月 28 日第十届全国人民代表大会常务委员会第五次会议通过 根据 2007 年 12 月 29 日第十届全国人民代表大会常务委员会第三十一次会议《关于修改〈中华人民共和国道路交通安全法〉的决定》第一次修正 根据 2011 年 4 月 22 日第十一届全国人民代表大会常务委员会第二十次会议《关于修改〈中华人民共和国道路交通安全法〉的决定》第二次修正 根据 2021 年 4 月 29 日第十三届全国人民代表大会常务委员会第二十八次会议《关于修改〈中华人民共和国道路交通安全法〉等八部法律的决定》第三次修正）

第八条 国家对机动车实行登记制度。机动车经公安机关交通管理部门登记后，方可上道路行驶。尚未登记的机动车，需要临时上道路行驶的，应当取得临时通行牌证。

第九条 申请机动车登记，应当提交以下证明、凭证：

（一）机动车所有人的身份证明；

（二）机动车来历证明；

（三）机动车整车出厂合格证明或者进口机动车进口凭证；

（四）车辆购置税的完税证明或者免税凭证；

（五）法律、行政法规规定应当在机动车登记时提交的其他证明、凭证。

公安机关交通管理部门应当自受理申请之日起五个工作日内完成机动车登记审查工作，对符合前款规定条件的，应当发放机动车登记证书、号牌和行驶证；对不符合前款规定条件的，应当向申请人说明不予登记的理由。

公安机关交通管理部门以外的任何单位或者个人不得发放机动车号牌或者要求机动车悬挂其他号牌，本法另有规定的除外。

机动车登记证书、号牌、行驶证的式样由国务院公安部门规定并监制。

第十三条 对登记后上道路行驶的机动车，应当依照法律、行政法规的规定，根据车辆用途、载客载货数量、使用年限等不同情况，定期进行安全技术检验。对提供机动车行驶证和机动车第三者责任强制保险单的，机动车安全技术检验机构应当予以检验，任何单位不得附加其他条件。对符合机动车国家安全技术标准的，公安机关交通管理部门应当发给检验合格标志。

对机动车的安全技术检验实行社会化。具体办法由国务院规定。

机动车安全技术检验实行社会化的地方，任何单位不得要求机动车到指定的场所进行检验。

公安机关交通管理部门、机动车安全技术检验机构不得要求机动车到指定的场所进行维修、保养。

机动车安全技术检验机构对机动车检验收取费用，应当严格执行国务院价格主管部门核定的收费标准。

第十九条 驾驶机动车，应当依法取得机动车驾驶证。

申请机动车驾驶证，应当符合国务院公安部门规定的驾驶许可条件；经考试合格后，由公安机关交通管理部门发给相应类别的机动车驾驶证。

持有境外机动车驾驶证的人，符合国务院公安部门规定的驾驶许可条件，经公安机关交通管理部门考核合格的，可以发给中国的机动车驾驶证。

驾驶人应当按照驾驶证载明的准驾车型驾驶机动车；驾驶机动车时，应当随身携带机动车驾驶证。

公安机关交通管理部门以外的任何单位或者个人，不得收缴、扣留机动车驾驶证。

第二十条 机动车的驾驶培训实行社会化，由交通运输主管部门对驾驶培训学校、驾驶培训班实行备案管理，并对驾驶培训活动加强监督，其中专门的拖拉机驾驶培训学校、驾驶培训班由农业（农业机械）主管部门实行监督管理。

驾驶培训学校、驾驶培训班应当严格按照国家有关规定，对学员进行道路交通安全法律、法规、驾驶技能的培训，确保培训质量。

任何国家机关以及驾驶培训和考试主管部门不得举办或者参与举办驾驶培训学校、驾驶培训班。

第二十三条 公安机关交通管理部门依照法律、行政法规的规定，定期对机动车驾驶证实施审验。

第六十七条 行人、非机动车、拖拉机、轮式专用机械车、铰接式客车、全挂拖斗车以及其他设计最高时速低于七十公里的机动车，不得进入高速公路。高速公路限速标志标明的最高时速不得超过一百二十公里。

第一百二十一条 对上道路行驶的拖拉机，由农业（农业机械）主管部门行使本法第八条、第九条、第十三条、第十九条、第二十三条规定的公安机关交通管理部门的管理职权。

农业（农业机械）主管部门依照前款规定行使职权，应当遵守本法有关规定，并接受公安机关交通管理部门的监督；对违反规定的，依照本法有关规定追究法律责任。

本法施行前由农业（农业机械）主管部门发放的机动车牌证，在本法施行后继续有效。

中华人民共和国农业机械化促进法

（2004 年 6 月 25 日第十届全国人民代表大会常务委员会第十次会议通过 根据 2018 年 10 月 26 日第十三届全国人民代表大会常务委员会第六次会议《关于修改〈中华人民共和国野生动物保护法〉等十五部法律的决定》修正）

第一章 总则

第一条 为了鼓励、扶持农民和农业生产经营组织使用先进适用的农业机械，促进农业机械化，建设现代农业，制定本法。

第二条 本法所称农业机械化，是指运用先进适用的农业机械装备农业，改善农业生产经营条件，不断提高农业的生产技术水平和经济效益、生态效益的过程。

本法所称农业机械，是指用于农业生产及其产品初加工等相关农事活动的机械、设备。

第三条 县级以上人民政府应当把推进农业机械化纳入国民经济和社会发展计划，采取财政支持和实施国家规定的税收优惠政策以及金融扶持等措施，逐步提高对农业机械化的资金投入，充分发挥市场机制的作用，按照因地制宜、经济有效、保障安全、保护环境的原则，促进农业机械化的发展。

第四条 国家引导、支持农民和农业生产经营组织自主选择先进适用的农业机械。任何单位和个人不得强迫农民和农业生产经营组织购买其指定的农业机械产品。

第五条 国家采取措施，开展农业机械化科技知识的宣传和教育，培养农业机械化专业人才，推进农业机械化信息服务，提高农业机械化水平。

第六条 国务院农业行政主管部门和其他负责农业机械化有关工作的部门，按照各自的职责分工，密切配合，共同做好农业机械化促进工作。

县级以上地方人民政府主管农业机械化工作的部门和其他有关部门，按照各自的职责分工，密切配合，共同做好本行政区域的农业机械化促进工作。

第二章 科研开发

第七条 省级以上人民政府及其有关部门应当组织有关单位采取技术攻关、试验、示范等措施，促进基础性、关键性、公益性农业机械科学研究和先进适用的农业机械的推广应用。

第八条 国家支持有关科研机构和院校加强农业机械化科学技术研究，根据不同的农业生产条件和农民需求，研究开发先进适用的农业机械；支持农业机械科研、教学与生产、推广相结合，促进农业机械与农业生产技术的发展要求相适应。

第九条　国家支持农业机械生产者开发先进适用的农业机械，采用先进技术、先进工艺和先进材料，提高农业机械产品的质量和技术水平，降低生产成本，提供系列化、标准化、多功能和质量优良、节约能源、价格合理的农业机械产品。

第十条　国家支持引进、利用先进的农业机械、关键零配件和技术，鼓励引进外资从事农业机械的研究、开发、生产和经营。

第三章　质量保障

第十一条　国家加强农业机械化标准体系建设，制定和完善农业机械产品质量、维修质量和作业质量等标准。对农业机械产品涉及人身安全、农产品质量安全和环境保护的技术要求，应当按照有关法律、行政法规的规定制定强制执行的技术规范。

第十二条　市场监督管理部门应当依法组织对农业机械产品质量的监督抽查，加强对农业机械产品市场的监督管理工作。

国务院农业行政主管部门和省级人民政府主管农业机械化工作的部门根据农业机械使用者的投诉情况和农业生产的实际需要，可以组织对在用的特定种类农业机械产品的适用性、安全性、可靠性和售后服务状况进行调查，并公布调查结果。

第十三条　农业机械生产者、销售者应当对其生产、销售的农业机械产品质量负责，并按照国家有关规定承担零配件供应和培训等售后服务责任。

农业机械生产者应当按照国家标准、行业标准和保障人身安全的要求，在其生产的农业机械产品上设置必要的安全防护装置、警示标志和中文警示说明。

第十四条　农业机械产品不符合质量要求的，农业机械生产者、销售者应当负责修理、更换、退货；给农业机械使用者造成农业生产损失或者其他损失的，应当依法赔偿损失。农业机械使用者有权要求农业机械销售者先予赔偿。农业机械销售者赔偿后，属于农业机械生产者的责任的，农业机械销售者有权向农业机械生产者追偿。

因农业机械存在缺陷造成人身伤害、财产损失的，农业机械生产者、销售者应当依法赔偿损失。

第十五条　列入依法必须经过认证的产品目录的农业机械产品，未经认证并标注认证标志，禁止出厂、销售和进口。

禁止生产、销售不符合国家技术规范强制性要求的农业机械产品。

禁止利用残次零配件和报废机具的部件拼装农业机械产品。

第四章　推广使用

第十六条　国家支持向农民和农业生产经营组织推广先进适用的农业机械产品。推广农业机械产品，应当适应当地农业发展的需要，并依照农业技术推广法的规定，在推广地区经过试验证明具有先进性和适用性。

农业机械生产者或者销售者，可以委托农业机械试验鉴定机构，对其定型生产或者销售的农业机械产品进行适用性、安全性和可靠性检测，作出技术评价。农业机械试验鉴定机构应当公布具有适用性、安全性和可靠性的农业机械产品的检测结果，为农民和农业生产经营组织选购先进适用的农业机械提供信息。

第十七条　县级以上人民政府可以根据实际情况，在不同的农业区域建立农业机械化示范基地，并鼓励农业机械生产者、经营者等建立农业机械示范点，引导农民和农业生产经营组织使用先进适用的农业机械。

第十八条　国务院农业行政主管部门会同国务院财政部门、经济综合宏观调控部门，根据促进农业结构调整、保护自然资源与生态环境、推广农业新技术与加快农机具更新的原则，确定、公布国家支持推广的先进适用的农业机械产品目录，并定期调整。省级人民政府主管农业机械化工作的部门会同同级财政部门、经济综合宏观调控部门根据上述原则，确定、公布省级人民政府支持推广的先进适用的农业机械产品目录，并定期调整。

列入前款目录的产品，应当由农业机械生产者自愿提出申请，并通过农业机械试验鉴定机构进行的先进性、适用性、安全性和可靠性鉴定。

第十九条　国家鼓励和支持农民合作使用农业机械，提高农业机械利用率和作业效率，降低作业成本。

国家支持和保护农民在坚持家庭承包经营的基础上，自愿组织区域化、标准化种植，提高农业机械的作业水平。任何单位和个人不得以区域化、标准化种植为借口，侵犯农民的土地承包经营权。

第二十条　国务院农业行政主管部门和县级以上地方人民政府主管农业机械化工作的部门，应当按照安全生产、预防为主的方针，加强对农业机械安全使用的宣传、教育和管理。

农业机械使用者作业时，应当按照安全操作规程操作农业机械，在有危险的部位和作业现场设置防护装置或者警示标志。

第五章　社会化服务

第二十一条　农民、农业机械作业组织可以按照双方自愿、平等协商的原则，为本地或者外地的农民和农业生产经营组织提供各项有偿农业机械作业服务。有偿农业机械作业应当符合国家或者地方规定的农业机械作业质量标准。

国家鼓励跨行政区域开展农业机械作业服务。各级人民政府及其有关部门应当支持农业机械跨行政区域作业，维护作业秩序，提供便利和服务，并依法实施安全监督管理。

第二十二条　各级人民政府应当采取措施，鼓励和扶持发展多种形式的农业机械服务组织，推进农业机械化信息网络建设，完善农业机械化服务体系。农业机械服务组织应当根据农民、农业生产经营组织的需求，提供农业机械示范推广、实用技术培训、维修、信息、中介等社会化服务。

第二十三条 国家设立的基层农业机械技术推广机构应当以试验示范基地为依托，为农民和农业生产经营组织无偿提供公益性农业机械技术的推广、培训等服务。

第二十四条 从事农业机械维修，应当具备与维修业务相适应的仪器、设备和具有农业机械维修职业技能的技术人员，保证维修质量。维修质量不合格的，维修者应当免费重新修理；造成人身伤害或者财产损失的，维修者应当依法承担赔偿责任。

第二十五条 农业机械生产者、经营者、维修者可以依照法律、行政法规的规定，自愿成立行业协会，实行行业自律，为会员提供服务，维护会员的合法权益。

第六章　扶持措施

第二十六条 国家采取措施，鼓励和支持农业机械生产者增加新产品、新技术、新工艺的研究开发投入，并对农业机械的科研开发和制造实施税收优惠政策。

中央和地方财政预算安排的科技开发资金应当对农业机械工业的技术创新给予支持。

第二十七条 中央财政、省级财政应当分别安排专项资金，对农民和农业生产经营组织购买国家支持推广的先进适用的农业机械给予补贴。补贴资金的使用应当遵循公开、公正、及时、有效的原则，可以向农民和农业生产经营组织发放，也可以采用贴息方式支持金融机构向农民和农业生产经营组织购买先进适用的农业机械提供贷款。具体办法由国务院规定。

第二十八条 从事农业机械生产作业服务的收入，按照国家规定给予税收优惠。

国家根据农业和农村经济发展的需要，对农业机械的农业生产作业用燃油安排财政补贴。燃油补贴应当向直接从事农业机械作业的农民和农业生产经营组织发放。具体办法由国务院规定。

第二十九条 地方各级人民政府应当采取措施加强农村机耕道路等农业机械化基础设施的建设和维护，为农业机械化创造条件。

县级以上地方人民政府主管农业机械化工作的部门应当建立农业机械化信息搜集、整理、发布制度，为农民和农业生产经营组织免费提供信息服务。

第七章　法律责任

第三十条 违反本法第十五条规定的，依照产品质量法的有关规定予以处罚；构成犯罪的，依法追究刑事责任。

第三十一条 农业机械驾驶、操作人员违反国家规定的安全操作规程，违章作业的，责令改正，依照有关法律、行政法规的规定予以处罚；构成犯罪的，依法追究刑事责任。

第三十二条 农业机械试验鉴定机构在鉴定工作中不按照规定为农业机械生产者、销售者进行鉴定，或者伪造鉴定结果、出具虚假证明，给农业机械使用者造成损失的，依法承担赔偿责任。

第三十三条 国务院农业行政主管部门和县级以上地方人民政府主管农业机械化工作的部门违反本法规定，强制或者变相强制农业机械生产者、销售者对其生产、销售的农业机械产品进行鉴定的，由上级主管机关或者监察机关责令限期改正，并对直接负责的主管人员和其他直接责任人员给予行政处分。

第三十四条 违反本法第二十七条、第二十八条规定，截留、挪用有关补贴资金的，由上级主管机关责令限期归还被截留、挪用的资金，没收非法所得，并由上级主管机关、监察机关或者所在单位对直接负责的主管人员和其他直接责任人员给予行政处分；构成犯罪的，依法追究刑事责任。

第八章 附则

第三十五条 本法自 2004 年 11 月 1 日起施行。

第二部分　国家政策

国务院关于印发《打赢蓝天保卫战三年行动计划》的通知

（国发〔2018〕22 号）

各省、自治区、直辖市人民政府，国务院各部委、各直属机构：

现将《打赢蓝天保卫战三年行动计划》印发给你们，请认真贯彻执行。

国务院

2018 年 6 月 27 日

打赢蓝天保卫战三年行动计划（摘选）

打赢蓝天保卫战，是党的十九大作出的重大决策部署，事关满足人民日益增长的美好生活需要，事关全面建成小康社会，事关经济高质量发展和美丽中国建设。为加快改善环境空气质量，打赢蓝天保卫战，制定本行动计划。

一、总体要求

（一）指导思想。

以习近平新时代中国特色社会主义思想为指导，全面贯彻党的十九大和十九届二中、三中全会精神，认真落实党中央、国务院决策部署和全国生态环境保护大会要求，坚持新发展理念，坚持全民共治、源头防治、标本兼治，以京津冀及周边地区、长三角地区、汾渭平原等区域（以下简称重点区域）为重点，持续开展大气污染防治行动，综合运用经济、法律、技术和必要的行政手段，大力调整优化产业结构、能源结构、运输结构和用地结构，强化区域联防联控，狠抓秋冬季污染治理，统筹兼顾、系统谋划、精准施策，坚决打赢蓝天保卫战，实现环境效益、经济效益和社会效益多赢。

（二）目标指标。

经过 3 年努力，大幅减少主要大气污染物排放总量，协同减少温室气体排放，进一步明显降低细颗粒物（PM$_{2.5}$）浓度，明显减少重污染天数，明显改善环境空气质量，明显增强人民的蓝天幸福感。

到 2020 年，二氧化硫、氮氧化物排放总量分别比 2015 年下降 15% 以上；PM$_{2.5}$ 未达标地级及以上城市浓度比 2015 年下降 18% 以上，地级及以上城市空气质量优良天数比率达到 80%，重度及以上污染天数比率比 2015 年下降 25% 以上；提前完成"十三五"目标任务的省份，要保持和巩固改善成果；尚未完成的，要确保全面实现"十三五"约束性目标；北京市环境空气质量改善目标应在"十三五"目标基础上进一步提高。

（三）重点区域范围。

京津冀及周边地区，包含北京市，天津市，河北省石家庄、唐山、邯郸、邢台、保定、沧州、廊坊、衡水市以及雄安新区，山西省太原、阳泉、长治、晋城市，山东省济南、淄博、济宁、德州、聊城、滨州、菏泽市，河南省郑州、开封、安阳、鹤壁、新乡、焦作、濮阳市等；长三角地区，包含上海市、江苏省、浙江省、安徽省；汾渭平原，包含山西省晋中、运城、临汾、吕梁市，河南省洛阳、三门峡市，陕西省西安、铜川、宝鸡、咸阳、渭南市以及杨凌示范区等。

二、调整优化产业结构，推进产业绿色发展（略）

三、加快调整能源结构，构建清洁低碳高效能源体系（略）

四、积极调整运输结构，发展绿色交通体系

（十四）优化调整货物运输结构。（略）

（十五）加快车船结构升级。（略）

（十六）加快油品质量升级。（略）

（十七）强化移动源污染防治。

......

加强非道路移动机械和船舶污染防治。开展非道路移动机械摸底调查，划定非道路移动机械低排放控制区，严格管控高排放非道路移动机械，重点区域 2019 年年底前完成。推进排放不达标工程机械、港作机械清洁化改造和淘汰，重点区域港口、机场新增和更换的作业机械主要采用清洁能源或新能源。......（生态环境部、交通运输部、农业农村部负责）

（略）

五、优化调整用地结构，推进面源污染治理（略）

六、实施重大专项行动，大幅降低污染物排放（略）

七、强化区域联防联控，有效应对重污染天气（略）

八、健全法律法规体系，完善环境经济政策（略）

九、加强基础能力建设，严格环境执法督察

（三十二）完善环境监测监控网络。

……

加强移动源排放监管能力建设。建设完善遥感监测网络、定期排放检验机构国家—省—市三级联网，构建重型柴油车车载诊断系统远程监控系统，强化现场路检路查和停放地监督抽测。2018 年年底前，重点区域建成三级联网的遥感监测系统平台，其他区域 2019 年年底前建成。推进工程机械安装实时定位和排放监控装置，建设排放监控平台，重点区域 2020 年年底前基本完成。研究成立国家机动车污染防治中心，建设区域性国家机动车排放检测实验室。（生态环境部牵头，公安部、交通运输部、科技部等参与）

（略）

十、明确落实各方责任，动员全社会广泛参与

（略）

（三十八）加强环境信息公开。

……

建立健全环保信息强制性公开制度。重点排污单位应及时公布自行监测和污染排放数据、污染治理措施、重污染天气应对、环保违法处罚及整改等信息。已核发排污许可证的企业应按要求及时公布执行报告。机动车和非道路移动机械生产、进口企业应依法向社会公开排放检验、污染控制技术等环保信息。（生态环境部负责）

（略）

国务院关于印发《"十四五"节能减排综合工作方案》的通知

（国发〔2021〕33 号）

各省、自治区、直辖市人民政府，国务院各部委、各直属机构：

现将《"十四五"节能减排综合工作方案》印发给你们，请结合本地区、本部门实际，认真贯彻落实。

国务院

2021 年 12 月 28 日

"十四五"节能减排综合工作方案（摘选）

为认真贯彻落实党中央、国务院重大决策部署，大力推动节能减排，深入打好污染防治攻坚战，加快建立健全绿色低碳循环发展经济体系，推进经济社会发展全面绿色转型，助力实现碳达峰、碳中和目标，制定本方案。

一、总体要求

以习近平新时代中国特色社会主义思想为指导，全面贯彻党的十九大和十九届历次全会精神，深入贯彻习近平生态文明思想，坚持稳中求进工作总基调，立足新发展阶段，完整、准确、全面贯彻新发展理念，构建新发展格局，推动高质量发展，完善实施能源消费强度和总量双控（以下简称能耗双控）、主要污染物排放总量控制制度，组织实施节能减排重点工程，进一步健全节能减排政策机制，推动能源利用效率大幅提高、主要污染物排放总量持续减少，实现节能降碳减污协同增效、生态环境质量持续改善，确保完成"十四五"节能减排目标，为实现碳达峰、碳中和目标奠定坚实基础。

二、主要目标

到 2025 年，全国单位国内生产总值能源消耗比 2020 年下降 13.5%，能源消费总量得到合理控制，化学需氧量、氨氮、氮氧化物、挥发性有机物排放总量比 2020 年分别下降 8%、8%、10%以上、10%以上。节能减排政策机制更加健全，重点行业能源利用效率和主要污染物排放控制水平基本达到国际先进水平，经济社会发展绿色转型取得显著成效。

三、实施节能减排重点工程

（一）重点行业绿色升级工程。（略）

（二）园区节能环保提升工程。（略）

（三）城镇绿色节能改造工程。（略）

（四）交通物流节能减排工程。推动绿色铁路、绿色公路、绿色港口、绿色航道、绿色机场建设，有序推进充换电、加注（气）、加氢、港口机场岸电等基础设施建设。提高城市公交、出租、物流、环卫清扫等车辆使用新能源汽车的比例。加快大宗货物和中长途货物运输"公转铁""公转水"，大力发展铁水、公铁、公水等多式联运。全面实施汽车国六排放标准和非道路移动柴油机械国四排放标准，基本淘汰国三及以下排放标准汽车。深入实施清洁柴油机行动，鼓励重型柴油货车更新替代。实施汽车排放检验与维护制度，加强机动车排放召回管理。加强船舶清洁能源动力推广应用，推动船舶岸电受电设施改造。提升铁路电气化水平，推广低能耗运输装备，推动实施铁路内燃机车国一排放标准。大力发展智能交通，积极运用大数据优化运输组织模式。加快绿色仓储建设，鼓励建设绿色物流园区。加快标准化物流周转箱推广应用。全面推广绿色快递包装，引导电商企业、邮政快递企业选购使用获得绿色认证的快递包装产品。到 2025 年，新能源汽车新车销售量达到汽车新车销售总量的 20%左右，铁路、水路货运量占比进一步提升。（交通运输部、国家发展改革委牵头，工业和信息化部、公安部、财政部、生态环境部、住房和城乡建设部、商务部、市场监管总局、国家能源局、国家铁路局、中国民航局、国家邮政局、中国国家铁路集团有限公司等按职责分工负责）

（五）农业农村节能减排工程。（略）

（六）公共机构能效提升工程。（略）

（七）重点区域污染物减排工程。（略）

（八）煤炭清洁高效利用工程。（略）

（九）挥发性有机物综合整治工程。（略）

（十）环境基础设施水平提升工程。（略）

四、健全节能减排政策机制

（一）优化完善能耗双控制度。（略）

（二）健全污染物排放总量控制制度。（略）

（三）坚决遏制高耗能高排放项目盲目发展。（略）

（四）健全法规标准。推动制定修订资源综合利用法、节约能源法、循环经济促进法、清洁生产促进法、环境影响评价法及生态环境监测条例、民用建筑节能条例、公共机构节能条例等法律法规，完善固定资产投资项目节能审查、电力需求侧管理、非道路移动机械污染防治管理等办法。对标国际先进水平制定修订一批强制性节能标准，深入开展能效、水效领跑者引领行动。制定修订居民消费品挥发性有机物含量限制标准和涉挥发性有机物重点行业大气污染物排放标准，进口非道路移动机械执行国内排放标准。研究制定下一阶段轻型车、重型车排放标准和油品质量标准。（国家发展改革委、生态环境部、司法部、工业和信息化部、财政部、住房和城乡建设部、交通运输部、市场监管总局、国管局等按职责分工负责）

（五）完善经济政策。（略）

（六）完善市场化机制。（略）

（七）加强统计监测能力建设。（略）

（八）壮大节能减排人才队伍。（略）

五、强化工作落实（略）

第三部分　部门文件

生态环境部等十一部门关于印发《柴油货车污染治理攻坚战行动计划》的通知

（环大气〔2018〕179号）

各省、自治区、直辖市人民政府，新疆生产建设兵团，教育部、科技部、司法部、住房和城乡建设部、农业农村部、应急部、海关总署、税务总局、民航局、邮政局：

经国务院同意，现将《柴油货车污染治理攻坚战行动计划》印发给你们，请认真贯彻落实。

生态环境部　国家发展改革委
工业和信息化部　公安部
财政部　交通运输部
商务部　国家市场监管总局
国家能源局　国家铁路局
中国铁路总公司
2018年12月30日

柴油货车污染治理攻坚战行动计划（摘选）

为深入贯彻中共中央、国务院《关于全面加强生态环境保护坚决打好污染防治攻坚战的意见》和国务院印发的《打赢蓝天保卫战三年行动计划》的要求，加强柴油货车超标排放治理，加快降低机动车船污染物排放量，坚决打赢蓝天保卫战，制定本行动计划。

一、总体要求

（一）指导思想。

以习近平新时代中国特色社会主义思想为指导，全面贯彻党的十九大和十九届二中、三中全会精神，认真落实党中央、国务院决策部署和全国生态环境保护大会要求，坚持统筹"油、路、车"治理，以京津冀及周边地区、长三角地区、汾渭平原相关省（市）以及内蒙古自治区中西部等区域为重点（以下简称重点区域），以货物运输结构调整为导向，以柴油和车用尿素质量达标保障为支撑，以柴油车（机）达标排放为主线，建立健全严格的机动车全防全控环境监管制度，大力实施清洁柴油车、清洁柴油机、清洁运输、清洁油品行动，全链条治理柴油车（机）超标排放，明显降低污染物排放总量，促进区域空气质量明显改善。

（二）基本原则。

坚持源头防范、综合治理。加快调整运输结构，增加铁路和水路货运量，减少公路大宗货物中长距离货运量。推广使用新能源和清洁能源汽车，壮大绿色运输车队。优化运输组织，提高运输效率，降低柴油货车空驶率。推进机动车生产制造、排放检验、维修治理和运输企业集约化发展。

坚持突出重点、联防联控。以重点区域及物流主通道作为重点监管区域，以营运柴油货车和车用油品、尿素作为重点监管对象，强化上下联动、区域协同，统一执法尺度和力度，增强监管合力。加强相关部门之间统筹协调和联合执法，建立完善信息共享机制，提高联合共治水平。

坚持全防全控、严惩重罚。从机动车设计、生产、销售、注册登记、使用、转移、检验、维修和报废等各个环节，加强全方位管控。加大监管执法力度，严厉打击生产销售不达标车辆、检验维修弄虚作假、屏蔽车载诊断系统（OBD）、生产销售使用假劣油品和车用尿素等违法行为。

坚持远近结合、标本兼治。加快完善政策、法规和标准体系，构建严格的环境监管制度，大幅提高违法成本。健全环境信用联合奖惩制度，实现"一处失信、处处受限"。完善环境经济政策，提高企业减排积极性。建立超标排放举报机制，鼓励公众监督，促进群防群控。

（三）目标指标。

到 2020 年，柴油货车排放达标率明显提高，柴油和车用尿素质量明显改善，柴油货车氮氧化物和颗粒物排放总量明显下降，重点区域城市空气二氧化氮浓度逐步降低，机动车排放监管能力和水平大幅提升，全国铁路货运量明显增加，绿色低碳、清洁高效的交通运输体系初步形成。

——全国在用柴油车监督抽测排放合格率达到 90%，重点区域达到 95% 以上，排气管口冒黑烟现象基本消除。

——全国柴油和车用尿素抽检合格率达到 95%，重点区域达到 98% 以上，违法生产销售假劣油品现象基本消除。

——全国铁路货运量比 2017 年增长 30%，初步实现中长距离大宗货物主要通过铁路或水路进行运输。

（四）重点区域范围。

京津冀及周边地区、长三角地区、汾渭平原相关省（市）以及内蒙古自治区中西部等区域，包括北京市、天津市、河北省、山西省、山东省、河南省、上海市、江苏省、浙江省、安徽省、陕西省，以及内蒙古自治区呼和浩特市、包头市、乌兰察布市、鄂尔多斯市、巴彦淖尔市、乌海市。

二、清洁柴油车行动（略）

三、清洁柴油机行动

（十一）严格新生产发动机和非道路移动机械管理。

2020 年年底前，全国实施非道路移动机械第四阶段排放标准。进口二手非道路移动机械和发动机应达到国家现行的新生产非道路移动机械排放标准要求。各地要加强对新生产销售发动机和非道路移动机械的监督检查，重点查验污染控制装置、环保信息标签等，并抽测部分机械机型排放情况。各省（区、市）对在本行政区域内生产（进口）的发动机和非道路移动机械主要系族的年度抽检率达到 60%，覆盖全部生产（进口）企业，重点区域达到 80%；对在本行政区域销售但非本行政区域内生产的非道路移动机械主要系族的年度抽检率达到 50%，重点区域达到 60%。严惩生产销售不符合排放标准要求发动机的行为，将相关企业及其产品列入黑名单。严格实施非道路移动机械环保信息公开制度，严厉处罚生产、进口、销售不达标产品行为，依法实施环境保护召回。各地生产销售发动机和非道路移动机械机型系族的抽检合格率达到 95% 以上。

（十二）加强排放控制区划定和管控。

各地依法划定并公布禁止使用高排放非道路移动机械的区域，重点区域城市 2019 年年底前完成，其他地区城市 2020 年 6 月底前完成。各地秋冬季期间加强对进入禁止使用高排放非道路移动机械区域内作业的工程机械的监督检查，重点区域每月抽查率达到 50% 以上，禁止超标排放工程机械使用，消除冒黑烟现象。

（十三）加快治理和淘汰更新。

对于具备条件的老旧工程机械，加快污染物排放治理改造。按规定通过农机购置补贴推动老旧农业机械淘汰报废。采取限制使用等措施，促进老旧燃油工程机械淘汰。加快新能源非道路移动机械的推广使用，在重点区域城市划定的禁止使用高排放非道路移动机械区域内，鼓励优先使用新能源或清洁能源非道路移动机械。重点区域港口、机场、铁路货场、物流园新增和更换的岸吊、场吊、吊车等作业机械，主要采用新能源或清洁能源机械。

（十四）强化综合监督管理。

2019 年年底前，各地完成非道路移动机械摸底调查和编码登记。探索建立工程机械使用中监督抽测、超标后处罚撤场的管理制度。推进工程机械安装精准定位系统和实时排放监控装置，2020年年底前，新生产、销售的工程机械应按标准规定进行安装。进入重点区域城市划定的禁止使用高排放非道路移动机械区域内作业的工程机械，鼓励安装精准定位系统和实时排放监控装置，并与生态环境部门联网。施工单位应依法使用排放合格的机械设备，使用超标排放设备问题突出的纳入失信企业名单。

（十五）推动港口岸电建设和使用。（略）

四、清洁运输行动（略）

五、清洁油品行动（略）

六、保障措施（略）

生态环境部等十五部门关于印发《深入打好重污染天气消除、臭氧污染防治和柴油货车污染治理攻坚战行动方案》的通知

（环大气〔2022〕68号）

各省、自治区、直辖市、新疆生产建设兵团生态环境厅（局）、发展改革委、科技厅（局、委）、工业和信息化主管部门、公安厅（局）、财政厅（局）、住房和城乡建设厅（局、委、管委）、交通运输厅（局、委）、农业农村（农牧）厅（局、委）、商务厅（局）、市场监管厅（局、委）、气象局、能源局，海关总署广东分署、各直属海关，民航各地区管理局：

现将《深入打好重污染天气消除、臭氧污染防治和柴油货车污染治理攻坚战行动方案》印发给你们，请遵照执行。

生态环境部　国家发展改革委

科技部　工业和信息化部

公安部　财政部

住房和城乡建设部　交通运输部

农业农村部　商务部

海关总署　国家市场监管总局

气象局　国家能源局

民航局

2022年11月10日

深入打好重污染天气消除、臭氧污染防治和柴油货车污染治理攻坚战行动方案

深入打好蓝天保卫战是党中央、国务院做出的重大决策部署，为贯彻落实《中共中央 国务院关于深入打好污染防治攻坚战的意见》有关要求，打好重污染天气消除、臭氧污染防治、柴油货车污染治理三个标志性战役，解决人民群众关心的突出大气环境问题，持续改善空气质量，制定本方案。

一、充分认识打好攻坚战的重要性

党中央、国务院高度重视大气污染防治工作，近年来，通过制定实施《大气污染防治行动计划》《打赢蓝天保卫战三年行动计划》，我国环境空气质量明显改善，人民群众蓝天幸福感、获得感显著增强。但重点地区、重点领域大气污染问题仍然突出，京津冀及周边等区域细颗粒物（$PM_{2.5}$）浓度仍处于高位，秋冬季重污染天气依然高发、频发；臭氧污染日益凸显，特别是在夏季，已成为导致部分城市空气质量超标的首要因子；柴油货车污染尚未有效解决，移动源是氮氧化物排放的重要来源，对秋冬季 $PM_{2.5}$ 污染和夏季臭氧污染影响较大，大气污染防治工作任重道远。各地要进一步把思想认识和行动统一到党中央、国务院决策部署上来，充分认识深入打好重污染天气消除、臭氧污染防治、柴油货车污染治理三个标志性战役的重要性，勇于担当、真抓实干，以大气环境改善实际成效取信于民，为实现美丽中国奠定坚实基础。

二、总体要求

（一）指导思想

以习近平新时代中国特色社会主义思想为指导，深入贯彻党的二十大精神，全面落实习近平生态文明思想，坚持以人民为中心的发展思想，坚持稳中求进工作总基调，以实现减污降碳协同增效为总抓手，以精准治污、科学治污、依法治污为工作方针，以改善空气质量为核心，以当前迫切需要解决的重污染天气、臭氧污染、柴油货车污染等突出问题为重点，深入打好蓝天保卫战标志性战役，推动"十四五"空气质量改善目标顺利实现，人民群众蓝天幸福感、获得感进一步增强。

（二）基本原则

坚持精准科学、依法治污。秋冬季聚焦 $PM_{2.5}$ 和重污染天气、夏季聚焦臭氧、全年紧抓柴油货车开展攻坚；科学确定攻坚重点地区、对象、措施；严格依法治理、依法监管，反对"一刀切""运动式"攻坚。

坚持优化结构、标本兼治。大力推进产业、能源、运输结构优化调整，提升工业、运输等领域清洁低碳水平，持续推进重点行业深度治理。完善应对机制，精准有效应对重污染天气。

坚持系统观念、协同增效。突出综合治理、系统治理、源头治理，统筹大气污染防治和温室气体减排，促进减污降碳协同增效；聚焦 $PM_{2.5}$ 和臭氧协同控制，强化多污染物协同减排；加强区域协同治理、联防联控。

坚持部门协作、压实责任。明确责任分工、强化部门协作，开展联合执法，形成治污合力。加强帮扶指导，严格监督考核，推动大气污染治理责任落实落地。

（三）主要目标

到 2025 年，全国重度及以上污染天气基本消除；$PM_{2.5}$ 和臭氧协同控制取得积极成效，臭氧浓度增长趋势得到有效遏制；柴油货车污染治理水平显著提高，移动源大气主要污染物排放总量明显下降。

三、推进重点工程

统筹大气污染防治与"双碳"目标要求，开展大气减污降碳协同增效行动，将标志性战役任务措施与降碳措施一体谋划、一体推进，优化调整产业、能源、运输结构，从源头减少大气污染物和碳排放。促进产业绿色转型升级，坚决遏制高耗能、高排放、低水平项目盲目发展，开展传统产业集群升级改造。推动能源清洁低碳转型，开展分散、低效煤炭综合治理。构建绿色交通运输体系，加快推进"公转铁""公转水"，提高机动车船和非道路移动机械绿色低碳水平。强化挥发性有机物（VOCs）、氮氧化物（NO_x）等多污染物协同减排，以石化、化工、涂装、制药、包装印刷和油品储运销等为重点，加强 VOCs 源头、过程、末端全流程治理；持续推进钢铁行业超低排放改造，出台焦化、水泥行业超低排放改造方案；开展低效治理设施全面提升改造工程。严把治理工程质量，多措并举治理低价中标乱象，对工程质量低劣、环保设施运营管理水平低甚至存在弄虚作假行为的企业、环保公司和运维机构加大联合惩戒力度。统筹做好大气污染防治过程中安全防范工作。

四、强化联防联控

按照统一规划、统一标准、统一监测、统一污染防治措施的要求，强化区域大气污染联防联控。国家重点推动京津冀及周边地区、长三角地区、汾渭平原等大气污染防治重点区域（以下简称重点区域）联防联控工作，加强对珠三角地区、成渝地区、长江中游城市群、东北地区、天山北坡城市群等区域大气污染防治协作工作的指导。各省（区）根据需求加强行政区域内城市间大气污染联防联控；鼓励交界地区相关市县积极开展联防联控。构建"省—市—县"重污染天气应对三级预案体系，规范重污染天气预警、启动、响应、解除工作流程，持续推进重点行业企业绩效分级，加强应急减排清单标准化管理。

五、夯实基础能力

强化科技支撑，开展 $PM_{2.5}$ 和臭氧协同防控科技攻关，构建复合污染成因机理、监测预报、精准溯源、深度治理、智慧监管、科学评估的全过程科技支撑体系；选择典型城市实施"一市一策"驻点跟踪研究。开展大气污染物和温室气体排放融合清单编制工作。加强监测能力建设，完善"天地空"一体化监测体系；加强污染源监测监控，大气环境重点排污单位依法安装自动监测设备，并联网稳定运行；对排污单位和社会化检测机构承担的自行监测和执法监测加大监督抽查力度，依法公开一批人为干预、篡改、伪造监测数据的机构和人员名单。提升监督执法效能，围绕标志性战役任务措施，精准、高效开展环境监督执法，在油品、煤炭质量、含 VOCs 产品质量、柴油车尾气排放等领域实施多部门联合执法。持续开展环保信用评价，对环保信用等级较低的依法实施失信联合惩戒。

六、加强组织领导

各地要把深入打好重污染天气消除、臭氧污染防治和柴油货车污染治理攻坚战放在重要位置，作为深入打好污染防治攻坚战的关键举措。各省（区、市）要根据本地环境空气质量改善需求和标志性战役目标任务，提出符合实际、切实可行的时间表、路线图、施工图，明确职责分工，做好分地区、分年度任务分解，加大政策支持力度，确保各项任务措施落到实处。生态环境部每年下达京津冀及周边地区、汾渭平原各城市秋冬季空气质量改善目标，相关省（市）制定本地年度秋冬季大气攻坚行动方案。各部门加强协调，各司其职、各负其责、密切配合，及时协调解决推进过程中出现的困难和问题。

生态环境部定期调度各地重点任务进展情况，通报空气质量改善情况。推动将标志性战役年度和终期有关目标完成情况作为深入打好污染防治攻坚战成效考核的重要内容。强化目标任务落实，对未完成目标任务的地区依法依规实行通报批评和约谈问责，有关落实情况纳入中央生态环境保护督察。

附件：1．重污染天气消除攻坚行动方案（略）
2．臭氧污染防治攻坚行动方案（略）
3．柴油货车污染治理攻坚行动方案（摘选）
4．区域范围（略）

柴油货车污染治理攻坚战行动方案（摘选）

一、总体要求

（一）攻坚目标

到 2025 年，运输结构、车船结构清洁低碳程度明显提高，燃油质量持续改善，机动车船、工程机械及重点区域铁路内燃机车超标冒黑烟现象基本消除，全国柴油货车排放检测合格率超过 90%，全国柴油货车氮氧化物排放量下降 12%，新能源和国六排放标准货车保有量占比力争超过 40%，铁路货运量占比提升 0.5 个百分点。

（二）攻坚思路

坚持"车、油、路、企"统筹，在保障物流运输通畅前提下，以京津冀及周边地区、长三角地区、汾渭平原相关省（市）以及内蒙古自治区中西部城市为重点，以柴油货车和非道路移动机械为监管重点，聚焦煤炭、焦炭、矿石运输通道以及铁矿石疏港通道，持续深入打好柴油货车污染治理攻坚战。坚持源头防控，加快运输结构调整和车船清洁化推进力度；坚持过程防控，完善设计、生产、销售、使用、检验、维修和报废等全流程管控，突出重点用车企业清洁运输主体责任；坚持协同防控，加强政策系统性、协调性，建立完善信息共享机制，强化部门联合监管和执法。

二、推进"公转铁""公转水"行动（略）

三、柴油货车清洁化行动（略）

四、非道路移动源综合治理行动

推进非道路移动机械清洁发展。2022 年 12 月 1 日，实施非道路移动柴油机械第四阶段排放标准。因地制宜加快推进铁路货场、物流园区、港口、机场，以及火电、钢铁、煤炭、焦化、建材、矿山等工矿企业新增或更新的作业车辆和机械新能源化。鼓励新增或更新的 3 吨以下叉车基本实现新能源化。鼓励各地依据排放标准制定老旧非道路移动机械更新淘汰计划，推进淘汰国一及以下排放标准的工程机械（含按非道路排放标准生产的非道路用车），具备条件的可更换国四及以上排放标准的发动机。研究非道路移动机械污染防治管理办法。

强化非道路移动机械排放监管。各地每年对本地非道路移动机械和发动机生产企业进行排放检查，基本实现系族全覆盖。进口非道路移动机械和发动机应达到我国现行新生产设备排放标准。2025 年，各地完成城区工程机械环保编码登记三级联网，做到应登尽登。强化非道路移动机械排放控制区管控，不符合排放要求的机械禁止在控制区内使用，重点区域城市制订年度抽查计划，重点核验信息公开、污染控制装置、编码登记、在线监控联网等，对部分机械进行排放测试，比例不得低于 20%，基本消除工程机械冒黑烟现象。

推动港口船舶绿色发展。（略）

五、重点用车企业强化监管行动（略）

六、柴油货车联合执法行动（略）

生态环境部关于发布《非道路移动机械污染防治技术政策》的公告

（2018 年　第 34 号）

为贯彻《中华人民共和国环境保护法》《中华人民共和国大气污染防治法》等法律法规，落实《中共中央　国务院关于全面加强生态环境保护　坚决打好污染防治攻坚战的意见》和《国务院关于印发打赢蓝天保卫战三年行动计划的通知》等文件要求，防治非道路移动机械污染大气环境，保障生态环境安全和人体健康，指导环境管理与科学治污，促进非道路移动机械污染防治技术进步，我部组织制定了《非道路移动机械污染防治技术政策》，现予发布。文件内容可登录生态环境部网站（http://www.mee.gov.cn）查询。

生态环境部
2018 年 8 月 19 日

非道路移动机械污染防治技术政策

一、总则

（一）为贯彻《中华人民共和国环境保护法》和《中华人民共和国大气污染防治法》等法律法规，改善环境质量，促进非道路移动机械污染防治技术进步，制定本技术政策。

（二）本技术政策所称的非道路移动机械是指我国境内所有新生产、进口及在用的以压燃式、点燃式发动机和新能源（如插电式混合动力、纯电动、燃料电池等）为动力的移动机械、可运输工业设备等。

（三）本技术政策提出了非道路移动机械在设计、生产、使用、回收等全生命周期内的大气、噪声等污染的防治技术。大气污染物主要指一氧化碳（CO）、碳氢化合物（HC）、氮氧化物（NO_x）和颗粒物（PM）。

（四）非道路移动机械产品应向低能耗、低污染的方向发展。优先发展非道路移动机械用发动机电控燃油系统、高效增压系统、排气后处理系统及污染控制系统所使用的传感器。

（五）污染物排放控制目标：

新生产装用压燃式发动机的非道路移动机械，2020 年达到国家第四阶段排放控制水平，2025 年与世界最先进排放控制水平接轨。

新生产装用小型点燃式发动机的非道路移动机械，2020 年前后达到国家第三阶段排放控制水平，2025 年与世界最先进排放控制水平接轨。

新生产装用大型点燃式发动机的非道路移动机械，在 2025 年前达到世界最先进排放控制水平。

（六）鼓励地方政府根据大气环境质量需求，对非道路移动机械分时、分类划定禁止使用高排放非道路移动机械的区域。优先控制城市建成区内非道路移动机械的污染物排放，逐步建立非道路移动机械使用的登记制度。鼓励淘汰高排放非道路移动机械。

二、新生产（含进口）非道路移动机械

（一）鼓励生态设计。鼓励开展非道路移动机械模块化、无（低）害化、绿色低碳、循环利用等产品生态设计，综合考虑生产、使用、回收等全生命周期内的资源消耗及污染排放。

（二）鼓励排放提前达标。鼓励非道路移动机械生产企业通过机内净化技术降低原机排放水平，装用压燃式发动机的非道路移动机械安装壁流式颗粒物捕集器（DPF）、选择性催化还原装置（SCR）；装用大型点燃式发动机的非道路移动机械安装三元催化转化器（TWC）等排放控制装置；装用小型点燃式发动机的非道路移动机械安装氧化型催化转化器（OC），提前达到国家下一阶段的非道路移动机械排放标准。

（三）产品应信息公开。非道路移动机械生产企业应依法依规公开排放检验、污染控制装置和排放相关技术信息，供社会公众监督，维修企业免费查询使用。

（四）提高产品环保生产一致性水平。非道路移动机械生产企业应不断提高产品环保生产一致性管理水平。根据国家排放标准对生产一致性的要求，建立并不断完善产品排放性能和耐久性能的控制方法，在产品开发、生产过程的质量控制、售后服务等各个环节，有效落实生产一致性保证计划。生产一致性检查应重点加强对发动机电子控制单元（ECU）和相关传感器部件、在线诊断系统、燃油供给系统、进气系统、排气后处理装置、废气再循环装置（EGR）等系统和零部件的检查。

（五）提高产品排放在用符合性。生产企业应加强其产品及其污染物排放装置耐久性的研究，对非道路移动机械在实际使用中的排放情况进行监测自查，确保非道路移动机械污染物排放的在用符合性。

生产企业应引导用户正确使用和维护保养排放相关控制装置，应在其产品说明书中，明确列出维护排放水平的内容，应详细说明非道路移动机械使用的适用条件、排放控制策略、日常保养项目、排放相关零部件的更换周期、维护保养规程以及企业认可的零部件等，为保证非道路移动机械污染物排放的在用符合性提供技术保障。

（六）加强排放在线监控和诊断。新生产非道路移动机械应根据相关标准要求，增加排放在线诊断系统，对与排放相关部件的运行状态进行实时监控，当监测到非道路移动机械排放超标时，应采取报警、限扭、强制怠速运转等手段，限制排放超标非道路移动机械的正常使用，督促用户及时进行维修处理。

（七）推广排放远程监控技术。利用信息技术的进步和发展，通过安装卫星定位及远程排放监控装置、电子围栏平台建设、数据库动态分析等方法，逐步实现对各类非道路移动机械的远程排放监控。企业应积极参与推进定位系统和远程排放监控系统与生态环境部门的联网。优先对在城市中使用的非道路移动机械实施排放远程监控管理。

（八）积极开展天然气、生物柴油等替代燃料的排放控制技术研究。重点研究替代燃料使用过程中的常规污染物和非常规污染物排放特性，科学评估使用替代燃料对环境空气

及非道路移动机械排放性能、可靠性和耐久性的影响，确保替代燃料使用的安全性和规范性。

（九）控制温室气体排放。逐步将二氧化碳（CO_2）、甲烷（CH_4）、氧化亚氮（N_2O）等非道路移动机械排放的温室气体纳入排放管理体系，实现非道路移动机械大气污染物与温室气体排放的协同控制。

（十）加强对进口二手非道路移动机械的排放控制。进口二手非道路移动机械的排放控制水平，应满足我国新生产非道路移动机械现行排放标准要求。

（十一）提高噪声污染控制水平。生产企业应加强对非道路移动机械产品噪声污染控制技术的研究、开发和应用，不断提高噪声污染控制水平。

新生产非道路移动机械噪声污染控制的技术原则为：优先采用发动机优化燃烧、电控管理技术、优化进排气消声器，采用吸声和隔声技术、提高发动机刚度和整机匹配等技术措施，降低新生产非道路移动机械的噪声污染。

（十二）企业应具备污染物排放检测能力。生产企业应配备非道路移动机械（或发动机）污染物排放检测设备，对产品按照标准要求进行排放检验，检验合格才能出厂销售。

三、在用非道路移动机械

（一）加强在用非道路移动机械的排放检测和维修。加强非道路移动机械的维修、保养，使其保持良好的技术状态。加强对非道路移动机械排放检测能力的建设；经检测排放不达标的非道路移动机械，应强制进行维修、保养，保证非道路移动机械及其污染控制装置处于正常技术状态。

非道路移动机械维修企业应配备必要的排放检测及诊断设备，确保维修后的非道路移动机械排放稳定达标，同时妥善保存维修记录。

（二）研究建立在用非道路移动机械登记制度。鼓励有条件的地方，对需要重点监控的在用非道路移动机械进行登记，并对其排放状况进行监督检查。

（三）在用非道路移动机械的排放治理改造。在排放治理改造中，针对要改造的非道路移动机械，应先进行科学的、系统的匹配和小规模示范应用，确认技术的可行性和治理效果，再进行推广应用，并确保对改造产品的持续维护和质量监管。

（四）加强对再制造发动机的排放管理。对装用再制造发动机的非道路移动机械，再制造发动机的排放性能指标应不低于原机定型时的排放要求，且只能作为配件进入发动机配件市场，用于替换同等排放水平的发动机。

（五）加强非道路移动机械的噪声控制。禁止任何单位或个人擅自拆除弃用非道路移动机械的消声、隔声和吸声装置，加强对噪声控制装置的维护保养。

四、非道路用燃料、机油及氮氧化物还原剂

（一）提升油品和氮氧化物还原剂质量。燃油应不断降低烯烃、芳烃、多环芳烃的含量；机油应不断降低硫、磷、硫酸盐灰分的含量；氮氧化物还原剂应重点研究解决低温结

晶问题，降低醛类、金属离子等杂质的含量。

（二）加强生产、销售环节管理。禁止生产、进口、销售不符合标准的燃料、机油和氮氧化物还原剂。鼓励油品生产企业在生产环节加入能辨别生产企业的微量物质示踪剂。确保终端使用环节的燃料、机油及氮氧化物还原剂质量稳定满足国家标准的要求。

五、鼓励研发及推广应用的污染防治技术

（一）鼓励研发的污染防治技术

1. 鼓励新能源动力技术的开发应用。鼓励混合动力、纯电动、燃料电池等新能源技术在非道路移动机械上的应用，优先发展中小非道路移动机械动力装置的新能源化，逐步达到超低排放、零排放。

2. 加快各类先进污染控制技术的自主研发和国产化。压燃式发动机主要污染控制技术包括电控燃油喷射系统（EFI）、SCR、DPF、高效增压中冷系统（TC）、闭环控制废气再循环装置（EGR）、柴油氧化型催化转化器（DOC）、固体氨选择性催化还原装置（SSCR）等先进后处理系统，以及排放控制传感器等关键零部件及相关技术。

点燃式发动机主要污染控制技术包括 EFI、分层扫气技术及电控化油器等关键零部件及相关技术。

3. 鼓励开展噪声控制技术的研究。对于发动机应优化机内燃烧、优化进排气消声器，优化插入损失，降低功率损失比；对于非道路移动机械应优化旋转件匹配、发动机和变速箱的匹配、采用吸隔音材料的研究等措施，降低整个非道路移动机械设备的噪声。

（二）鼓励推广应用的排放控制技术

1. 压燃式发动机非道路移动机械排放控制技术。装用压燃式发动机的非道路移动机械鼓励优先采用的排放控制技术见表 1。

表 1　装用压燃式发动机的非道路移动机械排放控制技术

功率（P_{max}）/kW	$P_{max}<19$	$19{\leqslant}P_{max}<37$	$37{\leqslant}P_{max}<56$	$56{\leqslant}P_{max}{\leqslant}560$	$P_{max}>560$
国四	EFI	EFI	EFI+TC+EGR+DOC+DPF	EFI+TC+DOC+DPF+SCR	EFI+TC+SCR
国五	—	EFI+DOC+DPF+排放远程监控	EFI+TC+EGR+DOC+DPF+排放远程监控	EFI+TC+DOC+DPF+SCR+排放远程监控	EFI+TC+SCR+排放远程监控

2. 点燃式发动机非道路移动机械排放控制技术：

（1）手持式二冲程发动机。应推广具有低逃逸率的高效扫气系统，并加装 OC。

（2）大型点燃式发动机（19 kW 以上）。应推广使用 EFI，实现空燃比的闭环控制，加装三元催化器（TWC），降低 HC、CO 和 NO_x 的排放。

对装用汽油发动机的非道路移动机械，鼓励采用低渗透油管、油箱和炭罐等燃油蒸发

控制装置，以有效控制蒸发排放。

（三）鼓励开发排放测试技术及设备

1. 加快非道路移动机械排放测试设备和技术的研究开发，加快非道路移动机械远程排放监控系统、在线诊断系统测试技术的引进吸收和开发，加快后处理系统传感器国产化的研发，为非道路移动机械产品的生产一致性、在用符合性和企业新产品研发提供保障。

2. 鼓励车载排放测试技术及测试设备的研究开发，为加强在用非道路移动机械排放监管提供技术保障。

环境保护部关于开展机动车和非道路移动机械环保信息公开工作的公告

（国环规大气〔2016〕3号）

为贯彻落实《中华人民共和国大气污染防治法》，加快推进机动车和非道路移动机械环境管理的系统化、科学化、法治化、精细化和信息化，根据国务院关于简政放权、放管结合、优化服务、便民惠民的决策部署要求，我部决定依法开展新生产机动车和非道路移动机械环保信息公开工作。现将有关要求公告如下：

一、信息公开主体

按照《中华人民共和国大气污染防治法》规定，机动车和非道路移动机械生产、进口企业，应当向社会公开其生产、进口机动车和非道路移动机械的环保信息，包括排放检验信息和污染控制技术信息，并对信息公开的真实性、准确性、及时性、完整性负责。

二、信息公开内容

（一）机动车和非道路移动机械生产、进口企业基本信息；

（二）机动车和非道路移动机械污染控制技术信息，具体内容详见附件1；

（三）机动车和非道路移动机械排放检验信息：型式检验、生产一致性检验、在用符合性检验和出厂检验信息，包括检测结果、检验条件、仪器设备、检测机构信息等，具体检验项目详见附件2。

三、信息公开时间和方式

（一）机动车生产、进口企业应在产品出厂或货物入境前，以随车清单的方式公开主要环保信息，具体要求见附件3。

非道路移动机械生产、进口企业应在产品出厂或货物入境前，在机身明显位置粘贴环保信息标签，公开主要环保信息，具体要求见附件4。

（二）机动车和非道路移动机械生产、进口企业应在产品出厂或货物入境前，在本企业官方网站公开机动车和非道路移动机械环保信息，并同步上传至环境保护部机动车和非道路移动机械环保信息公开平台（网址：www.vecc-mep.org.cn），供政府有关部门、公众和企业查询使用。

暂不具备在本企业官方网站公开机动车和非道路移动机械环保信息条件的生产、进口企业，应在产品出厂或者货物入境前，在环境保护部机动车和非道路移动机械环保信息公开平台上公开环保信息。

四、实施时间

（一）自 2016 年 9 月 1 日起，环境保护部机动车和非道路移动机械环保信息公开平台开始试运行，请各有关企业积极参与调试。

（二）自 2017 年 1 月 1 日起，机动车生产、进口企业应将新生产、进口机动车的环保信息，按照本公告第三条规定的时间和方式予以公开。

（三）自 2017 年 7 月 1 日起，非道路移动机械生产、进口企业应将新生产、进口非道路移动机械的环保信息，按照本公告第三条规定的时间和方式予以公开。

五、监督管理

各省级环境保护主管部门应建立机动车和非道路移动机械检验信息核查机制，通过现场检查、抽样检查等方式，加强对机动车和非道路移动机械环保信息公开工作的监督管理，督促机动车生产企业和非道路移动机械生产、进口企业按要求进行信息公开。

鼓励社会公众对机动车和非道路移动机械生产、进口企业公开的环保信息进行监督，依法通过环保举报平台反映有关问题，各省级环境保护主管部门要及时查处举报反映的问题。

对未按照本公告要求真实、准确、及时、完整公开机动车和非道路移动机械环保信息的，各省级环境保护主管部门应依照《中华人民共和国大气污染防治法》对相关企业予以处罚，处罚结果要及时向社会公开，并同步上传至环境保护部机动车和非道路移动机械环保信息公开平台。

我部将对各机动车和非道路移动机械生产、进口企业环保信息公开工作开展情况，以及各省级环境保护主管部门监管执法情况加大监督检查力度。

六、有关要求

（一）环境保护部机动车和非道路移动机械环保信息公开平台免费向企业提供机动车和非道路移动机械环保信息上传和查询服务，免费向社会公众和政府有关部门提供信息查询服务，任何单位和个人不得以任何理由收取任何费用。

（二）地方各级环保部门可以直接查询、使用环境保护部机动车和非道路移动机械环保信息公开平台，不得再以任何理由要求生产、进口企业通过其他途径重复报送或提供类似信息。

（三）环境保护部机动车和非道路移动机械环保信息公开平台主要为企业、公众和政府有关部门提供信息公开服务，不对机动车和非道路移动机械的排放检验和污染控制技术信息进行人工审核、修改等处理。机动车和非道路移动机械生产、进口企业对所公开环保信息的真实性、准确性、及时性和完整性负责，确需对已公开信息进行更正的，应先发布信息更正公告或通知，再及时更正环境保护部机动车和非道路移动机械环保信息公开平台相关内容，并作出说明。

（四）我部委托环境保护部机动车排污监控中心建设、运行、维护机动车和非道路移动机械环保信息公开平台。

（五）发动机和其他机动车和非道路移动机械环保关键零部件生产、进口企业可以参照本公告要求进行环保信息公开。

七、联系人及联系方式（略）

特此公告。

附件：1. 污染控制技术信息要求（略）

2. 各类机动车和非道路移动机械的具体检验项目（略）

3. 机动车环保信息随车清单（略）

4. 非道路移动机械环保信息标签要求（试行）（略）

环境保护部

2016 年 8 月 24 日

生态环境部关于加快推进非道路移动机械摸底调查和编码登记工作的通知

（环办大气函〔2019〕655 号）

各省、自治区、直辖市生态环境厅（局），新疆生产建设兵团生态环境局：

为贯彻落实国务院《打赢蓝天保卫战三年行动计划》和《柴油货车污染治理攻坚战行动计划》相关要求，加快推进非道路移动机械摸底调查和编码登记工作，现将有关事项通知如下。

一、充分认识开展摸底调查和编码登记工作的重要性

非道路移动机械种类繁多，应用广泛，相对于机动车而言，存在底数不清、污染控制技术水平相对落后、污染物排放量大等问题。《打赢蓝天保卫战三年行动计划》和《柴油货车污染治理攻坚战行动计划》明确要求，开展非道路移动机械摸底调查和编码登记，划定非道路移动机械排放控制区，严格管控高排放非道路移动机械。各地要统一思想、提高认识，强化组织协调，健全工作机制，通过摸底调查和编码登记，摸清非道路移动机械底数和排放水平，为有效实施排放控制区管理、管控高排放非道路移动机械、减少污染物排放奠定基础。

二、突出重点场所，全面有效推进工作落实

各地生态环境部门按照重点突破、全面推进的原则，制定摸底调查和编码登记工作方案，力争做到机械类型、数量全覆盖。以城市建成区内施工工地、物流园区、大型工矿企业以及港口、码头、机场、铁路货场使用的非道路移动机械为重点，主要包括挖掘机、起重机、推土机、装载机、压路机、摊铺机、平地机、叉车、桩工机械、堆高机、牵引车、摆渡车、场内车辆等机械类型。摸底调查和编码登记信息主要包括生产厂家名称、出厂日期等基本信息，所有人或使用人名称（可为单位或个人）、联系方式等登记人信息，排放阶段、机械类型（按用途分）、燃料类型、污染控制装置等技术信息，以及机械铭牌、发动机铭牌、非道路移动机械环保信息公开标签等。按照《柴油货车污染治理攻坚战行动计划》要求，于 2019 年年底前完成在用非道路移动机械摸底调查和编码登记，新购置或转入的非道路移动机械，应在购置或转入之日起 30 日内完成编码登记。

三、加强部门协同，通过信息化手段简化流程

各地生态环境部门要加强与行业主管部门沟通协调，充分发挥相关部门和行业组织的作用，形成联合工作机制。要简化流程，通过服务办事窗口、网上监管平台、手机应用程序（App）、现场填报等方式开展摸底调查和编码登记工作，对完成信息登记的非道路移动机械按照统一编码规则发放非道路移动机械环保标牌，并根据实际情况，选择悬挂、粘贴、喷涂等方式固定，具体技术要求见附件。非道路移动机械环保标牌具有唯一性，编码规则全国统一，环保标牌跨区域有效、各地互认。对于此前已经完成编码登记、在本地使用的非道路移动机械可沿用原编码和环保标牌。鼓励通过电子标牌的方式实现非道路移动机械数据化管理。可直接通过国家非道路移动机械环保监管平台（以下简称国家平台）和 App 开展摸底调查和编码登记工作，自动实现信息联网报送。使用本地平台的地区，应在 2019 年年底前与国家平台进行技术对接，实现信息联网报送。国家平台（https://fdl.vecc.org.cn/fdlgather/）和 App 由中国环境科学研究院机动车排污监控中心负责建设运行。

四、加强指导，确保数据信息准确规范

各省级生态环境部门要及时组织培训，定期调度工作进展，加大对填报信息的审核和复查力度，通过现场抽查等方式核实，确保信息准确规范，杜绝"一机多码"或"多机一码"的现象。各地生态环境部门要充分利用广播、电视、报纸、网络等媒体，并深入施工工地、物流园区、大型工矿企业、港口、码头、机场、铁路货场等场所，广泛宣传非道路移动机械摸底调查和编码登记相关政策和方法。鼓励各地生态环境部门对非道路移动机械集中的单位提供上门服务。鼓励企事业单位、社会组织和公众进行监督。

各地依法划定非道路移动机械排放控制区，生态环境部门充分利用环境监管平台，加大执法监管力度，对违规进入排放控制区或超标排放的非道路移动机械依法实施处罚。

附件　非道路移动机械摸底调查和编码登记技术要求

生态环境部办公厅

2019 年 7 月 29 日

非道路移动机械摸底调查和编码登记技术要求

一、非道路移动机械环保登记号码编码规则

（一）非道路移动机械环保登记号码组成方式

非道路移动机械环保登记号码由 1 位排放阶段代号和 8 位机械环保序号组成，排放阶段代号与机械环保序号以短横分隔符相连。示例：2-12345678。

（二）排放阶段代号

非道路移动机械排放阶段指出厂时的排放阶段，代号采用排放阶段对应的序号（国一及以前排放阶段代号统一为"1"），电动机械排放阶段代号为"D"，不能确定排放阶段的代号为"X"。

柴油非道路移动机械的排放阶段根据《非道路移动机械用柴油机排气污染物排放限值及测量方法（中国Ⅰ、Ⅱ阶段）》（GB 20891—2007）及其以后修订的版本确定。

场内车辆的排放阶段根据《轻型汽车污染物排放限值及测量方法（Ⅰ）》（GB 18352.1—2001）、《车用压燃式发动机排气污染物排放限值及测量方法》（GB 17691—2001）及其以后修订的版本确定。

（三）机械环保序号

机械环保序号采用数字和字母组合的方式，数字为 0～9，字母为英文字母表中除去 I、O 外的其余 24 个大写字母。序号由 8 位字符组成，序号第一位根据省、自治区和直辖市排序确定（表 1），第二位至第八位各省份自行编号。

表1 各省、自治区、直辖市机械环保序号第一位分配表

地区名称	环保序号第一位	地区名称	环保序号第一位
北京市	1	湖北省	H
天津市	2	湖南省	J
河北省	3	广东省	K
山西省	4	广西壮族自治区	L
内蒙古自治区	5	海南省	M
辽宁省	6	重庆市	N
吉林省	7	四川省	P
黑龙江省	8	贵州省	Q
上海市	9	云南省	R
江苏省	A	西藏自治区	S
浙江省	B	陕西省	T
安徽省	C	甘肃省	U
福建省	D	青海省	V
江西省	E	宁夏回族自治区	W
山东省	F	新疆维吾尔自治区（含新疆生产建设兵团）	X
河南省	G		

（四）非道路移动机械环保登记号码的确定

根据上传信息，非道路移动机械环境监管平台自动完成排放阶段的确认。工作人员根据排放阶段，发放相应号码，实现机械设备与环保登记号码关联匹配。

非道路移动机械环保登记号码与机械信息一一对应，不允许一台机械对应多个环保登记号码，也不允许多台机械共用一个环保登记号码。

二、非道路移动机械环保标牌技术要求

（一）样式及尺寸

外观标准尺寸：长 50 cm×高 10 cm，单字高 7 cm。

字体：方正大黑简体，字体水平、垂直居中。

字体颜色：白色。

背景颜色：蓝色（R：53、G：85、B：219）

图1 非道路移动机械环保标牌样式

（二）位置要求

位置应优先在机械左右两侧，每侧一个；如果侧边没有合适空间，可以选择机械尾端或机械操作手臂等明显位置。

位于机械左、右侧或尾端时，要求水平，离地面高度至少 1 m。

（三）材料和方式

1．金属标牌

材料要求

材质：厚度不小于 1.2 mm 的铝质材料。

耐温性能：在 –40～60℃ 的环境中，不得有开裂、剥落、碎裂或者翘曲现象。

抗弯曲性能：在受到外力弯曲时，表面不应有裂缝、剥落、层间分离等损坏现象。

抗溶剂性能：应能经受溶剂的侵蚀，表面不得出现褪色、变色、掉色、软化、皱纹、起泡、开裂、起层、卷边或被溶解的痕迹。

耐盐水腐蚀性能：应能经受盐水的腐蚀，表面和铝板不得出现褪色、变色、掉色、软化、皱纹、起泡、开裂、起层、卷边或被侵蚀的痕迹。

抗风沙性能：应能抵御风沙，不应有破损、凹陷、剥落、掉色等缺陷。

耐候性能：按照《中华人民共和国机动车号牌》（GA 36—2018）中的 7.14 试验后，应无明显的变色、褪色、霉斑、开裂、刻痕、凹陷、侵蚀、剥离、粉化或变形；在任何边缘不应出现超过 1 mm 的收缩、膨胀或开裂。

字符要求

字符全部采用冲压方式。

安装要求

采用铆钉方式安装，要求水平、安装牢固，离地面高度至少 1 m。

2．标牌贴

材料要求

耐温性能：按照《车身反光标识》（GA 406—2002）中的 4.8 试验后，不应有裂缝、剥落、碎裂痕迹。

耐候性能：按照《车身反光标识》（GA 406—2002）中的 4.4 试验后，不应有开裂、刻痕、凹陷、侵蚀、剥离、粉化或变形，从任何一边均不应出现明显的收缩或膨胀，不应出现从底板边缘的脱胶现象。

附着性能：按照《车身反光标识》（GA 406—2002）中的 6.10 方法试验后，背胶的 90 度剥离强度不应小于 25N。

粘贴要求

对于机械外表面漆膜完好的，可对表面作清洁处理后直接粘贴在漆膜表面；对于漆膜已经松软、粉化的，应除去漆膜、对底材作防锈处理后粘贴。

3．标牌喷涂

要求按图 1 样式喷涂。涂料要求黏附、耐候性能好。

三、非道路移动机械环保信息采集卡技术要求

非道路移动机械环保信息采集卡使用塑封膜加防伪层塑封，外观尺寸为长 8.8 cm，宽 6 cm。非道路移动机械环保信息采集卡正面样式如图 2，背面样式如图 3。

图 2　采集卡正面样式

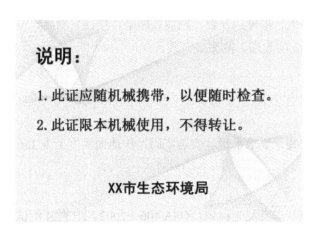

图 3　采集卡背面样式

采集卡样式说明如下：

①正面文字"非道路移动机械环保信息采集卡"颜色为白色，字体为 12 磅黑体，位置居中。

②正面文字"2-12345678"颜色为黑色、字体为 30 磅黑体、位置居中。

③背面文字"说明"颜色为黑色、字体为 16 磅黑体。

④背面文字　"1．此证应随机械携带，以便随时检查。2．此证限本机械使用，不得转让。"颜色为黑色、字体为 12 磅宋体。

⑤背面文字"××市生态环境局"颜色为黑色、字体为 12 磅黑体、位置居中。

⑥正面二维码尺寸为 25 mm×25 mm，二维码关联非道路移动机械环保登记号码。

生态环境部等七部门关于印发《减污降碳协同增效实施方案》的通知

（环综合〔2022〕42 号）

各省、自治区、直辖市和新疆生产建设兵团生态环境厅（局）、发展改革委、工业和信息化主管部门、住房和城乡建设厅（局）、交通运输厅（局、委）、农业农村（农牧）厅（局、委）、能源局：

《减污降碳协同增效实施方案》已经碳达峰碳中和工作领导小组同意，现印发给你们，请结合实际认真贯彻落实。

生态环境部 国家发展和改革委员会
工业和信息化部 住房和城乡建设部
交通运输部 农业农村部
国家能源局
2022 年 6 月 10 日

减污降碳协同增效实施方案（摘选）

为深入贯彻落实党中央、国务院关于碳达峰碳中和决策部署，落实新发展阶段生态文明建设有关要求，协同推进减污降碳，实现一体谋划、一体部署、一体推进、一体考核，制定本实施方案。

一、面临形势

党的十八大以来，我国生态文明建设和生态环境保护取得历史性成就，生态环境质量持续改善，碳排放强度显著降低。但也要看到，我国发展不平衡、不充分问题依然突出，生态环境保护形势依然严峻，结构性、根源性、趋势性压力总体上尚未根本缓解，实现美丽中国建设和碳达峰碳中和目标愿景任重道远。与发达国家基本解决环境污染问题后转入强化碳排放控制阶段不同，当前我国生态文明建设同时面临实现生态环境根本好转和碳达峰碳中和两大战略任务，生态环境多目标治理要求进一步凸显，协同推进减污降碳已成为我国新发展阶段经济社会发展全面绿色转型的必然选择。

面对生态文明建设新形势新任务新要求，基于环境污染物和碳排放高度同根同源的特征，必须立足实际，遵循减污降碳内在规律，强化源头治理、系统治理、综合治理，切实发挥好降碳行动对生态环境质量改善的源头牵引作用，充分利用现有生态环境制度体系协同促进低碳发展，创新政策措施，优化治理路线，推动减污降碳协同增效。

二、总体要求

（一）指导思想

以习近平新时代中国特色社会主义思想为指导，全面贯彻党的十九大和十九届历次全会精神，按照党中央、国务院决策部署，深入贯彻习近平生态文明思想，坚持稳中求进工作总基调，立足新发展阶段，完整、准确、全面贯彻新发展理念，构建新发展格局，推动高质量发展，把实现减污降碳协同增效作为促进经济社会发展全面绿色转型的总抓手，锚定美丽中国建设和碳达峰碳中和目标，科学把握污染防治和气候治理的整体性，以结构调整、布局优化为关键，以优化治理路径为重点，以政策协同、机制创新为手段，完善法规标准，强化科技支撑，全面提高环境治理综合效能，实现环境效益、气候效益、经济效益多赢。

（二）工作原则

突出协同增效。坚持系统观念，统筹碳达峰碳中和与生态环境保护相关工作，强化目标协同、区域协同、领域协同、任务协同、政策协同、监管协同，增强生态环境政策与能源产业政策协同性，以碳达峰行动进一步深化环境治理，以环境治理助推高质量达峰。

强化源头防控。紧盯环境污染物和碳排放主要源头，突出主要领域、重点行业和关键环节，强化资源能源节约和高效利用，加快形成有利于减污降碳的产业结构、生产方式和生活方式。

优化技术路径。统筹水、气、土、固体废物、温室气体等领域减排要求，优化治理目标、治理工艺和技术路线，优先采用基于自然的解决方案，加强技术研发应用，强化多污染物与温室气体协同控制，增强污染防治与碳排放治理的协调性。

注重机制创新。充分利用现有法律、法规、标准、政策体系和统计、监测、监管能力，完善管理制度、基础能力和市场机制，一体推进减污降碳，形成有效激励约束，有力支撑减污降碳目标任务落地实施。

鼓励先行先试。发挥基层积极性和创造力，创新管理方式，形成各具特色的典型做法和有效模式，加强推广应用，实现多层面、多领域减污降碳协同增效。

（三）主要目标

到 2025 年，减污降碳协同推进的工作格局基本形成；重点区域、重点领域结构优化调整和绿色低碳发展取得明显成效；形成一批可复制、可推广的典型经验；减污降碳协同度有效提升。

到 2030 年，减污降碳协同能力显著提升，助力实现碳达峰目标；大气污染防治重点区域碳达峰与空气质量改善协同推进取得显著成效；水、土壤、固体废物等污染防治领域协同治理水平显著提高。

三、加强源头防控（略）

四、突出重点领域

（九）推进交通运输协同增效

加快推进"公转铁""公转水"，提高铁路、水运在综合运输中的承运比例。发展城市绿色配送体系，加强城市慢行交通系统建设。加快新能源车发展，逐步推动公共领域用车电动化，有序推动老旧车辆替换为新能源车辆和非道路移动机械使用新能源清洁能源动力，探索开展中重型电动、燃料电池货车示范应用和商业化运营。（略）

五、优化环境治理（略）

六、开展模式创新（略）

七、强化支撑保障（略）

八、加强组织实施（略）

机动车排放召回管理规定

（国家市场监督管理总局 生态环境部令 第 40 号）

第一条 为了规范机动车排放召回工作，保护和改善环境，保障人体健康，根据《中华人民共和国大气污染防治法》等法律、行政法规，制定本规定。

第二条 在中华人民共和国境内开展机动车排放召回及其监督管理，适用本规定。

第三条 本规定所称排放召回，是指机动车生产者采取措施消除机动车排放危害的活动。

本规定所称排放危害，是指因设计、生产缺陷或者不符合规定的环境保护耐久性要求，致使同一批次、型号或者类别的机动车中普遍存在的不符合大气污染物排放国家标准的情形。

第四条 机动车存在排放危害的，其生产者应当实施召回。

进口机动车的进口商，视为本规定所称的机动车生产者。

第五条 国家市场监督管理总局会同生态环境部负责机动车排放召回监督管理工作。

国家市场监督管理总局和生态环境部可以根据工作需要，委托各自的下一级行政机关承担本行政区域内机动车排放召回监督管理有关工作。

国家市场监督管理总局和生态环境部可以委托相关技术机构承担排放召回的技术工作。

第六条　国家市场监督管理总局负责建立机动车排放召回信息系统和监督管理平台，与生态环境部建立信息共享机制，开展信息会商。

第七条　生态环境部负责收集和分析机动车排放检验检测信息、污染控制技术信息和排放投诉举报信息。

设区的市级以上地方生态环境部门应当收集和分析机动车排放检验检测信息、污染控制技术信息和排放投诉举报信息，并将可能与排放危害相关的信息逐级上报至生态环境部。

第八条　机动车生产者应当记录并保存机动车设计、制造、排放检验检测等信息以及机动车初次销售的机动车所有人信息，保存期限不得少于 10 年。

第九条　机动车生产者应当及时通过机动车排放召回信息系统报告下列信息：

（一）排放零部件的名称和质保期信息；

（二）排放零部件的异常故障维修信息和故障原因分析报告；

（三）与机动车排放有关的维修与远程升级等技术服务通报、公告等信息；

（四）机动车在用符合性检验信息；

（五）与机动车排放有关的诉讼、仲裁等信息；

（六）在中华人民共和国境外实施的机动车排放召回信息；

（七）需要报告的与机动车排放有关的其他信息。

前款规定信息发生变化的，机动车生产者应当自变化之日起 20 个工作日内重新报告。

第十条　从事机动车销售、租赁、维修活动的经营者（以下统称机动车经营者）应当记录并保存机动车型号、规格、车辆识别代号、数量以及具体的销售、租赁、维修等信息，保存期限不得少于 5 年。

第十一条　机动车经营者、排放零部件生产者发现机动车可能存在排放危害的，应当向国家市场监督管理总局报告，并通知机动车生产者。

第十二条　机动车生产者发现机动车可能存在排放危害的，应当立即进行调查分析，并向国家市场监督管理总局报告调查分析结果。机动车生产者认为机动车存在排放危害的，应当立即实施召回。

第十三条　国家市场监督管理总局通过车辆测试等途径发现机动车可能存在排放危害的，应当立即书面通知机动车生产者进行调查分析。

机动车生产者收到调查分析通知的，应当立即进行调查分析，并向国家市场监督管理总局报告调查分析结果。生产者认为机动车存在排放危害的，应当立即实施召回。

第十四条　有下列情形之一的，国家市场监督管理总局会同生态环境部可以对机动车生产者进行调查，必要时还可以对排放零部件生产者进行调查：

（一）机动车生产者未按照通知要求进行调查分析，或者调查分析结果不足以证明机动车不存在排放危害的；

（二）机动车造成严重大气污染的；

（三）生态环境部在大气污染防治监督检查中发现机动车可能存在排放危害的。

第十五条 国家市场监督管理总局会同生态环境部进行调查，可以采取下列措施：

（一）进入机动车生产者、经营者以及排放零部件生产者的生产经营场所和机动车集中停放地进行现场调查；

（二）查阅、复制相关资料和记录；

（三）向有关单位和个人询问机动车可能存在排放危害的情况；

（四）委托技术机构开展机动车排放检验检测；

（五）法律、行政法规规定的可以采取的其他措施。

机动车生产者、经营者以及排放零部件生产者应当配合调查。

第十六条 经调查认为机动车存在排放危害的，国家市场监督管理总局应当书面通知机动车生产者实施召回。机动车生产者认为机动车存在排放危害的，应当立即实施召回。

第十七条 机动车生产者认为机动车不存在排放危害的，可以自收到通知之日起 15 个工作日内向国家市场监督管理总局提出书面异议，并提交证明材料。

国家市场监督管理总局应当会同生态环境部对机动车生产者提交的材料进行审查，必要时可以组织与机动车生产者无利害关系的专家采用论证、检验检测或者鉴定等方式进行认定。

第十八条 机动车生产者既不按照国家市场监督管理总局通知要求实施召回又未在规定期限内提出异议，或者经认定确认机动车存在排放危害的，国家市场监督管理总局应当会同生态环境部书面责令机动车生产者实施召回。

第十九条 机动车生产者认为机动车存在排放危害或者收到责令召回通知书的，应当立即停止生产、进口、销售存在排放危害的机动车。

第二十条 机动车生产者应当制订召回计划，并自认为机动车存在排放危害或者收到责令召回通知书之日起 5 个工作日内向国家市场监督管理总局提交召回计划。

机动车生产者应当按照召回计划实施召回。确需修改召回计划的，机动车生产者应当自修改之日起 5 个工作日内重新提交，并说明修改理由。

第二十一条 召回计划应当包括下列内容：

（一）召回的机动车范围、存在的排放危害以及应急措施；

（二）具体的召回措施；

（三）召回的负责机构、联系方式、进度安排等；

（四）需要报告的其他事项。

机动车生产者应当对召回计划的真实性、准确性及召回措施的有效性负责。

第二十二条 机动车生产者应当将召回计划及时通知机动车经营者，并自提交召回计划之日起 5 个工作日内向社会发布召回信息，自提交召回计划之日起 30 个工作日内通知机动车所有人，并提供咨询服务。

国家市场监督管理总局应当向社会公示机动车生产者的召回计划。

第二十三条 机动车经营者收到召回计划的，应当立即停止销售、租赁存在排放危害的机动车，配合机动车生产者实施召回。

机动车所有人应当配合生产者实施召回。机动车未完成排放召回的，机动车排放检验机构应当在排放检验检测时提醒机动车所有人。

第二十四条 机动车生产者应当采取修正或者补充标识、修理、更换、退货等措施消除排放危害，并承担机动车消除排放危害的费用。

未消除排放危害的机动车，不得再次销售或者交付使用。

第二十五条 机动车生产者应当自召回实施之日起每 3 个月通过机动车排放召回信息系统提交召回阶段性报告。国家市场监督管理总局、生态环境部另有要求的，依照其要求。

第二十六条 机动车生产者应当自完成召回计划之日起 15 个工作日内通过机动车排放召回信息系统提交召回总结报告。

第二十七条 机动车生产者应当保存机动车排放召回记录，保存期限不得少于 10 年。

第二十八条 国家市场监督管理总局应当会同生态环境部对机动车排放召回实施情况进行监督，必要时可以组织与机动车生产者无利害关系的专家对召回效果进行评估。

发现召回范围不准确、召回措施无法有效消除排放危害的，国家市场监督管理总局应当会同生态环境部通知生产者重新实施召回。

第二十九条 从事机动车排放召回监督管理工作的人员不得将机动车生产者、经营者和排放零部件生产者提供的资料或者专用设备用于其他用途，不得泄露获悉的商业秘密或者个人信息。

第三十条 违反本规定，有下列情形之一的，由市场监督管理部门责令改正，处三万元以下罚款：

（一）机动车生产者、经营者未保存相关信息或者记录的；

（二）机动车生产者、经营者或者排放零部件生产者不配合调查的；

（三）机动车生产者未提交召回计划或者未按照召回计划实施召回的；

（四）机动车生产者未按照要求将召回计划通知机动车经营者或者机动车所有人，或者未向社会发布召回信息的；

（五）机动车经营者收到召回计划后未停止销售、租赁存在排放危害的机动车的；

（六）机动车生产者未提交召回阶段性报告或者召回总结报告的。

第三十一条 机动车生产者依照本规定实施机动车排放召回的，不免除其依法应当承担的其他法律责任。

第三十二条　市场监督管理部门应当将责令召回情况及行政处罚信息记入信用记录，依法向社会公布。

第三十三条　非道路移动机械的排放召回，以及机动车存在除排放危害外其他不合理排放大气污染物情形的，参照本规定执行。

第三十四条　本规定自 2021 年 7 月 1 日起施行。

农业农村部办公厅　财政部办公厅　商务部办公厅关于印发《农业机械报废更新补贴实施指导意见》的通知

（农办机〔2020〕2 号）

各省、自治区、直辖市及计划单列市农业农村（农牧）厅（局、委）、财政厅（局）、商务主管部门，新疆生产建设兵团农业农村局、财政局、商务主管部门，黑龙江省农垦总局、广东省农垦总局：

为加快老旧农业机械报废更新进度，进一步优化农机装备结构，促进农机安全生产和节能减排，根据《农业机械安全监督管理条例》《国务院关于加快推进农业机械化和农机装备产业转型升级的指导意见》等有关法规政策要求，我们共同制定了《农业机械报废更新补贴实施指导意见》，现印发你们，请结合实际，抓好贯彻落实。

农业农村部办公厅　财政部办公厅　商务部办公厅

2020 年 2 月 19 日

农业机械报废更新补贴实施指导意见

按照《农业机械安全监督管理条例》《国务院关于加快推进农业机械化和农机装备产业转型升级的指导意见》和农机购置补贴有关实施指导意见等法规政策要求，为做好农机报废更新补贴工作，制定本意见。

一、总体要求

全面贯彻党的十九大和十九届二中、三中、四中全会精神，牢固树立新发展理念，紧紧围绕实施乡村振兴战略，深入推进农业供给侧结构性改革，坚持"农民自愿、政策支持、方便高效、安全环保"的原则，通过政策支持进一步加大耗能高、污染重、安全性能低的老旧农机淘汰力度，加快先进适用、节能环保、安全可靠农业机械的推广应用，努力优化农机装备结构，推进农业机械化转型升级和农业绿色发展。

二、实施范围和补贴对象

中央财政从农机购置补贴中安排资金，实施农机报废更新补贴政策，对农民报废老旧农机给予适当补助。农机报废更新补贴政策在全国所有农牧业县（场）范围内实施，各省（自治区、直辖市）及计划单列市、新疆生产建设兵团、黑龙江省农垦总局、广东省农垦总局（以下简称各省）也可结合实际，选择部分市县（场）开展试点再逐步扩大实施范围。补贴对象为从事农业生产的个人和农业生产经营组织，农业生产经营组织包括农村集体经济组织、农民专业合作经济组织、农业企业和其他从事农业生产经营的组织。

三、补贴种类和报废条件

中央财政资金补贴报废农机种类为《农业机械安全监督管理条例》规定的危及人身财产安全的农业机械，包括拖拉机、联合收割机、水稻插秧机、机动喷雾（粉）机、机动脱粒机、饲料（草）粉碎机、铡草机等，具体补贴种类由各省结合实际从中选择确定。补贴的报废农机应当主要部件齐全，来源清楚合法，机主应就机具来源、归属等作出书面承诺。纳入牌证管理的农机需要提供监理机构核发的牌证；无牌证或未纳入牌证管理的，应当具有铭牌或出厂编号、车架号等机具身份信息。报废农机的使用年限等技术条件由各省参照相关机械报废标准确定。对未达报废年限但安全隐患大、故障发生率高、损毁严重、维修成本高的农机，允许申请报废补贴。

四、补贴标准

中央财政农机报废更新补贴由报废部分补贴与更新部分补贴两部分构成。报废部分补贴实行定额补贴，补贴额由省级农业农村部门商财政部门确定。拖拉机和联合收割机报废补贴额不超过农业农村部发布的最高补贴额（详见附表1），各省可在此基础上归并或细化类别档次，确定具体补贴额。其他农机报废补贴额原则上按不超过同类型农机购置补贴额的30%测算，并综合考虑运输拆解成本等因素确定，单台农机报废补贴额原则上不超过2万元。在多个省份进行报废补贴的农机，相邻省农业农村部门应加强信息沟通，力求补贴额相对统一稳定。更新部分补贴标准按农机购置补贴政策相关规定执行。

五、回收企业

报废农机回收企业（以下简称回收企业）应以当地具备资质的报废机动车回收拆解企业为主，也可选择依法具有农机回收拆解经营业务的其他企业或合作社。具体由各省农业农村部门依据《农业机械安全监督管理条例》等确定，并向社会公布。回收企业应当遵守国家有关消防、安全、环保的规定，按照《报废农业机械回收拆解技术规范》开展报废农机回收拆解工作。

六、操作程序

（一）报废旧机。机主自愿将拟报废的农机交售给回收企业。回收企业应当核对机主和拟报废的农机信息，向机主出具《报废农业机械回收确认表（样式）》（见附表 2，以下简称《确认表》），向当地农业农村部门提供机主和报废农机信息。回收企业及时对回收的农机进行拆解并建立档案，对国家禁止生产销售的发动机等部件进行破坏性处理。拆解档案应包括铭牌或其他能体现农机身份的原始资料，保存期不少于 3 年。县级农业农村部门应对回收企业拆解或者销毁农机进行监督。

（二）注销登记。纳入牌证管理的拖拉机和联合收割机机主持《确认表》和相关证照，到当地负责农机牌证管理的机构依法办理牌证注销手续。相关机构核对机主和报废农机信息后，在《确认表》上签注"已办理注销登记"字样。

（三）兑现补贴。机主凭有效的《确认表》，按当地相关规定申请补贴。当地农业农村部门、财政部门按职责分工进行审核，财政部门向符合要求的机主兑现补贴资金。各地可结合实际，设置个人和农业生产经营组织年度内享受报废补贴的农机数量上限。县级农业农村部门应按照报废补贴机具总量不超过购置补贴机具总量的原则，合理确定年度报废补贴农机数量。

七、工作要求

（一）加强组织领导。各级农业农村部门、财政部门、商务部门要切实加强农机报废更新补贴工作的组织领导，明确职责分工，密切配合，形成工作合力。要细化完善管理措施，建立健全制度机制。要加强政策宣传，扩大公众知晓度。大力推行信息公开，对享受补贴的信息进行公示，对实施方案、补贴额、操作程序、投诉咨询方式等信息全面公开，主动接受监督。要加强补贴业务培训，提高工作人员素质能力。地方各级财政部门要加大投入力度，保障必要的工作经费。

（二）推行便民服务。各地有关部门要强化服务意识，创新工作方式，鼓励采取"一站式"服务、网上办理等便民措施，提高工作效率和服务质量。要做好与农机购置补贴工作信息平台的衔接，加快实现回收拆解等信息与农机购置补贴相关信息的互联互通，提高补贴申请资料校核效率。鼓励机动车回收拆解企业、农机维修企业、农机合作社合作开展农机报废回收工作，鼓励回收企业上门回收、办理业务。允许机主购买与报废种类和数量不同的农业机械。

（三）强化监督管理。各省要将农机报废更新补贴实施纳入农机购置补贴延伸绩效管理考核内容，强化结果运用。有关部门按照各自职责加强对农机报废更新补贴工作的监管。对未纳入牌证管理的农机具，各省要制定风险防控措施，严格加强监管，严查虚假报补等骗套补贴资金的违规行为，严惩违规主体。发现回收企业存在违规行为，应视情节轻重，采取警告、通报、暂停参与补贴实施并限期整改、禁止参与补贴实施等措施进行处理。对弄虚作假套取国家补贴资金的企业、个人和农业生产经营组织，要参照农机购置补贴的有关规定和原则进行严肃处理。

（四）及时报送情况。各省要根据本指导意见，结合实际制定印发本省农机报废更新补贴实施方案，并抄报农业农村部、财政部和商务部。要加强实施进度统计分析，严格执行进度季报制度，做好半年和全年总结分析，每年 7 月 10 日和 12 月 10 日前分别报送半年和全年农机报废更新补贴工作总结。

附表：1. 拖拉机和联合收割机中央财政资金最高报废补贴额一览表（略）

2. 报废农业机械回收确认表（样式）（略）

农业农村部农业机械化总站关于做好柴油机排放标准升级农业机械试验鉴定获证产品信息变更等相关工作的通知

（农机化总站〔2022〕47 号）

各有关单位：

《非道路柴油移动机械污染物排放控制技术要求》（HJ 1014—2020）明确：自 2022 年12 月 1 日起，所有生产、进口和销售的 560 kW 以下非道路移动机械及其装用的柴油机应符合中国第四阶段排放标准要求（以下简称国四）。农业机械产品的排放标准将由目前的国三升级为国四，涉及生产、销售、使用等全产业链和供应链。为稳妥有序推进此项工作，我站围绕相关农机产品试验鉴定信息变更、确认，组织开展了大量调查摸底、专家论证和意见征求等工作，明确了具体工作办法。经农业农村部农业机械化管理司同意，现就相关工作通知如下。

一、总体安排

根据《农业机械试验鉴定办法》（农业农村部令 2018 年第 3 号）、《农业机械试验鉴定工作规范》（农机发〔2019〕3 号）以及相关产品农机试验鉴定（以下简称农机鉴定）大纲要求，统筹考虑依法依规严格要求、方便企业、提高鉴定工作效率，参照 2016 年国二升级国三的经验和方法，按照"企业依规自主变更+产品关键参数确认+机构加强监督抽查"的方法，对排放升级后符合相关变化要求的农机产品开展信息变更、确认等。

二、产品范围

此次信息变更、确认工作的产品范围为所有升级国四排放标准的农机鉴定获证产品。经专家技术研判，农用柴油机、轮式和履带拖拉机、手扶拖拉机 3 种产品有部分参数变化超出相关农机鉴定大纲变更规定范围，其他农机产品参数变化基本符合鉴定大纲变更要求。对于农用柴油机、轮式和履带拖拉机、手扶拖拉机 3 种产品，满足相关结构和特征参数变化要求（见附件1、附件2、附件3）的，企业可自主变更；附件1、附件2、附件3中列举产品未涉及的参数以及其他农业机械试验鉴定获证产品的变更（产品型号除外），仍按照现行相应农机鉴定大纲要求执行。信息变更要求如有变化，以另行通知为准。

三、工作程序

配套柴油机升级国四的农机产品结构和特征参数变化符合上述要求的（以现有证书信息为准），由生产企业统一按照原产品型号后添加"（G4）"（电子格式为英文半角括号，中间无空格）的规则对国四产品进行命名（举例：国三的1604型轮式拖拉机变更国四后型号名称为1604（G4）型轮式拖拉机），提供《非道路移动机械（柴油）环保信息》等相关证明材料，填写国四农业机械参数自主变更表（附件4），报送原发证农机鉴定机构。发证机构对提供的环保证明文件及参数自主变更表进行审核确认，开展相关产品的监督抽查，符合要求的，将确认信息上传至全国农业机械试验鉴定管理服务信息化平台，并在平台证书详情中对应产品型号栏变更国四产品型号［举例：现1604（G4）（原1604）］。

由于升级国四而发生产品型号变化的农用柴油机获证产品，获证企业应向原发证机构申请办理证书信息变更，申请方式与证书有效期内信息变更程序相同。

四、有关要求

一是关于时间节点。严格落实国家环保要求。从通知发布之日起至原国三农机获证产品证书有效期6个月前，开展国四产品鉴定信息变更、确认工作。2022年12月1日前，鉴定信息变更确认后的国四产品与原国三产品共同使用一个证书。2022年12月1日起，原鉴定合格的国三产品不得将所获证书用于申请购机补贴、政府采购和技术推广等相关活动。

二是关于国四产品新申请鉴定。2022年7月1日起，各鉴定机构不再受理国三农机产品试验鉴定及相关变更申请。对不满足信息变更确认条件或超出鉴定证书变更时效要求的国四产品，新申请农机鉴定的，严格按照相关规定和鉴定大纲开展鉴定工作。

三是关于监督抽查。由原发证机构对申请信息变更、确认的产品进行抽查，考虑到新冠疫情影响，可结合实际采取现场、线上以及要求生产企业视频材料说明等形式开展，发现企业弄虚作假等违规行为的，按照相关制度严肃处理。

四是关于其他变更。涉及柴油机排放标准升级的农业机械认证获证产品信息变更，参照此通知由认证机构另行发布实施方案。

附件1～附件4（略）

农业农村部农业机械化总站

2022年6月4日

关于印发《民航贯彻落实〈打赢蓝天保卫战三年行动计划〉工作方案》的通知

（民航发〔2018〕95 号）

民航各地区管理局，各运输（通用）航空公司、各服务保障公司、各机场公司，直属各单位，中国航空运输协会，中国民用机场协会：

现将《民航贯彻落实〈打赢蓝天保卫战三年行动计划〉工作方案》印发给你们，请认真贯彻执行。

中国民用航空局

2018 年 9 月 14 日

民航贯彻落实《打赢蓝天保卫战三年行动计划》工作方案

坚决打好污染防治攻坚战，是党的十九大作出的重大决策部署，加快改善环境空气质量、打赢蓝天保卫战是其中一项重要任务。国务院日前印发《打赢蓝天保卫战三年行动计划》（国发〔2018〕22 号）（以下简称《三年行动计划》），明确了打赢蓝天保卫战的指导思想、目标任务和具体措施，并将京津冀及其周边、长三角、汾渭平原等地区确定为重点区域。其中，明确民航相关的重点任务是加快推进机场场内"油改电"建设和大力推广飞机岸基供电（即飞机辅助动力装置替代，以下简称 APU 替代）专项工作。为切实履行民航业生态环保职责，在推动民航强国建设中，系统有序推进民航绿色发展，落实《三年行动计划》相关规定，结合以往工作经验和行业发展实际，制定本工作方案。

一、总体要求

（一）指导思想

以习近平新时代中国特色社会主义思想为指导，全面贯彻落实党的十九大和十九届二中、三中全会精神，认真落实党中央、国务院决策部署和全国生态环境保护大会要求，坚持新发展理念，牢固树立"四个意识"，以改革创新为动力，坚持实事求是，坚守安全底线，强化规划引领，以机场场内车辆"油改电"和 APU 替代项目为抓手，不断推动行业结构性节能减排工作走向深入，坚决完成《三年行动计划》任务要求。

（二）基本原则

——坚持底线思维，务求实效。坚守安全这一航空运输生命线，紧扣打赢蓝天保卫战任务要求，加大生态环保工作力度，汇聚资源，加大投入，协同推动民航高质量发展和生态环境高水平保护。

——坚持责任担当，狠抓落实。发挥企业主体作用，强化时间节点意识，坚持问题导向、挂图作战，着力推动管理、融资、运行等模式创新；强化政府督察与服务作用，真抓严管，加快完善相关技术与运行标准体系。

——坚持远近结合，统筹协调。兼顾眼前与长远，着重处理好打赢蓝天保卫战和生态文明建设持久战的关系，充分发挥市场与政府两只手的作用，强化民航各单位间协同联动、民航运输业与相关装备制造业融合发展，努力形成共建共享共赢的良好局面。

（三）目标指标

经过 3 年努力，机场场内运行电动化水平显著提升，协同减少机场场内噪声和排放，明显改善机场场内空气质量和工作环境。

（四）实施区域范围

"油改电"项目实施范围是：《三年行动计划》确定的京津冀及其周边、长三角和汾渭平原等重点区域内机场（以下简称重点区域机场，名单附后），以及非重点区域 2017 年旅客吞吐量 500 万人次以上机场（以下简称其他区域机场，名单附后；2018—2020 年旅客吞吐量超过 500 万人次的新增机场参照执行）。APU 替代项目实施范围是 2017 年旅客吞吐量 500 万人次以上机场（2018—2020 年旅客吞吐量超过 500 万人次以上的新增机场参照执行）。

本工作方案暂不适用未来三年有迁建计划机场以及不在上述实施范围内机场。下文所称"机场"若不作特殊限定，均指本方案适用机场。

二、加快机场场内车队结构升级

在满足民航机场设备技术标准和相关管理规定的前提下，选择适当的技术路径和产品，确保机场场内特种车辆平稳更替和不停航施工安全。

（一）推广使用新能源设备和车辆

自 2018 年 10 月 1 日起，除消防、救护、除冰雪、加油设备/车辆及无新能源产品设备/车辆外，重点区域机场新增或更新场内用设备/车辆应 100%使用新能源（鼓励选用技术进步产品），在用国三及以下排放标准汽柴油设备/车辆实现 100%尾气达标改造，不再引进汽柴油设备/车辆；其他区域机场新增或更新场内设备/车辆中，新能源设备/车辆占比不低于50%，新增或更新场内汽柴油设备/车辆必须达到国四及以上标准，在用国三及以下排放标准汽柴油设备/车辆实现 100%尾气达标改造。

（二）完善场内充电设施服务体系建设

各机场要开展供电系统升级改造及充电设施建设工作，努力建成数量适度超前、布局合理、智能高效的充电设施服务体系，充分满足场内车辆安全、高效运行。驻场单位在机场场内自有用地建设充电设施应坚持安全集约高效原则，并商机场后实施，避免重复建设、浪费资源。

（三）创新商业运营模式

在确保机场安全运行的基础上，各机场及其驻场单位应创新项目投融资、建设和运营模式，鼓励探索引入合同能源管理、专业运营服务商、设施设备共享平台等方式促进项目高效集约式发展；机场及其驻场单位要积极争取国家及地方相关政策支持。

三、推动靠桥飞机使用 APU 替代设施（略）

四、建立健全协同联动机制（略）

五、狠抓工作落实（略）

附件：1. 重点区域机场名单（略）

　　　2. 其他区域机场名单（略）

第四部分　地方法规

北京市

北京市大气污染防治条例（摘选）

（2014年1月22日北京市第十四届人民代表大会第二次会议通过　根据2018年3月30日北京市第十五届人民代表大会常务委员会第三次会议通过的《关于修改〈北京市大气污染防治条例〉等七部地方性法规的决定》修正）

第五章　机动车和非道路移动机械排放污染防治

第六十三条　环境保护行政主管部门可以委托其所属的机动车排放污染监督监测机构，对机动车和非道路移动机械排放污染防治实施监督管理。

第六十四条　在本市销售机动车和非道路移动机械的生产企业，应当按照规定向市环境保护行政主管部门申报在本市销售的机动车和非道路移动机械排放污染物的数据和防治污染的有关材料。

市环境保护行政主管部门审查数据和材料后，对符合国家和本市规定排放、耗能标准的，纳入可以在本市销售的机动车车型和非道路移动机械目录。

在本市销售的机动车和非道路移动机械，应当符合国家和本市规定的排放标准并在耐久性期限内稳定达标。机动车和非道路移动机械经按照规定检测，因质量原因不能稳定达标排放的，由市环境保护行政主管部门取消其在本市的机动车车型和非道路移动机械目录。

第六十九条　机动车和非道路移动机械所有者或者使用者不得拆除、闲置或者擅自更改排放污染控制装置，并保持装置正常使用。

第七十四条　在用非道路移动机械向大气排放污染物，应当符合本市规定的排放标准。

市人民政府可以根据大气环境质量状况，划定禁止高排放非道路移动机械使用的区域。

第七十七条　本市鼓励淘汰高排放机动车和非道路移动机械。市环境保护行政主管部门会同市财政、交通、公安、商务、质量技术监督等行政主管部门，根据本市大气环境质量状况和机动车、非道路移动机械排放污染状况，制定高排放在用机动车、非道路移动机械淘汰、治理和限制使用方案，报市人民政府批准后实施。

北京市机动车和非道路移动机械排放污染防治条例（摘选）

（2020年1月17日北京市第十五届人民代表大会第三次会议通过）

第一章　总则

第一条　为了防治机动车和非道路移动机械排放污染，保护和改善大气环境，保障公众健康，推进生态文明建设，促进经济社会可持续发展，根据《中华人民共和国环境保护法》《中华人民共和国大气污染防治法》等法律、行政法规，结合本市实际，制定本条例。

第二条　本条例适用于本市行政区域内机动车和非道路移动机械排放大气污染物的防治。

第三条　机动车和非道路移动机械排放污染防治坚持源头防范、标本兼治，综合治理、突出重点，区域协同、共同防治的原则。本市推进智慧交通、绿色交通建设，优化道路设置和运输结构，严格执行大气污染防治标准，推广新能源的机动车和非道路移动机械应用，加强机动车和非道路移动机械排放污染防治。

第四条　市、区人民政府应当将机动车和非道路移动机械排放污染防治工作纳入大气污染防治规划，加强领导，实施目标考核，建立健全工作协调机制。

第五条　市、区生态环境部门对机动车和非道路移动机械排放污染防治工作实施统一监督管理。发展改革、公安机关交通管理、市场监督管理、交通、经济和信息化、科学技术、城市管理、商务、住房和城乡建设、农业农村、园林绿化、水务等部门，按照各自职责做好机动车和非道路移动机械排放污染防治相关工作。

第六条　市生态环境部门应当会同经济和信息化、公安机关交通管理、交通、市场监督管理、住房和城乡建设等部门，依托市大数据管理平台建立机动车和非道路移动机械排放污染防治数据信息传输系统及动态共享数据库。

机动车和非道路移动机械排放污染防治的数据信息包括机动车登记注册，非道路移动机械登记，道路交通流量流速，在京使用的外埠机动车，机动车排放定期检验和监督抽测，机动车排放达标维修治理，燃料、氮氧化物还原剂和车用油品清净剂管理等。

第二章　预防和控制

第七条　本市采取财政、税收、政府采购、通行便利等措施，推动新能源配套基础设施建设，推广使用节能环保型、新能源机动车和非道路移动机械。新能源机动车通行便利的具体规定，由市交通、公安机关交通管理和生态环境部门共同制定。

本市鼓励用于保障城市运行的车辆、大型场站内的非道路移动机械使用新能源，采取措施逐步淘汰高排放机动车和非道路移动机械。

第八条　市发展改革部门应当引导树立城市绿色发展理念，统筹本市能源发展的相关政策，发展新能源，逐步削减化石燃料消耗。

第九条　市交通部门应当会同有关部门和单位调整优化运输结构，统筹推进多式联运运输网络建设，协调利用现有铁路运输资源，推动重点工业企业、物流园区和产业园区等优先采用铁路运输大宗货物，建立城市绿色货运体系。

第十条　在本市销售的机动车和非道路移动机械的发动机、污染控制装置、车载排放诊断系统、远程排放管理车载终端等设备和装置应当符合相关环保标准。在本市销售的重型柴油车、重型燃气车和非道路移动机械应当按照相关环保标准安装远程排放管理车载终端。

第十一条　在本市注册登记的重型柴油车、重型燃气车和在用的非道路移动机械，以及长期在本市行政区域内行驶的外埠重型柴油车、重型燃气车，应当按照规定安装远程排放管理车载终端，并与市生态环境部门联网。具体规定由市生态环境部门会同有关部门制定生产企业及零部件厂商应当配合开展在用重型柴油车、重型燃气车和非道路移动机械安装远程排放管理车载终端。

第十二条　本市在用机动车和非道路移动机械的所有人、驾驶人或者使用人，应当确保装载的污染控制装置、车载排放诊断系统、远程排放管理车载终端等设备和装置的正常使用。任何单位和个人不得干扰远程排放管理系统的功能；不得擅自删除、修改远程排放管理系统中存储、处理、传输的数据。

第十三条　市生态环境部门通过远程排放管理系统发现在本市注册登记的同一型号机动车或者非道路移动机械，有百分之三十以上的车载排放诊断系统不符合相关标准的，应当通知生产企业限期查找原因，排除故障。生产企业应当将有关情况报送市生态环境部门。

第十四条　本市推广使用优质的机动车、非道路移动机械用燃料。在本市生产、销售或者使用的燃料应当符合相关标准，运输企业和非道路移动机械使用单位应当使用符合标准的燃料。

市场监督管理部门负责对影响机动车和非道路移动机械排放大气污染物的燃料、氮氧化物还原剂和车用油品清净剂等有关产品的质量进行监督检查。

第三章　使用、检验和维护

第十五条　在本市行政区域内道路上行驶的机动车或者使用的非道路移动机械应当符合相关排放标准。

第二十五条　本市实施非道路移动机械信息编码登记制度，在本市使用的非道路移动机械应当进行基本信息、污染控制技术信息、排放检验信息等信息编码登记。

市生态环境部门应当按照国家和本市要求建立本市非道路移动机械信息管理平台，会同有关部门制定本市非道路移动机械登记管理规定。住房和城乡建设、农业农村、园林绿化、水务、交通、经济和信息化等部门应当组织、督促本行业使用的非道路移动机械在信息管理平台上进行信息编码登记。

建设单位应当在招标文件或者合同中明确要求施工单位使用在本市进行信息编码登记且符合排放标准的非道路移动机械。

第二十六条　施工单位对进出工程施工现场的非道路移动机械，应当在非道路移动机械信息管理平台上进行记录。

第二十七条　生态环境部门应当逐步通过电子标签、电子围栏、远程排放管理系统等对非道路移动机械的大气污染物排放状况进行监督管理。

第二十八条　市、区生态环境部门可以在机动车和非道路移动机械停放地、维修地、使用地，对在用机动车和非道路移动机械的大气污染物排放状况进行监督检查。

第四章　区域协同

第二十九条　市人民政府应当与天津市、河北省及周边地区建立机动车和非道路移动机械排放污染联合防治协调机制，按照统一规划、统一标准、统一监测、统一防治措施的要求，开展联合防治，落实大气污染防治目标责任。

第三十一条　本市与天津市、河北省建立新车抽检抽查协同机制，对新生产、销售的机动车和非道路移动机械的大气污染物排放状况进行监督检查。

第三十二条　本市与天津市、河北省共同实行非道路移动机械使用登记管理制度，使用统一登记管理系统，按照相关要求加强非道路移动机械使用监管。

第三十三条　市生态环境部门应当与天津市、河北省及周边地区的相关部门加强机动车和非道路移动机械排放污染防治工作协作，通过区域会商、信息共享、联合执法、重污染天气应对、科研合作等方式，提高区域大气污染防治水平。

第五章　法律责任

第三十四条　违反本条例第十条第一款规定，在本市销售的机动车和非道路移动机械的发动机、污染控制装置、车载排放诊断系统、远程排放管理车载终端等设备和装置不符合相关环保标准的，由市生态环境部门责令生产企业改正，没收违法所得，并处机动车和非道路移动机械货值金额一倍以上三倍以下罚款。

第三十五条　违反本条例第十一条第一款规定，在本市注册登记的重型柴油车、重型燃气车和在用的非道路移动机械未按照规定安装远程排放管理车载终端的，由生态环境部门责令改正，对机动车所有人或者驾驶人处每辆车一万元罚款；对非道路移动机械使用人处每台非道路移动机械一万元罚款。

第三十六条　违反本条例第十二条第一款规定的，由生态环境部门责令改正，处五千元以上一万元以下罚款。

违反本条例第十二条第二款规定的，由市生态环境部门责令改正，处每辆车或者每台非道路移动机械一万元罚款。

第三十七条　违反本条例第十四条第一款规定，运输企业和非道路移动机械使用单位使用不符合标准的燃料的，由市场监督管理部门责令改正，没收不符合标准的燃料，并处燃料货值金额一倍以上三倍以下罚款。

第四十五条　违反本条例第二十五条第一款规定，在本市使用的非道路移动机械未经信息编码登记或者未如实登记信息的，由生态环境部门责令改正，处每台非道路移动机械五千元罚款。

违反本条例第二十五条第三款规定，建设单位或者施工单位未落实有关规定，使用未经信息编码登记或者不符合排放标准的非道路移动机械的，由市住房和城乡建设部门记入信用信息记录。

第四十六条　违反本条例第二十八条规定，在监督检查中，当事人以拒绝执法人员进入现场或者拖延、围堵、滞留执法人员等方式阻挠监督检查的，由生态环境部门或者其他负有监督管理职责的部门责令改正，处二万元以上二十万元以下罚款；构成违反治安管理行为的，由公安机关依法予以处罚。

第四十七条　执法机关应当将当事人违反机动车和非道路移动机械排放污染防治有关法律、法规，受到行政处罚或者行政强制的情况共享到本市公共信用信息平台。行政机关根据本市关于公共信用信息管理规定可以对当事人采取惩戒措施。

第四十八条　当事人违反机动车和非道路移动机械排放污染防治有关法律、法规，受到责令改正或者罚款处罚后，拒不履行处理决定并在法定期限内不申请行政复议或者提起行政诉讼的，执法机关可以依法申请人民法院强制执行。

第四十九条　机动车和非道路移动机械所有人、驾驶人或者使用人违法排放大气污染物，破坏生态环境，损害社会公共利益的，法律规定的机关和有关组织可以依法对当事人提起民事公益诉讼。

天津市

天津市大气污染防治条例（摘选）

（2015 年 1 月 30 日天津市第十六届人民代表大会第三次会议通过　根据 2017 年 12 月 22 日天津市第十六届人民代表大会常务委员会第四十次会议《关于修改部分地方性法规的决定》第一次修正　根据 2018 年 9 月 29 日天津市第十七届人民代表大会常务委员会第五次会议《关于修改部分地方性法规的决定》第二次修正）

第五章　机动车、船舶排气污染防治

第四十一条　在本市销售、使用的非道路移动机械，应当符合国家和本市规定的污染物排放标准。

农村工作、建设等行政主管部门应当配合环境保护行政主管部门，按照各自职责，加强农业机械、施工工程机械等非道路移动机械排放污染物的监督和管理。

第四十六条　鼓励提前淘汰高污染排放机动车和非道路移动机械。市环境保护行政主管部门会同市财政、交通运输、公安、商务、市场监管等行政主管部门，根据大气环境质量状况和机动车、非道路移动机械排放污染状况，制定高污染排放在用机动车、非道路移动机械治理方案，报市人民政府批准后实施。

第四十九条　在本市销售的机动车、非道路移动机械和船舶用燃料应当符合国家和本市规定的质量标准。市场监管行政主管部门应当加强对加油站燃油质量的监督检查。

天津市机动车和非道路移动机械排放污染防治条例（摘选）

（2020 年 1 月 18 日天津市第十七届人民代表大会第三次会议通过）

第一章　总则

第一条　为了防治机动车和非道路移动机械排放污染，保护和改善大气环境，保障公众健康，推进生态文明建设，促进经济社会可持续发展，根据《中华人民共和国环境

保护法》《中华人民共和国大气污染防治法》等法律、行政法规，结合本市实际，制定本条例。

第二条　本条例适用于本市行政区域内机动车和非道路移动机械排放大气污染物的防治。

第三条　机动车和非道路移动机械排放污染防治坚持源头防范、标本兼治，综合治理、突出重点，区域协同、共同防治的原则。本市推进智慧交通、绿色交通建设，优化道路设置和运输结构，严格执行大气污染防治标准，加强机动车和非道路移动机械排放污染防治。

第四条　市和区人民政府应当将机动车和非道路移动机械排放污染防治工作纳入生态环境保护规划和大气污染防治目标考核，加强领导，建立健全工作协调机制。

第五条　生态环境主管部门对本行政区域内的机动车和非道路移动机械排放污染防治工作实施统一监督管理。

发展改革、工业和信息化、公安、住房和城乡建设、城市管理、交通运输、水务、农业农村、商务、市场监管等有关部门，在各自职责范围内做好机动车和非道路移动机械排放污染防治监督管理工作。

第六条　市生态环境主管部门会同发展改革、交通运输、市场监管等有关部门，依托市政务数据共享平台建立包含基础数据、排放检验、监督抽测、超标处罚、维修治理等信息在内的机动车和非道路移动机械排放污染防治信息系统，实现资源整合、信息共享、实时更新。

第七条　市和区人民政府应当加强机动车和非道路移动机械排放污染防治宣传教育，支持新闻媒体等开展相关公益宣传。

第二章　预防和控制

第九条　本市落实国家规定的税收优惠政策，采取财政、政府采购、通行便利等措施，推广应用节能环保型、新能源机动车和非道路移动机械。积极推进新能源机动车配套基础设施规划建设。

鼓励、支持用于保障城市运行的车辆、大型场站内的非道路移动机械使用新能源，逐步淘汰高排放、高能耗的机动车和非道路移动机械。

第十条　本市统筹能源发展相关政策，引导树立绿色发展理念，推进发展清洁能源和新能源，逐步减少化石能源的消耗。

第十一条　市人民政府根据重污染天气应急预案，可以采取限制部分机动车行驶、限制部分非道路移动机械使用等应急措施，明确限制行驶、使用的区域和时段，并及时向社会公布。

第十二条　市人民政府根据大气环境质量状况，划定并公布禁止使用高排放非道路移动机械的区域。在禁止使用高排放非道路移动机械的区域内，鼓励优先使用节能环保型和新能源非道路移动机械。

倡导燃油工程机械安装精准定位系统和实时排放监控装置，并与生态环境主管部门联网。

第十五条　市生态环境主管部门通过现场检查、抽样检测等方式，加强对新生产、销售机动车和非道路移动机械大气污染物排放状况的监督检查。工业和信息化、市场监管等有关部门应当予以配合。鼓励和支持生产企业和科研单位积极研发节能、减排新技术，生产节能环保型、新能源或者符合国家标准的低排放机动车和非道路移动机械。

第十七条　机动车所有人或者使用人应当正常使用机动车的污染控制装置和车载排放诊断系统，不得拆除、停用或者擅自改装污染控制装置，排放大气污染物超标或者车载排放诊断系统报警的，应当及时维修。非道路移动机械所有人或者使用人应当正常使用非道路移动机械的污染控制装置，不得拆除、停用或者擅自改装污染控制装置，排放大气污染物超标的，应当及时维修。

第十九条　本市推广使用优质的机动车、非道路移动机械用燃料。在本市生产、销售或者使用的燃料应当符合相关标准。市场监管部门负责对影响机动车和非道路移动机械排放大气污染物的燃料、氮氧化物还原剂等有关产品的质量进行监督检查。

第三章　使用、检验和维护

第二十二条　生态环境主管部门会同住房和城乡建设、城市管理、交通运输、水务、农业农村等有关部门对非道路移动机械的大气污染物排放状况进行监督检查，经检查排放不合格的，不得使用。

第三十三条　本市实行非道路移动机械使用登记管理制度。在本市使用的非道路移动机械经检测合格后应当进行信息编码登记。市生态环境主管部门建立非道路移动机械信息管理平台，会同有关部门制定本市非道路移动机械使用登记管理规定。

住房和城乡建设、城市管理、交通运输、水务、农业农村等部门应当督促所有人或者使用人对使用的非道路移动机械在信息管理平台上进行信息编码登记。

生态环境主管部门对已登记的非道路移动机械核发管理标识并注明排放检测结果，所有人或者使用人应当将管理标识粘贴于非道路移动机械显著位置。

建设单位应当要求施工单位使用已在本市进行信息编码登记且符合排放标准的非道路移动机械。

第三十四条　非道路移动机械进出工程施工现场的，施工单位应当在非道路移动机械信息管理平台上进行记录。生态环境主管部门逐步通过电子标签、电子围栏、远程排放管理车载终端等对非道路移动机械的大气污染物排放状况进行监督管理。

第四章　区域协同

第三十五条　市人民政府应当与北京市、河北省和周边地区人民政府建立机动车和非道路移动机械排放污染联合防治协调机制，促进京津冀及其周边地区统一规划、统一标准、统一监测、统一防治措施，开展联合防治，落实大气污染防治目标责任。

第三十六条　市人民政府应当与北京市、河北省人民政府共同建立机动车和非道路移动机械排放检验数据共享机制，将执行标准、排放监测、违法情况等信息共享，推动建立京津冀排放超标车辆信息平台，实现对排放超标车辆的协同监管。

第三十七条　本市与北京市、河北省探索建立新车抽检抽查协同机制，可以协同对新生产、销售机动车和非道路移动机械大气污染物排放状况进行监督检查。

第三十八条　本市与北京市、河北省共同实行非道路移动机械使用登记管理制度，使用统一登记管理系统，按照相关要求加强非道路移动机械监督管理。

第三十九条　本市生态环境等部门应当与北京市、河北省和周边地区的相关部门加强机动车和非道路移动机械排放污染防治合作，通过区域会商、信息共享、联合执法、重污染天气应对、科研合作等方式，提高区域机动车和非道路移动机械排放污染防治水平。

第五章　法律责任

第四十条　生态环境主管部门和其他负有监督管理职责的部门在机动车和非道路移动机械排放污染防治工作中，有滥用职权、玩忽职守、徇私舞弊行为的，对直接负责的主管人员和其他直接责任人员依法给予处分；构成犯罪的，依法追究刑事责任。

第四十三条　违反本条例规定，生产、销售不符合国家和本市标准的机动车和非道路移动机械用燃料的，由市场监管部门按照职责责令改正，没收原材料、产品和违法所得，并处货值金额一倍以上三倍以下的罚款。

第五十条　违反本条例规定，在禁止使用高排放非道路移动机械区域使用高排放非道路移动机械的，由生态环境主管部门责令停止使用，处五万元以上二十万元以下的罚款。

上海市

上海市大气污染防治条例（摘选）

（2014 年 7 月 25 日上海市第十四届人民代表大会常务委员会第十四次会议通过　根据 2017 年 12 月 28 日上海市第十四届人民代表大会常务委员会第四十二次会议《关于修改本市部分地方性法规的决定》第一次修正　根据 2018 年 12 月 20 日上海市第十五届人民代表大会常务委员会第八次会议《关于修改〈上海市大气污染防治条例〉的决定》第二次修正）

第四章　防治机动车船排放污染

第三十八条　任何单位和个人不得制造、销售或者进口污染物排放超过规定排放标准的机动车和非道路移动机械。

生态环境部门应当会同市场监督管理部门加强对本市制造、销售的机动车和非道路移动机械污染物排放标准符合性的监督检查。

海关依法对进口机动车和非道路移动机械排气污染实施检验和监督。

第四十一条　在本市使用的非道路移动机械向大气排放污染物，不得超过国家和本市规定的排放标准。

市人民政府可以根据大气环境质量状况，划定并公布禁止使用高排放非道路移动机械的区域。禁止使用高排放非道路移动机械的区域，由市生态环境部门会同相关部门提出方案，报市人民政府批准后公布。

非道路移动机械的所有者应当向区生态环境部门申报非道路移动机械的种类、数量、使用场所等情况，领取识别标志，并将识别标志粘贴于显著位置。非道路移动机械申报及管理信息纳入市生态环境部门信息平台。非道路移动机械具体管理办法由市生态环境部门另行制定。

在本市使用的非道路移动机械不得排放明显可见的黑烟。

第四十八条　市市场监督管理部门可以根据实际情况，会同有关部门制定严于国家标准的车船、非道路移动机械用燃料地方质量标准。

本市生产、进口、销售的机动车船、非道路移动机械用燃料必须符合国家和本市规定的质量标准。

本市自备燃料用于车船、非道路移动机械的单位，其使用的燃料必须符合国家和本市规定的质量标准。

市场监督、生态环境、海事部门应当按照职责分工加强对本市燃油质量的监督检查，并定期发布检查结果。

第七章　法律责任

第八十八条　违反本条例第四十一条第一款、第四款规定，在本市使用的非道路移动机械向大气排放污染物超过规定排放标准或者排放明显可见黑烟的，由市或者区生态环境部门责令改正，处五千元罚款。违反本条例第四十一条第二款、第三款规定，在禁止使用高排放非道路移动机械的区域使用高排放非道路移动机械，或者非道路移动机械未按照要求粘贴识别标志的，由市或者区生态环境部门责令改正，处每台一千元罚款。

第九十四条　违反本条例第四十八条第二款规定，在本市生产、销售不符合规定标准的机动车船、非道路移动机械用燃料的，由市场监督管理部门按照职责责令改正，没收原材料、产品和违法所得，并处货值金额一倍以上三倍以下的罚款。进口不符合规定标准的机动车船和非道路移动机械用燃料的，由海关责令改正，没收原材料、产品和违法所得，并处货值金额一倍以上三倍以下的罚款；构成走私的，由海关依法处罚。

违反本条例第四十八条第三款规定，自备的燃料不符合规定标准的，由生态环境部门、海事部门按照职责分工责令改正，处一万元以上十万元以下罚款。

重庆市

重庆市大气污染防治条例（摘选）

（2017年3月29日重庆市第四届人民代表大会常务委员会第三十五次会议通过　根据2018年7月26日重庆市第五届人民代表大会常务委员会第四次会议《关于修改〈重庆市城市房地产开发经营管理条例〉等二十五件地方性法规的决定》修正）

第四章　机动车船污染防治

第三十六条　经济信息、交通、商务、公安、城乡建设、环境保护、工商行政管理、质量技术监督、农业、水利等部门根据各自职责，对机动车船和非道路移动机械排放污染防治实施监督管理。环境保护主管部门所属的机动车排气污染防治管理机构依照相关规定，承担机动车、非道路移动机械排放污染防治监督管理的具体工作。

第三十七条　任何单位和个人不得制造、销售或者进口大气污染物排放超过国家和本市规定标准的机动车、非道路移动机械。

市环境保护主管部门可以通过现场检查、抽样检测等方式，对本市新生产、销售的机动车、非道路移动机械大气污染物排放标准执行情况进行监督检查。经济信息、质量技术监督、工商行政管理等有关部门在各自的职责范围内对生产、销售的机动车、非道路移动机械的大气污染物排放标准执行情况进行监督检查。出入境检验检疫主管部门依法对进口机动车、非道路移动机械排气污染实施检验和监督。

公安机关交通管理部门应当依据国家新生产机动车型的公告对新注册登记机动车的排放情况进行核实，达不到国家和本市排放标准的机动车不予注册登记。

第四十三条　本市生产、销售的机动车船、非道路移动机械燃料应当达到国家或者本市规定的标准。燃料销售者应当在其经营场所明示其所销售燃料的质量指标。

质量技术监督、工商行政管理部门按照职责对生产、销售环节燃料质量开展抽检等监督工作，并向社会公布抽检结果。

禁止向汽车和摩托车销售普通柴油或者其他非机动车用燃料；禁止向非道路移动机械、内河和江海直达船舶销售渣油或者重油。鼓励大气污染防治重点区域提前执行更严的车用汽油、车用柴油国家标准。

第四十四条　市、区县（自治县）人民政府根据大气环境质量状况，可以对高排放机动车采取限制区域、限制时间行驶的交通管制措施；划定并公布禁止使用高排放非道路移动机械的区域。

高排放非道路移动机械的认定标准由市环境保护主管部门会同有关部门制定。

第四十八条　在用非道路移动机械排放大气污染物不得超过国家和本市规定的标准，不得使用不符合国家标准的燃料。

在用非道路移动机械未安装污染控制装置或者污染控制装置不符合要求，不能达标排放的，应当加装或者更换符合要求的污染控制装置。使用非道路移动机械的，应当向环境保护主管部门报送非道路移动机械种类、数量、作业时段、排放标准等信息。

环境保护主管部门应当对非道路移动机械的大气污染物排放状况进行监督检查，排放不合格的，不得使用。

第七章　法律责任

第七十七条　违反本条例规定，有下列行为之一的，由质量技术监督、工商行政管理等部门按照职责责令改正，没收原材料、产品和违法所得，并处货值金额一倍以上三倍以下的罚款：

（一）在划定的高污染燃料禁燃区内销售高污染燃料。

（二）生产、销售不符合标准的机动车船、非道路移动机械用燃料。

（三）销售不符合质量标准的煤炭、石油焦。

（四）生产、销售挥发性有机物含量不符合质量标准或者要求的原材料和产品。

（五）向汽车和摩托车销售普通柴油或者其他非机动车用燃料；向非道路移动机械、内河和江海直达船舶销售渣油或者重油。

销售车用燃料未明示燃料质量指标的，由工商行政管理部门责令改正，处五百元以上二千元以下罚款。

第七十八条 违反本条例规定，生产超过污染物排放标准的机动车、非道路移动机械的，由市环境保护主管部门责令改正，没收违法所得，并处货值金额一倍以上三倍以下的罚款；拒不改正的，责令停产整治。

销售、进口超过污染物排放标准的机动车、非道路移动机械的，由工商行政管理、出入境检验检疫部门按照职责没收违法所得，并可以处货值金额一倍以上三倍以下的罚款。

销售的机动车、非道路移动机械不符合污染物排放标准要求的或者机动车排气净化装置已超过规定的使用年限或者里程的，销售者应当负责修理、更换、退货；给购买者造成损失的，销售者应当赔偿损失。

第八十三条 违反本条例规定，非道路移动机械向大气排放污染物超过规定排放标准的，由环境保护主管部门责令停止使用或者限期维修，处五百元以上五千元以下罚款。

违反本条例规定，在禁止使用高排放非道路移动机械的区域使用高排放非道路移动机械的，由环境保护主管部门责令停止使用，处五千元罚款。

河北省

河北省大气污染防治条例（摘选）

（2016 年 1 月 13 日河北省第十二届人民代表大会第四次会议通过）

第三章　大气污染防治措施

第四节　机动车船和非道路移动机械污染防治

第四十三条 在用机动车船和非道路移动机械污染物排放，执行国家和本省规定的阶段性机动车船和非道路移动机械污染物排放标准。

第四十六条　机动车和非道路移动机械所有者或者使用者，被告知排放大气污染物超过标准的，应当及时进行维修，经检验合格后方可使用。

第四十七条（第一款、第二款略）

县级以上人民政府有关部门应当制定高排放在用机动车、非道路移动机械治理方案并组织实施。鼓励高排放机动车和非道路移动机械提前报废。

第七章　法律责任

第八十条　违反本条例规定，有下列行为之一的，由县级以上人民政府质量监督、工商等部门按照职责责令改正，没收原材料、产品和违法所得，并处货值金额一倍以上三倍以下的罚款：

（一）销售未达到质量标准煤炭的；

（二）生产、销售挥发性有机物含量不符合质量标准或者要求的原材料和产品的；

（三）生产、销售不符合质量标准和要求的机动车和非道路移动机械用燃料的；

（四）在禁燃区内销售高污染燃料的。

石家庄市大气污染防治条例（摘选）

（2016 年 12 月 2 日河北省第十二届人民代表大会常务委员会第二十四次会议通过）

第一章　防治措施

第二节　机动车和非道路移动机械污染防治

第三十六条　生产、销售机动车和非道路移动机械用的燃料应当符合国家和省、市规定的标准。

第五章　法律责任

第七十二条　违反本条例规定，伪造机动车、非道路移动机械排放检验结果或者出具虚假排放检验报告的，由市、县级环境保护主管部门没收违法所得，并处十万元以上三十万元以下的罚款；情节较重的，并处三十万元以上五十万元以下的罚款；情节严重的，由负责资质认定的部门取消其检验资格。

保定市大气污染防治条例（摘选）

（保定市第十四届人大常务委员会第三十次会议于 2016 年 11 月 10 日通过，经河北省第十二届人大常务委员会第二十五次会议于 2017 年 1 月 5 日批准）

第三章 大气污染防治措施

第三十六条（第一款略）

市、县级人民政府有关部门应当制定高排放在用机动车、非道路移动机械治理方案并组织实施。出台相关政策，鼓励和引导高排放机动车和非道路移动机械提前报废，加强农用机械、运输车驶入城区的管理。

衡水市大气污染防治若干规定（摘选）

（2020 年 12 月 29 日衡水市六届人民代表大会常务委员会第三十一次会议通过，2021 年 3 月 31 日河北省第十三届人民代表大会常务委员会第二十二次会议批准）

第五条 生态环境主管部门对本行政区域内的大气污染防治实施统一监督管理。

市、县（市、区）人民政府其他有关部门在各自职责范围内对大气污染防治实施监督管理：

（一）（略）

（二）生态环境、公安、交通运输、商务等部门对机动车以及非道路移动机械、油气回收治理等实施监督管理；

第十条（第一款略）

本市实施非道路移动机械使用登记管理制度，非道路移动机械应当在检测合格后进行信息编码登记。县（市、区）生态环境主管部门负责本行政区域内非道路移动机械信息编码登记的具体工作。

交通运输、住房和城乡建设、水行政、城市管理等部门应当督促所有人或者使用人对使用的非道路移动机械在信息管理平台上进行信息编码登记。

廊坊市加强大气污染防治若干规定（摘选）

（2019 年 11 月 27 日廊坊市第七届人民代表大会常务委员会第十八次会议通过，2020 年 3 月 27 日河北省第十三届人民代表大会常务委员会第十六次会议批准）

第十一条　在用机动车和非道路移动机械所有人或者使用人应当保证污染控制装置和车载诊断系统处于正常工作状态，不得擅自拆除、闲置、改装污染控制装置；车载诊断系统报警后须及时维修车辆，确保车辆达到排放标准。

在用重型柴油车、非道路移动机械未安装污染控制装置或者污染控制装置不符合要求，不能达标排放的，应当加装或者更换符合要求的污染控制装置。

（第三款略）

第十九条（第一款、第二款略）

违反本规定第十一条规定，使用排放不合格的非道路移动机械，或者非道路移动机械未按照规定加装、更换污染控制装置的，或者擅自拆除、闲置、改装非道路移动机械污染控制装置的，由生态环境等主管部门按照职责责令改正，处五千元罚款。

唐山市大气污染防治若干规定（摘选）

（2019 年 8 月 30 日唐山市第十五届人民代表大会常务委员会第二十五次会议通过　经 2019 年 9 月 28 日河北省第十三届人民代表大会常务委员会第十二次会议批准）

第十条　生态环境主管部门应当建立网上信息平台，将在本市行政区域内使用的重型柴油车、非道路移动机械的基础信息纳入平台，统一管理并对外公布。

（第二款略）

在已划定的禁止使用高排放非道路移动机械区域内（以下简称禁用区）作业的工程机械（含挖掘机、装载机、平地机、铺路机、压路机、叉车等）应当安装尾气排放在线监控装置和电子定位系统并保证正常运行。生态环境主管部门会同住房和城乡建设、城市管理、交通运输、水利、市场监督管理等部门按照职责加强对非道路移动机械大气污染物排放状况的监督管理。对禁用区内工程机械未安装尾气排放在线监控装置和电子定位系统，或者排放污染物超过规定排放标准、排放黑烟等可视污染物的，由生态环境主管部门责令改正，对工程机械所有者或者使用者处每台次五千元罚款。

河北省机动车和非道路移动机械排放污染防治条例（摘选）

（2020 年 1 月 11 日河北省第十三届人民代表大会第三次会议通过）

第一章　总则

第一条　为了防治机动车和非道路移动机械排放污染，保护和改善大气环境，保障公众健康，推进生态文明建设，促进经济社会可持续发展，根据《中华人民共和国环境保护法》《中华人民共和国大气污染防治法》等法律、行政法规，结合本省实际，制定本条例。

第二条　本条例适用于本省行政区域内机动车和非道路移动机械排放大气污染物的防治。

第三条　机动车和非道路移动机械排放污染防治坚持源头防范、标本兼治、综合治理、突出重点、区域协同、共同防治的原则。

本省统筹油、路、车治理。推进油气质量升级，加强燃料及附属品管理，实施油气回收治理；推进智慧交通、绿色交通建设，优化道路设置和运输结构；建立健全机动车和非道路移动机械排放污染防治监管机制，推广新能源机动车和非道路移动机械应用。

第四条　县级以上人民政府应当加强对机动车和非道路移动机械排放污染防治工作的领导，将其纳入生态环境保护规划和大气污染防治目标考核，建立健全工作协调机制，加大财政投入，提高机动车和非道路移动机械排放污染防治监督管理能力。

第五条　县级以上人民政府生态环境主管部门对本行政区域内机动车和非道路移动机械排放污染防治工作实施统一监督管理。县级以上人民政府公安、交通运输、市场监督管理、商务、住房和城乡建设、水利、工业和信息化、农业农村、城市管理、发展改革等部门，应当在各自的职责范围内做好机动车和非道路移动机械排放污染防治工作。

第六条　县级以上人民政府生态环境主管部门会同公安、交通运输、市场监督管理、商务、住房和城乡建设、水利、工业和信息化、农业农村、城市管理、发展改革等部门，依托政务数据共享平台建立包含基础数据、定期排放检验、监督抽测、超标处罚、维修治理等信息在内的机动车和非道路移动机械排放污染防治信息系统，实现资源整合、信息共享、实时更新。

第七条　县级以上人民政府应当将机动车和非道路移动机械排放污染防治法律法规和科学知识纳入日常宣传教育；鼓励和支持新闻媒体、社会组织等单位开展相关公益宣传。倡导公众绿色、低碳出行，优先选择公共交通、自行车、步行等出行方式，鼓励使用节能环保型、新能源机动车，减少机动车排放污染。

第二章 预防和控制

第九条 县级以上人民政府应当落实国家规定的税收优惠政策，采取财政、政府采购、通行便利等措施，推动新能源配套基础设施建设，推广应用节能环保型、新能源的机动车和非道路移动机械。鼓励用于保障城市运行的车辆、大型场站内的非道路移动机械使用新能源，逐步淘汰高排放机动车和非道路移动机械。

第十条 省发展改革部门应当树立绿色发展理念，统筹本省能源发展相关政策，推进发展清洁能源和新能源，减少化石能源的消耗。

第十一条 城市人民政府根据大气环境质量状况，可以划定禁止使用高排放非道路移动机械的区域，并及时公布。在禁止使用高排放非道路移动机械区域内，鼓励优先使用节能环保型、新能源的非道路移动机械。鼓励工程机械安装精准定位系统和实时排放监控装置，并与生态环境主管部门联网。

第十四条 机动车、非道路移动机械生产企业应当对新生产的机动车和非道路移动机械进行排放检验。经检验合格的，方可出厂销售。检验信息应当向社会公开。

生态环境主管部门可以通过现场检查、抽样检测等方式，加强对新生产、销售的机动车和非道路移动机械大气污染物排放状况的监督检查。工业和信息化、市场监督管理等有关部门应当予以配合。

生产、销售机动车和非道路移动机械的企业应当配合现场检查、抽样检测等工作。

鼓励和支持生产企业和科研单位积极研发节能、减排新技术，生产节能环保型、新能源或者符合国家标准的低排放机动车和非道路移动机械。

第十六条 在用机动车和非道路移动机械所有人或者使用人应当保证污染控制装置和车载诊断系统处于正常工作状态，不得擅自拆除、闲置、改装污染控制装置；排放大气污染物超标或者车载诊断系统报警后应当及时维修。

在用重型柴油车、非道路移动机械未安装污染控制装置或者污染控制装置不符合要求，不能达标排放的，应当加装或者更换符合要求的污染控制装置。

任何单位和个人不得擅自干扰远程排放管理车载终端的功能；不得删除、修改远程排放管理车载终端中存储、处理、传输的数据。

所有人或者使用人向在用柴油车污染控制装置添加车用氮氧化物还原剂的，应当符合有关标准和要求。

第十七条 在本省生产、销售的机动车和非道路移动机械用燃料应当符合相关标准，机动车和非道路移动机械所有人或者使用人应当使用符合标准的燃料。鼓励推广使用优质的机动车和非道路移动机械用燃料。

市场监督管理部门负责对影响机动车和非道路移动机械气体排放的燃料、氮氧化物还原剂、油品清净剂等有关产品的质量进行监督检查，并定期公布检查结果。

县级以上人民政府及其市场监督管理、发展改革、商务、生态环境、公安、交通运输等相关部门应当建立联防联控工作机制，依法取缔非法加油站（点）、非法油罐车、非法炼油厂。

第三章 使用、检验和维护

第二十条 机动车和非道路移动机械不得超过标准排放大气污染物。

第二十一条（第一款至第三款略）

生态环境主管部门应当会同交通运输、住房和城乡建设、水利、城市管理、农业农村等有关部门对非道路移动机械的大气污染物排放状况进行监督检查，排放不合格的，不得使用。

第三十二条 本省实施非道路移动机械使用登记管理制度。非道路移动机械应当检测合格后进行信息编码登记。生态环境主管部门建立非道路移动机械信息管理平台，会同有关部门制定本省非道路移动机械使用登记管理规定。

交通运输、住房和城乡建设、水利、城市管理等部门应当督促所有人或者使用人对使用的非道路移动机械在信息管理平台上进行信息编码登记。

第三十三条 建设单位应当要求施工单位使用在本省进行信息编码登记且符合排放标准的非道路移动机械。

非道路移动机械进出施工现场的，施工单位应当在非道路移动机械信息管理平台上进行记录。

生态环境主管部门应当逐步通过电子标签、电子围栏、实时排放监控装置等手段对非道路移动机械的大气污染物排放状况进行监督管理。

第四章 区域协同

第三十四条 省人民政府应当推动与北京市、天津市建立机动车和非道路移动机械排放污染联合防治协调机制，按照统一规划、统一标准、统一监测、统一防治措施要求开展联合防治，落实大气污染防治目标责任。

第三十五条 本省与北京市、天津市共同建立机动车和非道路移动机械排放检验数据共享机制，将执行标准、排放监测、违法情况等信息共享，推动建立京津冀排放超标车辆信息平台，实现对排放超标车辆的协同监管。

第三十六条 本省与北京市、天津市探索建立新车抽检抽查协同机制，可以协同对新生产、销售的机动车和非道路移动机械大气污染物排放状况进行监督检查。

第三十七条 本省与北京市、天津市共同实行非道路移动机械使用登记管理制度，建立和使用统一登记管理系统，按照相关要求加强非道路移动机械监督管理。

第三十八条 省人民政府生态环境等部门应当与北京市、天津市相关部门加强机动车和非道路移动机械排放污染防治合作，通过区域会商、信息共享、联合执法、重污染天气应对、科研合作等方式，提高区域机动车和非道路移动机械排放污染防治水平。

第五章 法律责任

第四十二条（第一款、第二款略）

违反本条例规定，擅自干扰远程排放管理车载终端的功能或者删除、修改远程排放管理车载终端中存储、处理、传输的数据的，由生态环境主管部门责令改正，处每辆车五千元的罚款。

第四十三条 违反本条例规定，生产、销售不符合标准的机动车和非道路移动机械用燃料的，由市场监督管理部门按照职责责令改正，没收原材料、产品和违法所得，并处货值金额一倍以上三倍以下的罚款。

第四十九条 违反本条例规定，使用排放不合格的非道路移动机械，或者非道路移动机械未按照规定加装、更换污染控制装置的，或者擅自拆除、闲置、改装非道路移动机械污染控制装置的，由生态环境等主管部门按照职责责令改正，处五千元的罚款。

违反本条例规定，在禁止使用高排放非道路移动机械区域使用高排放非道路移动机械的，由城市人民政府生态环境主管部门处五万元以上十万元以下的罚款。

辽宁省

辽宁省大气污染防治条例（摘选）

（2017 年 5 月 25 日辽宁省第十二届人民代表大会常务委员会第三十四次会议通过）

第三章 防治措施

第三节 机动车船等污染防治

第三十九条 机动船舶和非道路移动机械排放的大气污染物，应当符合国家规定的排放标准。鼓励、支持节能环保型机动船舶和非道路移动机械的推广使用，逐步淘汰高油耗、高排放的机动船舶和非道路移动机械。

锦州市大气污染防治条例（摘选）

（2017 年 12 月 25 日锦州市第十五届人民代表大会常务委员会第四十五次会议通过，2018 年 1 月 19 日辽宁省第十二届人民代表大会常务委员会第三十九次会议批准）

第十八条 在本市行驶和使用的机动车、船舶和非道路移动机械向大气排放污染物，不得超过国家和省规定的排放标准。

沈阳市大气污染防治条例（摘选）

（1995 年 12 月 21 日沈阳市第十一届人民代表大会常务委员会第二十次会议通过，1996 年 1 月 19 日辽宁省第八届人民代表大会常务委员会第十九次会议批准 2003 年 6 月 26 日沈阳市第十三届人民代表大会常务委员会第三次会议修订，2003 年 8 月 1 日辽宁省第十届人民代表大会常务委员会第三次会议批准 2019 年 10 月 24 日沈阳市第十六届人民代表大会常务委员会第十四次会议修订，2019 年 11 月 28 日辽宁省第十三届人民代表大会常务委员会第十四次会议批准）

第二十九条 市人民政府可以根据大气环境质量状况和机动车污染物排放程度，划定并公布禁止或者限制机动车行驶的区域、时段和车型以及禁止使用高排放非道路移动机械的区域，设置显著警示标志，向社会公告。

在市人民政府划定的禁行、禁用区域，禁止驶入高排放车辆或者使用高排放非道路移动机械。

第三十一条 市和区、县（市）人民政府应当建立实施非道路移动机械编码登记制度，依法对需要重点监控的在用非道路移动机械进行登记，并对其大气污染物排放状况进行监督检查。

第五十一条 违反本条例规定，在禁止使用高排放非道路移动机械的区域使用高排放非道路移动机械的，由市生态环境等主管部门依法予以处罚。

营口市大气污染防治条例（摘选）

（2019 年 11 月 28 日营口市第十六届人民代表大会常务委员会第二十次会议通过，
2020 年 3 月 30 日辽宁省第十三届人民代表大会常务委员会第十七次会议批准）

第三十五条　禁止生产、销售、进口、使用不符合国家标准的车（船）用和非道路移动机械燃料。

生产、销售机动车（船）和非道路移动机械用燃料、发动机油、氮氧化物还原剂和润滑油添加剂以及其他添加剂的经营者应当在经营场所显著位置标示销售产品的有关标准。

第三十六条　非道路移动机械向大气排放污染物，应当符合国家规定的排放标准；不能达标排放的，应当加装或者更换符合要求的污染控制装置。

非道路移动机械使用油品参照本市执行的机动车油品标准执行，不得低于本市执行的国家阶段性排放标准。非道路移动机械所有人或者使用人应从正规渠道购买非道路移动机械用油，并留存进货凭证和建立台账。

吉林省

吉林省大气污染防治条例（摘选）

（2016 年 5 月 27 日吉林省第十二届人民代表大会常务委员会第二十七次会议通过
2022 年 7 月 28 日吉林省第十三届人民代表大会常务委员会第三十五次会议修订）

第二章　排污者责任

第十四条　机动车船、非道路移动机械不得超过标准向大气排放污染物。

任何单位和个人不得生产、进口或者销售大气污染物排放超过标准的机动车船、非道路移动机械。

第十五条　企业事业单位和其他生产经营者生产、进口、销售机动车船和非道路移动机械使用的燃料，应当符合有关燃料标准；发动机油、氮氧化物还原剂、燃料和润滑油添加剂以及其他添加剂的有害物质含量和其他大气环境保护指标，应当符合有关标准的要求，不得损害机动车船污染控制装置效果和耐久性，不得增加新的大气污染物排放。

松原市大气污染防治条例（摘选）

（2020 年 9 月 23 日松原市第六届人民代表大会常务委员会第二十七次会议通过，2020 年 11 月 27 日吉林省第十三届人民代表大会常务委员会第二十五次会议批准 根据 2022 年 3 月 7 日松原市第七届人民代表大会常务委员会第一次会议通过，2022 年 5 月 7 日吉林省第十三届人民代表大会常务委员会第三十四次会议批准的《松原市人民代表大会常务委员会关于修改〈松原市大气污染防治条例〉的决定》修正）

第五条 县级以上人民政府应当明确有关部门大气污染防治职责。

（第六款）生态环境、交通运输、公安等管理部门应当对机动车（船）及非道路移动机械等大气污染防治实施监督管理。

第二十二条 禁止生产、进口、销售不符合标准的机动车船、非道路移动机械用燃料；禁止向汽车和摩托车销售普通柴油以及其他非机动车用燃料；禁止向非道路移动机械、内河和江海直达船舶销售渣油、重油。

第二十三条 机动车船、非道路移动机械不得超过标准排放大气污染物。

禁止生产、进口或者销售大气污染物排放超过标准的机动车船、非道路移动机械。

第二十四条 本市行政区域内实行非道路移动机械使用申报制度。非道路移动机械的所有人应当在新增非道路移动机械的三十日内向所在地生态环境主管部门报送非道路移动机械的名称、类别、数量、污染排放等数据和资料。

长春市机动车和非道路移动机械排气污染防治管理办法（摘选）

第一条 为了防治机动车和非道路移动机械排气污染，改善大气环境质量，保障公众健康，根据《中华人民共和国大气污染防治法》等法律、法规的有关规定，结合本市实际，制定本办法。

第二条 本市行政区域内的机动车和非道路移动机械排气污染防治管理，适用本办法。

第三条（第一款略）

本办法所称非道路移动机械是指装配有发动机的移动机械和可运输工业设备。

本办法所称机动车和非道路移动机械排气污染，是指由排气管、曲轴箱、油箱和燃油（气）系统向大气排放和蒸发的各种污染物所造成的污染。

第四条　市环境保护主管部门负责本市机动车和非道路移动机械排气污染防治的统一监督管理工作。县（市）环境保护主管部门负责本辖区内机动车和非道路移动机械排气污染防治的监督管理工作。

公安、交通运输、质量技术监督、工商行政管理、商务、农业、林业、水利、建设、市容和环境卫生等有关部门应当按照各自职责，依法做好机动车和非道路移动机械排气污染防治的相关管理工作。

第五条　机动车、非道路移动机械不得超过标准排放大气污染物。禁止生产、进口或者销售大气污染物排放超过标准的机动车、非道路移动机械。

第十六条　本市实行非道路移动机械使用申报制度。

非道路移动机械的所有人应当在新增非道路移动机械的三十日内向所在地环境保护主管部门报送非道路移动机械的名称、类别、数量、污染物排放等数据和资料。

农用非道路移动机械的名称、类别、数量、污染物排放等数据和资料由所有人所在地的农机监理站向环境保护主管部门集中申报。

第十七条　在本市作业的非道路移动机械，不得超过本市执行的标准排放大气污染物。

非道路移动机械的所有人或者使用人，应当对在用的超过大气污染物排放标准的机械进行维修，并达到排放标准。

第十八条　在用重型柴油车、非道路移动机械未安装污染控制装置或者污染控制装置不符合要求，不能达标排放的，应当加装或者更换符合要求的污染控制装置，并达到排放标准。

第十九条　市、县（市）环境保护主管部门应当会同交通运输、建设、农业、水利、林业等有关主管部门定期对非道路移动机械的大气污染物排放状况进行监督检查，排放不合格的，不得使用。非道路移动机械所有人或者使用人应当予以配合。

第二十条　市人民政府根据大气环境质量状况，划定并公布禁止使用高排放非道路移动机械的区域，各相关部门应当履行职责，共同做好监督管理工作。

第二十一条　禁止生产、进口、销售不符合标准的机动车、非道路移动机械用燃料；禁止向汽车和摩托车销售普通柴油以及其他非机动车用燃料；禁止向非道路移动机械销售渣油和重油。

第二十四条　违反本办法规定，伪造机动车、非道路移动机械排放检验结果或者出具虚假排放检验报告的，由市、县（市）环境保护主管部门，没收违法所得，并处十万元以上五十万元以下的罚款；情节严重的，由负责资质认定的部门取消其检验资格。

第二十六条　违反本办法规定，使用排放不合格的非道路移动机械的，由市、县（市）

环境保护主管部门责令改正，处五千元的罚款。

第二十七条 违反本办法规定，在用重型柴油车、非道路移动机械未按照规定加装、使用、更换污染控制装置的，由市、县（市）环境保护主管部门责令改正，处五千元的罚款。

第二十八条 违反本办法规定，非道路移动机械所有人或者使用人拒绝排气污染监督检查的，由市、县（市）环境保护主管部门责令改正，处二万元以上二十万元以下的罚款；构成违反治安管理行为的，由公安机关依法予以处罚。

第二十九条 违反本办法规定，在禁止使用高排放非道路移动机械的区域使用高排放非道路移动机械的，由市、县（市）环境保护主管部门对其所有人或者使用人处每台次一万元以上三万元以下的罚款。

第三十条 违反本办法规定，生产、进口、销售不符合标准的机动车、非道路移动机械用燃料的，向汽车、摩托车销售普通柴油以及其他非机动车用燃料的，向非道路移动机械销售渣油和重油的，由市、县（市）质量技术监督、工商行政管理部门按照职责责令改正，没收原材料、产品和违法所得，并处货值金额一倍以上三倍以下的罚款。

黑龙江省

齐齐哈尔市大气污染防治条例（摘选）

第十九条 市、县（市）区人民政府应当加强对高排放机动车使用的监督管理，控制高排放非道路移动机械使用，划定并公布限制或者禁止使用的时段和区域。

第三十四条 违反本条例第十九条规定，高排放机动车在限制或者禁止通行时段和区域上道路行驶的，由公安机关交通管理部门责令改正，并处一百元罚款；高排放非道路移动机械在限制或者禁止使用的时段和区域作业的，由生态环境行政主管部门责令改正，并处一百元罚款。

大庆市机动车和非道路移动机械排气污染防治条例（摘选）

（2020 年 6 月 24 日大庆市第十届人民代表大会常务委员会第二十六次会议通过，
2020 年 8 月 21 日黑龙江省第十三届人民代表大会常务委员会第二十次会议批准）

第一章　总则

第一条　为了防治机动车和非道路移动机械排气污染，保护和改善大气环境，保障公众健康，推进生态文明建设，促进经济社会可持续发展，根据《中华人民共和国环境保护法》《中华人民共和国大气污染防治法》《黑龙江省大气污染防治条例》等法律、法规，结合本市实际，制定本条例。

第二条　本市行政区域内机动车和非道路移动机械排气污染防治及其监督管理，适用本条例。

第三条　本条例所称机动车和非道路移动机械排气污染，是指由机动车和非道路移动机械排气管、曲轴箱和燃油燃气系统向大气排放、蒸发污染物所造成的污染。

（第二款略）

本条例所称非道路移动机械，是指装配有发动机的移动机械和可运输工业设备，包括工程机械、农业机械、小型通用机械、柴油发电机组等。

第四条　机动车和非道路移动机械排气污染防治应当坚持源头控制、防治结合、分类监管、社会共治的原则。

第五条　市、县（区）人民政府应当加强对机动车和非道路移动机械排气污染防治工作的领导，将其纳入生态环境保护规划，建立健全监督管理体系和工作协调机制，督促相关部门做好监督管理工作，保障经费投入，提高监督管理能力。

第六条　市生态环境行政主管部门对本市行政区域内机动车和非道路移动机械排气污染防治实施统一监督管理。

发展和改革、财政、公安、交通运输、住房和城乡建设、农业农村、水务、林业和草原、市场监督管理、城市管理等部门在各自职责范围内，做好机动车和非道路移动机械排气污染防治相关工作。

第七条　市人民政府应当组织生态环境、公安、交通运输等部门建立机动车和非道路移动机械排气污染防治信息共享机制，实现基础数据、定期排放检验、监督抽测、超标处罚、维修治理等信息共享、实时更新。

第八条　市、县（区）人民政府以及相关部门应当加强机动车和非道路移动机械排气污染防治宣传教育，鼓励和支持新闻媒体、社会组织等开展公益宣传，倡导低碳、环保出行。

第九条　任何组织和个人有权对违反本条例的违法行为，向生态环境、公安、交通运输、市场监督管理等部门举报。

生态环境、公安、交通运输、市场监督管理等部门应当公布举报方式。举报的违法行为属于本部门职责范围的，应当及时核实、处理，并答复实名举报人；不属于本部门职责范围的，应当及时移交有权处理的部门，并告知实名举报人。

生态环境、公安、交通运输、市场监督管理等部门对举报的违法行为进行核实、处理时，相关部门应当给予配合、协助。

第二章　预防和控制

第十条　市人民政府应当加强和改善城市交通管理，大力发展公共交通，优化路网结构，推广应用节能环保型、新能源机动车和非道路移动机械，推动配套基础设施建设。

第十二条　在用机动车和非道路移动机械应当保持装载的污染控制装置、车载排放诊断系统处于正常工作状态。

在用重型柴油车和非道路移动机械未安装污染控制装置或者污染控制装置不符合要求，不能达标排放的，应当加装或者更换符合要求的污染控制装置。

禁止擅自拆除、闲置在用机动车和非道路移动机械装载的污染控制装置。禁止破坏机动车车载排放诊断系统。

第十四条　市人民政府可以根据大气环境质量状况，划定并公布禁止使用高排放非道路移动机械的区域。高排放非道路移动机械不得在禁止使用的区域使用。

第十五条　市、县（区）人民政府应当依据重污染天气的预警等级启动应急预案，根据应急需要，可以采取限制部分机动车行驶、限制部分非道路移动机械使用等应急措施。

第十六条　本市禁止生产、销售不符合国家、省有关标准的机动车和非道路移动机械用燃料、发动机油、氮氧化物还原剂、燃料和润滑油添加剂以及其他添加剂。

第三章　使用、检验和维护

第十七条　在用机动车和非道路移动机械排放大气污染物不得超过国家规定的排放标准，不得排放黑烟等明显可视大气污染物。

第二十一条　市生态环境行政主管部门应当会同交通运输、住房和城乡建设、农业农村、水务、林业和草原、城市管理等部门，对在用非道路移动机械的大气污染物排放状况进行监督检查，排放不合格的，不得使用。

第二十二条　市生态环境行政主管部门对在用机动车和非道路移动机械的大气污染物排放状况进行监督抽测时，相关组织和个人应予配合。

第二十三条　市生态环境行政主管部门对在用机动车和非道路移动机械的大气污染

物排放状况进行监督抽测时，可以委托具有资质的第三方检验机构进行排放检验，所需费用纳入财政预算。

第二十五条　机动车和非道路移动机械排放检验过程中，禁止下列行为：

（一）用其他机动车和非道路移动机械代替检验；

（二）临时更换污染控制装置；

（三）减少被测气体摄入量或者稀释被测气体浓度；

（四）篡改检测限值、检测数据、被检机动车和非道路移动机械参数、大气环境参数和检测结果；

（五）其他弄虚作假的行为。

第二十六条　机动车和非道路移动机械维修单位应当按照防治大气污染的要求和国家有关技术规范，对送修的机动车和非道路移动机械进行维修，使其达到规定的排放标准。

维修单位不得以使机动车和非道路移动机械通过排放检验为目的，提供临时更换污染控制装置等弄虚作假的维修服务。

第二十七条　本市实行非道路移动机械编码登记制度。市生态环境行政主管部门负责非道路移动机械编码登记工作，制定编码登记办法，明确应予登记的机械类型、信息和程序等。

交通运输、住房和城乡建设、农业农村、水务、林业和草原、城市管理等部门，负责督促本行业选用符合国家规定的排放标准的非道路移动机械并按照规定完成编码登记。

第四章　法律责任

第二十九条（第一款略）

擅自拆除、闲置在用重型柴油车和非道路移动机械装载的污染控制装置的，由市生态环境等主管部门按照职责责令改正，处五千元罚款。

第三十条　违反本条例规定，在禁止使用高排放非道路移动机械的区域使用高排放非道路移动机械的，由市生态环境等主管部门按照职责责令改正，处五千元罚款。

第三十二条　违反本条例规定，机动车和非道路移动机械所有人以临时更换污染控制装置等弄虚作假的方式通过排放检验的，由市生态环境行政主管部门责令改正，处五千元罚款。

第三十三条　违反本条例规定，维修单位以使机动车和非道路移动机械通过排放检验为目的，提供临时更换污染控制装置等弄虚作假的维修服务的，由市生态环境行政主管部门处每辆机动车、每台非道路移动机械五千元罚款。

内蒙古自治区

巴彦淖尔市大气污染防治条例（摘选）

（2019 年 6 月 28 日巴彦淖尔市第四届人民代表大会常务委员会第十次会议通过，2019 年 8 月 1 日内蒙古自治区第十三届人民代表大会常务委员会第十四次会议批准）

第三章 防治措施

第十七条（第一款略）

市、旗县区人民政府应当优先发展公共交通和公共自行车服务网，优化路网结构，推广节能环保型和新能源机动车船、非道路移动机械，加快建设充电站、加气站等基础设施，将节能环保型和新能源机动车纳入政府采购名录，支持公共交通、环境卫生、邮政、电力、物流配送等行业率先使用新能源机动车。

（第三款略）

第十八条 非道路移动机械向大气排放污染物，应当符合国家规定的排放标准，不能达标排放的，应当加装或者更换符合要求的污染控制装置，排放不合格的，不得使用。

市人民政府应当根据大气环境质量状况，划定并公布禁止使用高排放非道路移动机械的区域。

第四章 法律责任

第三十三条 违反本条例第十八条规定，使用超过规定排放标准的非道路移动机械的，由生态环境等主管部门按照职责责令改正，处 5 000 元的罚款。

呼伦贝尔市大气污染防治条例（摘选）

（2019 年 8 月 28 日呼伦贝尔市第四届人民代表大会常务委员会第十三次会议通过，2019 年 11 月 28 日内蒙古自治区第十三届人民代表大会常务委员会第十六次会议批准）

第三章　防治措施

第二十七条　非道路移动机械应当实行排放标志管理制度。对非道路移动机械装用的发动机，根据其所能达到的排放阶段标准进行标志。市人民政府生态环境主管部门根据大气污染防治需要，会同有关部门制定本市的非道路移动机械标志管理规定。

新增的非道路移动机械，其所有人应当在购买之日起 30 日内，向所在地的行业主管部门报送非道路移动机械的排气污染相关信息；现有非道路移动机械的所有人应当按照新增非道路移动机械的报送程序进行报送。

第二十八条　非道路移动机械所有人和使用人应当配合相关行政管理部门的监督检查，定期对非道路移动机械进行维护保养，使非道路移动机械排气符合规定排放标准。

市、旗（市区）人民政府可以根据大气环境质量状况，划定并公布禁止使用高排放非道路移动机械的区域。

鄂尔多斯市大气污染防治条例（摘选）

（2019 年 6 月 27 日鄂尔多斯市第四届人民代表大会常务委员会第十三次会议通过，2019 年 8 月 1 日内蒙古自治区第十三届人民代表大会常务委员会第十四次会议批准）

第三章　防治措施

第三节　移动源污染防治

第四十二条　生态环境主管部门应当会同交通运输、住房和城乡建设、农牧、水利、林业和草原等有关部门加强对非道路移动机械大气污染物排放状况的监督检查。排放不合格的，不得使用。

通辽市大气污染防治条例（摘选）

（2019年10月25日通辽市第五届人民代表大会常务委员会第十四次会议通过，2020年1月7日内蒙古自治区第十三届人民代表大会常务委员会第十八次会议批准）

第二章　监督管理

第八条　市、旗县级人民政府其他有关部门在各自职责范围内对大气污染防治实施监督管理。并履行下列职责：

（七）公安、交通运输、商务、市场监督管理等部门根据各自职责负责机动车以及非道路移动机械、油气回收治理、油品质量等监督管理。

乌海市矿区环境综合治理条例（摘选）

（2022年4月20日乌海市第十届人民代表大会常务委员会第二次会议通过，2022年5月26日内蒙古自治区第十三届人民代表大会常务委员会第三十五次会议批准）

第四章　矿区环境综合整治

第三十四条　矿山企业及其他工矿企业实施非道路移动机械信息编码登记制度。矿山企业及其他工矿企业购置或者转入的非道路移动机械，应当在三十日内进行污染物排放检验，并安装精准定位系统和实时排放监控装置，按照规定向市、区人民政府生态环境主管部门报送有关编码信息。市、区人民政府生态环境主管部门应当在十个工作日内完成编码登记，并与远程在线监控平台联网。

矿山企业及其他工矿企业委托生产车队开采的，应当在招标文件或者委托合同中明确要求非道路移动机械所有人进行信息编码登记且使用符合排放标准的非道路移动机械。

第三十五条　矿山企业及其他工矿企业在用非道路移动机械排放污染物实行定期检验制度。使用三年以上的非道路移动机械应当每年进行一次污染物排放检验，检验不合格的不得继续使用。

市、区人民政府生态环境主管部门可以在矿山企业及其他工矿企业非道路移动机械停放地、维修地、使用地，对在用非道路移动机械的大气污染物排放状况进行监督抽查。

第五章　法律责任

第四十七条　违反本条例第三十四条、第三十五条规定，矿山企业及其他工矿企业有下列情形之一的，由市、区人民政府生态环境主管部门责令改正，并处每台非道路移动机械 3 000 元以上 5 000 元以下的罚款：

（一）使用未经信息编码登记非道路移动机械的；

（二）未如实登记非道路移动机械信息的；

（三）在用非道路移动机械未进行污染物排放检验的，或者检验不合格继续使用的。

河南省

河南省大气污染防治条例（摘选）

（2017 年 12 月 1 日河南省第十二届人民代表大会常务委员会第三十二次会议通过）

第三章　大气污染防治措施

第三节　机动车船以及非道路移动机械污染防治

第四十一条　在本省销售、办理注册登记的机动车、非道路移动机械应当符合本省执行的机动车污染物排放标准。

省环境保护主管部门应当依法加强对新生产、销售机动车和非道路移动机械大气污染物排放状况的监督检查，工业、质监、工商等有关部门予以配合。

第四十三条　在用重型柴油车、非道路移动机械向大气排放污染物，应当符合国家和本省规定的排放标准。

在用重型柴油车、非道路移动机械未安装污染控制装置或者污染控制装置不符合要求，不能达标排放的，应当加装或者更换符合要求的污染控制装置。

环境保护主管部门应当会同交通运输、住房和城乡建设、农业、水利等有关部门对非道路移动机械的大气污染物排放状况进行监督检查，排放不合格的，不得使用。

城市人民政府可以根据大气环境质量状况，划定并公布禁止使用高排放非道路移动机械的区域。

第四十五条（第一款略）

县级以上人民政府有关部门应当制定高排放在用机动车船、非道路移动机械治理方案并组织实施。鼓励高排放机动车船和非道路移动机械提前报废。

第五章　法律责任

第七十四条　违反本条例第四十三条第二款规定，使用排放不合格的非道路移动机械，或者在用重型柴油车、非道路移动机械未按照规定加装、更换污染控制装置的，由县级以上人民政府环境保护主管部门或者其他负有大气环境保护监督管理职责的部门按照职责责令改正，处五千元罚款。

违反本条例第四十三条第四款规定，在禁止使用高排放非道路移动机械的区域使用高排放非道路移动机械的，由城市人民政府环境保护主管部门或者其他负有大气环境保护监督管理职责的部门责令停止使用，处五千元以上二万元以下罚款。

鹤壁市大气污染防治条例（摘选）

（2018 年 11 月 26 日鹤壁市第十一届人民代表大会常务委员会第二次会议通过，2019 年 1 月 9 日河南省第十三届人民代表大会常务委员会第八次会议批准）

第三章　防治措施

第二十八条　在用重型柴油车、非道路移动机械不得超过标准排放大气污染物。不能达标排放的，应当加装或者更换符合要求的污染控制装置。

市、县（区）人民政府可以根据大气环境质量状况，划定并公布禁止使用高排放非道路移动机械的区域。

第五章　法律责任

第五十条　违反本条例第二十八条第一款规定，在用重型柴油车、非道路移动机械超过标准排放大气污染物的，或者未按照规定加装、更换污染控制装置的，由市、县（区）人民政府生态环境主管部门或者其他有关部门按照职责责令改正，处五千元罚款。

违反本条例第二十八条第二款规定，在禁止使用高排放非道路移动机械的区域使用高排放非道路移动机械的，由市、县（区）人民政府生态环境主管部门或者其他负有大气生态环境监督管理职责的部门责令停止使用，处五千元以上二万元以下的罚款。

洛阳市大气污染防治条例（摘选）

（2019 年 6 月 26 日洛阳市第十五届人民代表大会常务委员会第八次会议通过，2019 年 7 月 26 日河南省第十三届人民代表大会常务委员会第十一次会议批准）

第三章　防治措施

第二十七条　在本市销售、办理注册登记及行驶的机动车、非道路移动机械，应当符合本省执行的机动车污染物排放标准。

第二十九条　生态环境主管部门应当会同公安、交通运输、住房和城乡建设、农业农村、林业、水利等有关部门对非道路移动机械的大气污染物排放状况进行监督检查，排放不合格的，不得使用。

第三十一条　禁止生产、进口、销售、使用不符合国家和本省有关标准的机动车船、非道路移动机械用燃料以及燃料清洁剂、添加剂等。

在市、县（市）人民政府划定并公布禁止使用高排放非道路移动机械的区域内，不得使用高排放非道路移动机械。

南阳市大气污染防治条例（摘选）

（2019 年 8 月 30 日南阳市第六届人民代表大会常务委员会第八次会议通过，2019 年 11 月 29 日河南省第十三届人民代表大会常务委员会第十三次会议批准）

第三章　防治措施

第十九条　加油加气站、储油储气库和使用油罐车、气罐车的经营者，应当开展油气回收治理，按照规定安装油气回收装置并保持其正常使用。

禁止生产、销售不符合标准的机动车船、非道路移动机械用燃料等。

第二十条　机动车船、非道路移动机械不得超过标准排放大气污染物。

禁止生产、进口或者销售大气污染物排放超过标准的机动车船、非道路移动机械。

第二十一条　在用重型柴油车、非道路移动机械未安装污染控制装置或者污染控制装置不符合要求，不能达标排放的，应当加装或者更换符合要求的污染控制装置。

第二十二条（第一款、第二款略）

鼓励和支持高排放机动车船、非道路移动机械提前报废。

濮阳市大气污染防治条例（摘选）

（2019 年 4 月 22 日濮阳市第八届人民代表大会常务委员会第七次会议通过，2019 年 5 月 31 日河南省第十三届人民代表大会常务委员会第十次会议批准）

第三章　防治措施

第三十条　在本市销售、办理注册登记的机动车、非道路移动机械应当符合省执行的机动车污染物排放标准及非道路移动机械污染物排放标准。

三门峡市大气污染防治条例（摘选）

（2019 年 6 月 25 日三门峡市第七届人民代表大会常务委员会第十五次会议通过，2019 年 7 月 26 日经河南省第十三届人民代表大会常务委员会第十一次会议批准）

第三章　防治措施

第二十七条　在县级以上人民政府划定的高排放非道路移动机械禁用区域内，禁止使用高排放非道路移动机械。逐步建立非道路移动机械使用登记制度，鼓励淘汰高排放非道路移动机械。

在用和新增的非道路移动机械应当加装或者更换符合要求的污染控制装置，达到国家和省规定的排放标准。

生态环境主管部门应当会同交通运输、住房和城乡建设、农业农村、水利等有关部门对非道路移动机械的大气污染物排放状况等进行现场监督检查，非道路移动机械所有人或者使用人应当予以配合。经检测排放不达标的非道路移动机械不得使用。

非道路移动机械维修企业应当配备必要的排放检测及诊断设备，确保维修后的非道路移动机械排放稳定达标，并保存维修记录。

新乡市大气污染防治条例（摘选）

（2019 年 4 月 22 日新乡市第十三届人民代表大会常务委员会第六次会议通过，2019 年 5 月 31 日河南省第十三届人民代表大会常务委员会第十次会议批准）

第三章   防治措施

第二十一条   加油加气站、储油储气库和使用油罐车、气罐车等相关单位，应当按照规定安装油气回收装置并保持正常使用，定期向生态环境主管部门报送由具备检测资质的机构出具的油气排放验收检测报告。

禁止生产、销售不符合标准的机动车船、非道路移动机械用燃料；禁止向汽车和摩托车销售普通柴油以及其他非机动车用燃料；禁止向非道路移动机械销售渣油、重油和不符合规定的燃用油。

第二十四条   在用重型柴油车、非道路移动机械向大气排放污染物，应当符合国家和省规定的排放标准。

交通运输、住房和城乡建设、水利等部门应当对本部门拥有的和本行业内使用的非道路移动机械的种类、数量和使用场所情况建立台账，与生态环境主管部门实现信息共享。

城市人民政府可以根据大气环境质量状况，划定并公布高排放非道路移动机械禁用区，明确禁用区范围和禁用机械种类。

信阳市大气污染防治条例（摘选）

（2019 年 10 月 29 日经信阳市第五届人民代表大会常务委员会第十八次会议通过，2019 年 11 月 29 日河南省第十三届人民代表大会常务委员会第十三次会议批准）

第三章   防治措施

第二十三条   在用重型柴油车、非道路移动机械向大气排放污染物，应当符合国家和本省规定的排放标准。

生态环境主管部门会同公安、交通运输、住房和城乡建设、城市管理、农业农村、水利、人防等部门对机动车船、非道路移动机械的大气污染防治实施监督管理。

周口市大气污染防治条例（摘选）

（2020 年 6 月 23 日周口市第四届人民代表大会常务委员会第二十五次会议通过，
2020 年 7 月 31 日河南省第十三届人民代表大会常务委员会第十九次会议批准）

第三章　防治措施

第二十二条　非道路移动机械所有人或者使用人应当定期对作业机械进行维修养护和排放检测，保证作业机械达到规定的排放标准。超标排放且经维修或者采用排放控制技术后仍不达标的，应当停止使用。

在用重型柴油车、非道路移动机械未安装污染控制装置或者污染控制装置不符合要求，不能达标排放的，应当加装或者更换符合要求的污染控制装置。

第二十三条　禁止生产、销售不符合标准的机动车船、非道路移动机械用燃料。

驻马店市大气污染防治条例（摘选）

（2019 年 10 月 31 日驻马店市第四届人民代表大会常务委员会第二十次会议通过，
2019 年 11 月 29 日河南省第十三届人民代表大会常务委员会第十三次会议批准）

第三章　防治措施

第二十八条　市生态环境主管部门应当按照有关规定，对非道路移动机械进行编码，实施高排放控制区管理，减少污染物排放。

第二十九条　非道路移动机械所有人或者使用人应当定期对作业机械进行维修养护和排放检测，保证作业机械达到规定的排放标准；对超标排放且经维修或者采用排放控制技术后仍不达标的机械，应当停止使用。

在用重型柴油车、非道路移动机械未安装污染控制装置或者污染控制装置不符合要求，不能达标排放的，应当加装或者更换符合要求的污染控制装置。

第四章　法律责任

第四十条　违反本条例第三十一条第一款规定，生产、销售不符合标准的机动车船、非道路移动机械用燃料等的，由市、县（区）市场监督管理部门责令改正，没收原材料、产品和违法所得，并处货值金额三倍的罚款。

许昌市机动车和非道路移动机械排气污染防治条例（摘选）

（2019 年 12 月 27 日许昌市第七届人民代表大会常务委员会第二十四次会议通过，河南省第十三届人民代表大会常务委员会第十七次会议于 2020 年 3 月 31 日批准）

第一条　为了防治机动车和非道路移动机械排气污染，保护和改善大气环境，保障公众健康，推进生态文明建设，促进经济社会高质量发展，根据《中华人民共和国大气污染防治法》《河南省大气污染防治条例》等法律、法规，结合本市实际，制定本条例。

第二条　本市行政区域内的机动车和非道路移动机械排气污染防治，适用本条例。

本条例未做规定的，适用有关法律、法规的规定。

第三条　本条例所称机动车，是指以动力装置驱动或者牵引，上道路行驶的供人员乘用或者用于运送物品以及进行工程专项作业的轮式车辆。本条例所称非道路移动机械，是指装配有发动机的移动机械和可运输工业设备，主要包括挖掘机、起重机、推土机、装载机、压路机、摊铺机、平地机、叉车、桩工机械、堆高机、发电机组等机械类型。

第四条　机动车和非道路移动机械排气污染防治坚持政府主导、部门协同、公众参与、预防为主、防治结合、损害担责的原则。

第五条　市、县（市、区）人民政府应当将机动车和非道路移动机械排气污染防治纳入环境保护规划，制定相关措施，保障经费投入，健全工作协调机制。乡镇人民政府和街道办事处在县（市、区）人民政府的领导及其有关部门的指导下，根据本辖区实际，组织开展机动车和非道路移动机械排气污染防治工作。

第六条　生态环境主管部门对机动车和非道路移动机械排气污染防治实施统一监督管理。

公安、交通运输、市场监督管理、发展改革、财政、工业和信息化、自然资源和规划、住房和城乡建设、水利、商务、城市管理、教育、大数据管理等有关部门按照各自职责，共同做好机动车和非道路移动机械排气污染防治的监督管理及相关工作。

第七条　市人民政府应当建立和完善全市机动车和非道路移动机械排气污染防治数据信息综合管理系统，实现机动车和非道路移动机械基本信息、排放污染物信息、排放检验信息、维修治理信息、监管执法信息等信息互通及资源共享。

第十条　市场监督管理部门对本市销售的机动车、非道路移动机械，以及机动车、非道路移动机械用燃料、发动机油、氮氧化物还原剂、燃料和润滑油添加剂、其他添加剂的产品质量，依法采取监督抽查等方式进行监督管理。

第十一条　公民、法人和其他组织有权向生态环境主管部门或者其他有关部门投诉、举报机动车和非道路移动机械排气污染违法行为。

生态环境主管部门和其他有关部门应当公布投诉举报电话、电子邮箱、网址等。接受投诉、举报的部门应当及时调查、处理和反馈，并对投诉举报人的相关信息予以保密。投诉、举报内容经查证属实的，应当按照有关规定给予投诉举报人奖励。

第十二条　市、县（市、区）人民政府及其有关部门应当加强机动车和非道路移动机械排气污染防治法律、法规和有关知识的宣传教育工作。

新闻媒体应当开展相关公益宣传，倡导绿色出行方式，提高公众环境保护和污染防治意识，加强对机动车和非道路移动机械排气污染违法行为的舆论监督。

第十四条　鼓励和支持机动车、非道路移动机械排气污染防治先进技术的科学研究和开发应用；鼓励和支持生产、销售、使用新能源机动车和非道路移动机械，规划建设充电站（桩）等配套基础设施。

第十五条　本市销售、在用的机动车、非道路移动机械的大气污染物排放，应当符合国家和本省规定的机动车、非道路移动机械相应排放标准，不得超过标准排放大气污染物。

市、县（市）人民政府可以根据大气环境质量状况，对高排放非道路移动机械划定并公布禁止使用的区域。

第十六条　市生态环境主管部门应当会同有关部门，对在本市使用的非道路移动机械进行编码登记和环保标牌管理。

第十七条　生态环境主管部门应当会同交通运输、住房和城乡建设、水利、城市管理等有关部门，通过监督抽测和采用电子标签、电子围栏、排气监控等技术手段，对本市在用的非道路移动机械大气污染物排放状况和高排放非道路移动机械禁用区域进行监督管理。

负有非道路移动机械排气污染防治监督管理职责的部门，应当各负其责，督促本行业内使用非道路移动机械的有关单位或者个人，使用符合国家和本省规定排放标准的非道路移动机械。

第十八条　在本市销售的机动车和非道路移动机械用燃料、发动机油、氮氧化物还原剂、燃料和润滑油添加剂以及其他添加剂，应当符合国家标准和本省规定。

第二十条　机动车和非道路移动机械应当按照国家和本省有关规定，进行排放检验，接受监督抽测。

（第二款、第三款略）

生态环境主管部门可以在非道路移动机械停放地、维修地、作业地，对非道路移动机械的大气污染物排放状况进行监督抽测，相关行业主管部门应当予以配合。

生态环境主管部门及有关部门进行监督抽测不得收取任何费用。

第二十四条　违反本条例第十五条第一款规定，使用排放不合格的非道路移动机械，由生态环境主管部门或者其他负有非道路移动机械监督管理职责的部门按照职责责令改正，处 5 000 元的罚款。

漯河市机动车和非道路移动机械排气污染防治条例（摘选）

（2021 年 6 月 24 日漯河市第七届人民代表大会常务委员会第三十八次会议通过，
2021 年 7 月 30 日河南省第十三届人民代表大会常务委员会第二十六次会议批准）

第一章　总则

第一条　为了防治机动车和非道路移动机械排气污染，保护和改善大气环境，保障公众健康，推进生态文明建设，促进经济社会高质量发展，根据《中华人民共和国大气污染防治法》《河南省大气污染防治条例》等法律、法规，结合本市实际，制定本条例。

第二条　本市行政区域内的机动车和非道路移动机械排气污染防治工作，适用本条例。本条例未做规定的，适用有关法律、法规的规定。

第三条　市、县（区）人民政府应当加强对机动车和非道路移动机械排气污染防治工作的领导，将其纳入大气污染防治规划，实施目标考核，建立健全工作协调机制。

乡（镇）人民政府、街道办事处在市、县（区）人民政府领导及其有关部门的指导下，做好机动车和非道路移动机械排气污染防治工作。

第四条　生态环境主管部门对机动车和非道路移动机械排气污染防治实施统一监督管理。

发展改革、工业和信息化、公安、财政、自然资源和规划、住房和城乡建设、交通运输、城市管理、水利、农业农村、商务、市场监管、大数据管理等有关部门，按照各自职责，共同做好机动车和非道路移动机械排气污染防治的监督管理。

第五条　市人民政府应当组织生态环境、公安、交通运输、大数据管理等部门建立机动车和非道路移动机械基本信息、排放污染物信息、排放检验信息、维修治理信息、监管执法信息等信息互通和数据资源共享机制。

第六条　市、县（区）人民政府及其有关部门应当加强机动车和非道路移动机械排气污染防治法律、法规和有关知识的宣传教育工作。新闻媒体应当开展相关公益宣传，提高公众环境保护和污染防治意识。

第二章　预防和控制

第十条　鼓励支持机动车和非道路移动机械排气污染防治先进技术的科学研究、开发应用；鼓励支持生产、销售、使用新能源机动车和非道路移动机械；鼓励支持充电站（桩）

等配套设施建设。

第十一条　在用重型柴油车和非道路移动机械未安装污染控制装置或者污染控制装置不符合要求，不能达标排放的，应当加装或者更换符合要求的污染控制装置。

在本市注册登记或者使用的重型柴油车应当按照规定安装车载排放诊断系统，与生态环境主管部门监控平台联网并保持正常使用。

禁止擅自拆除、闲置在用重型柴油车和非道路移动机械污染控制装置。禁止破坏重型柴油车车载排放诊断系统。

第十二条　生态环境主管部门应当按照规定建立非道路移动机械信息管理平台，对在本市使用的非道路移动机械进行编码登记，实行环保标牌管理。

第十三条　市人民政府可以根据大气环境质量状况，依法划定并公布禁止使用高排放非道路移动机械区域。

第十四条　市、县人民政府应当依据重污染天气的预警等级，及时启动应急预案，可以依法采取限制部分机动车行驶和非道路移动机械使用等应急措施。预警解除后，应当及时结束应急措施，并予以公告。

第三章　使用、检验和维护

第十五条　本市行政区域内的机动车和非道路移动机械排放应当符合国家标准、国务院和本省有关规定，不得超标准排放大气污染物。

禁止驾驶排放检验不合格的机动车上道路行驶，禁止使用排放不合格的非道路移动机械。

市生态环境主管部门应当及时将国家标准、国务院和本省有关规定向社会公布。

第十七条（第一款略）

生态环境主管部门应当会同交通运输、住房和城乡建设、城市管理等部门，对非道路移动机械的排气污染状况进行监督检查，非道路移动机械所有人或者使用人不得拒绝、阻挠。

第十八条　在用机动车和非道路移动机械排气污染超标的，应当进行维修；经维修或者采用污染控制技术后，排气污染仍不符合标准的，机动车应当依法强制报废，非道路移动机械不得使用。

第十九条　生态环境主管部门、交通运输主管部门应当加强对机动车和非道路移动机械排放检验机构、维修单位的监督管理，向社会公布依法备案的排放检验机构、维修单位名录，机动车和非道路移动机械所有人或者使用人有权自主选择。

第二十条　机动车和非道路移动机械排放检验机构应当依法通过计量认证，使用经依法检定合格的排放检验设备，按照国家和本省规定的环保检验方法、技术规范进行检验，出具真实、准确的检验报告，并与生态环境主管部门联网，实时上传检验信息。

机动车和非道路移动机械排放检验机构不得伪造排放检验结果或者出具虚假排放检验报告。

第二十一条　机动车和非道路移动机械维修单位应当按照国家有关技术规范，对送修的排放未达标的机动车和非道路移动机械进行维修，并与交通运输主管部门联网，实时上传维修信息。

机动车和非道路移动机械维修单位不得以使机动车和非道路移动机械通过排放检验为目的，提供临时更换污染控制装置等弄虚作假的维修服务。

第四章　法律责任

第二十四条　违反本条例第十五条第二款规定，驾驶排放检验不合格的机动车上道路行驶的，由公安机关交通管理部门依法予以处罚；使用排放不合格的非道路移动机械的，由生态环境主管部门责令改正，处五千元罚款。

第二十六条　违反本条例第二十一条第二款规定的，由生态环境主管部门按每辆机动车处五千元罚款、每台非道路移动机械处一万元罚款。

湖北省

湖北省大气污染防治条例（摘选）

（2018 年 11 月 19 日湖北省第十三届人民代表大会常务委员会第六次会议修订通过）

第三章　大气污染防治措施

第三节　机动车船等污染防治

第四十二条（第一款略）

县级以上人民政府应当建立机动车船、非道路移动机械排放污染防治工作协调机制，组织制定防治规划，采取提高控制标准、限期治理和更新淘汰等防治措施，加强机动车船、非道路移动机械用燃料管理，鼓励发展清洁能源汽车、船舶，减少机动车船、非道路移动机械排放污染。

第四十四条　在本省生产、进口、销售、使用机动车船和非道路移动机械排放大气污染物，应当符合本省执行的污染物排放标准。

在本省行驶的机动车船不得排放明显可见黑烟。

禁止生产、进口、销售、使用未达到排放标准的机动车船、非道路移动机械用燃料；禁止向汽车和摩托车销售普通柴油以及其他非机动车用燃料；禁止向非道路移动机械、内河和江海直达船舶销售渣油和重油。

省、市级人民政府可以根据大气污染防治需要，在本行政区域执行更严格的机动车船、非道路移动机械用燃料标准。

第四十七条 市、县级人民政府可以根据大气环境质量状况和机动车排放污染程度，确定禁止高排放机动车行驶的区域、时段，设置禁止行驶标志和高排放机动车自动识别系统；划定禁止使用高排放非道路移动机械的区域。

采取前款规定的管理措施的，应当公开征求公众意见，并在实施 30 日之前向社会公布。高排放机动车、非道路移动机械目录由市人民政府制定。

不得在禁止使用高排放非道路移动机械的区域使用高排放非道路移动机械。

第四十九条 对在本省使用的非道路移动机械，实行备案登记和排放标志管理制度。具体办法由省人民政府制定。

县级以上人民政府生态环境主管部门应当会同交通运输、住房和城乡建设、农业农村、水利等主管部门，加强对非道路移动机械排放污染防治的监督管理，可以在非道路移动机械集中停放地、维修地、施工工地等场地开展监督抽测。

第六章 法律责任

第八十七条 违反本条例第四十七条第四款规定，在禁止使用高排放非道路移动机械的区域使用高排放非道路移动机械的，由生态环境主管部门责令改正，可以处 5 000 元以上 2 万元以下罚款。

武汉市机动车和非道路移动机械排气污染防治条例（摘选）

（2020 年 4 月 14 日武汉市第十四届人民代表大会常务委员会第二十九次会议通过，2020 年 6 月 3 日湖北省第十三届人民代表大会常务委员会第十六次会议批准）

第一章 总则

第一条 为了防治机动车和非道路移动机械排气污染，保护和改善大气环境，保障公众健康，推进生态文明建设，根据《中华人民共和国大气污染防治法》《湖北省大气污染防治条例》等法律、法规，结合本市实际，制定本条例。

第二条 本市行政区域内机动车和非道路移动机械排气污染的防治适用本条例。

第三条 机动车和非道路移动机械排气污染防治工作坚持预防为主、防治结合、公众参与、损害担责的原则。

第四条 市、区人民政府（含武汉东湖新技术开发区管委会、武汉经济技术开发区管委会和武汉市东湖生态旅游风景区管委会，下同）应当组织制订机动车和非道路移动机械排气污染防治规划，实施污染物排放总量控制，检查考核有关部门的排气污染防治工作；建立排气污染防治工作协调机制，加强排气污染监督管理能力建设，保障排气污染防治工作的经费投入。

第五条 生态环境主管部门对机动车和非道路移动机械排气污染防治工作实施统一监督管理。

公安、交通运输、市场监督管理、商务、城乡建设、城市管理等部门在各自职责范围内做好机动车和非道路移动机械排气污染防治相关工作。

第六条 机关、团体、企业事业单位以及其他组织应当加强机动车和非道路移动机械排气污染防治法制宣传和文明交通、绿色出行的宣传。

第二章　预防和控制

第七条 鼓励、支持机动车和非道路移动机械排气污染防治科学技术研究，推广应用排气污染防治先进技术。

第十一条 在本市使用的非道路移动机械应当按照国家、省有关规定进行备案登记。对备案登记的非道路移动机械，由生态环境主管部门按照有关规定发放非道路移动机械环保标牌。

在本市使用的非道路移动机械排放大气污染物应当符合本市执行的排放标准。

第十二条 市人民政府可以根据大气环境质量状况，确定禁止高排放机动车行驶的区域、时段，划定禁止使用高排放非道路移动机械的区域。

采取前款规定的管理措施的，应当公开征求公众意见，并在实施三十日之前向社会公布。

高排放机动车和非道路移动机械目录由市人民政府制定。

第十三条 市人民政府依据重污染天气的预警等级，可以采取限制机动车行驶和非道路移动机械使用的应急措施，并向社会公布。

第十四条（第一款略）

鼓励、支持高排放机动车和非道路移动机械提前报废。

第四章　监督检查

第二十四条 市人民政府应当组织市生态环境、公安、交通运输、市场监督管理、商务、城乡建设、城市管理等部门建立机动车和非道路移动机械排气污染防治监督管理信息系统，实现信息共享，进行统一管理。

市生态环境主管部门应当定期向社会公布机动车和非道路移动机械排气污染防治情况。

第二十五条（第一款略）

生态环境主管部门可以对非道路移动机械排气污染状况进行现场抽测。

第二十六条　生态环境主管部门可以通过电子监控、视频录像、摄像拍照、遥感检测等方式，对机动车和非道路移动机械排气污染状况进行取证。

第三十二条　鼓励社会组织和个人参与机动车和非道路移动机械排气污染防治。生态环境主管部门可以聘任社会监督员，协助开展对机动车、非道路移动机械排气污染和检验机构排放检验活动的监督。

第五章　法律责任

第三十七条　违反本条例第十一条第一款规定，拒绝备案登记或者在备案登记中弄虚作假的，由生态环境主管部门责令限期改正；逾期不改正的，处一千元以上五千元以下罚款。

违反本条例第十一条第二款规定，使用排放超标的非道路移动机械的，由生态环境主管部门责令改正，处五千元罚款。

第三十九条　违反本条例第二十五条第三款规定，机动车和非道路移动机械的所有人或者使用人拒绝抽测的，由生态环境主管部门责令改正，可以对个人处二百元以上一千元以下罚款，对单位处五千元以上二万元以下罚款。

湖南省

湖南省大气污染防治条例（摘选）

（湖南省第十二届人民代表大会常务委员会 2017 年 3 月 31 日第二十九次会议通过）

第二章　防治措施

第二十一条　鼓励、支持节能环保型非道路移动机械的推广使用，逐步淘汰高油耗、高排放的非道路移动机械。县级以上人民政府交通运输、住房和城乡建设、农业、林业、水利等主管部门按照各自职责对非道路移动机械大气污染物排放实施监督管理。

常德市大气污染防治若干规定（摘选）

（2020 年 10 月 29 日常德市第七届人民代表大会常务委员会第三十五次会议通过，
2020 年 11 月 27 日湖南省第十三届人民代表大会常务委员会第二十一次会议批准）

第八条 实行非道路移动机械登记制度。非道路移动机械所有人或者使用人应当在三十日内到生态环境部门申请编码登记。

使用非道路移动机械不得超过标准向大气排放污染物，不得排放明显可见的黑烟。

市、县（市、区）人民政府可以根据大气环境质量状况，划定并公布禁止使用高排放非道路移动机械的区域。

第二十一条 违反本规定第八条第二款，使用非道路移动机械超过标准向大气排放污染物的，由生态环境部门责令改正，处五千元罚款。

使用非道路移动机械排放明显可见的黑烟的，依照本条第一款规定处罚。

违反本规定第八条第三款，在禁止使用高排放非道路移动机械的区域使用高排放非道路移动机械的，由生态环境部门责令改正，处每台一千元罚款。

长沙市机动车和非道路移动机械排放污染防治条例（摘选）

（2021 年 8 月 25 日长沙市第十五届人民代表大会常务委员会第四十二次会议通过，
2021 年 9 月 29 日湖南省第十三届人民代表大会常务委员会第二十六次会议批准）

第一章 总则

第一条 为了防治机动车和非道路移动机械排放污染，保护和改善大气环境，保障公众健康，推进生态文明建设，促进经济社会高质量发展，根据《中华人民共和国环境保护法》《中华人民共和国大气污染防治法》《湖南省大气污染防治条例》等法律、法规，结合本市实际，制定本条例。

第二条 本市行政区域内机动车和非道路移动机械排放大气污染物的防治，适用本条例。

第三条 机动车和非道路移动机械排放污染防治坚持源头防范、标本兼治、公众参与、区域协同、综合治理的原则。

第四条 市、区县（市）人民政府应当统筹机动车和非道路移动机械排放污染防治工作，将其纳入大气污染防治责任考核，逐步加大地方财政投入，健全监督管理体系。

第五条　市生态环境主管部门对机动车和非道路移动机械排放污染防治实施统一监督管理。

市、区县（市）发展和改革、公安机关交通管理、住房和城乡建设、交通运输、农业农村、商务、林业、市场监督管理、城市管理和综合执法、数据资源管理、物流与口岸等部门应当根据各自职责，做好机动车和非道路移动机械排放污染防治相关工作。

第六条　市生态环境主管部门会同公安机关交通管理、交通运输、住房和城乡建设、农业农村、商务、林业、城市管理和综合执法等部门，依托市数据资源管理平台建立包含基础数据、排放检验、监督抽测、超标处罚、维修治理等信息在内的机动车和非道路移动机械排放污染防治数据信息共享机制及动态数据库。

市生态环境主管部门和其他负有机动车和非道路移动机械排放污染防治监督管理职责的部门，应当依法向社会公开机动车和非道路移动机械排放污染防治信息。

第七条　鼓励社会组织和个人参与机动车和非道路移动机械排放污染防治。

市生态环境主管部门可以聘请社会监督员，协助监督机动车和非道路移动机械排放污染防治工作。

第二章　预防与控制

第九条　市、区县（市）人民政府采取财政支持、政府采购等措施，推动新能源配套基础设施建设，推广使用节能环保型、新能源机动车和非道路移动机械。

鼓励用于保障城市运行的车辆、大型场站内的非道路移动机械使用新能源，鼓励逐步淘汰高排放机动车和非道路移动机械。

第十一条（第一款略）

城市人民政府可以根据大气环境质量状况，划定并公布禁止使用高排放非道路移动机械的区域。

第十三条　销售的机动车和非道路移动机械的发动机、污染控制装置、车载排放诊断系统、远程排放管理车载终端等设备和装置应当符合相关环保标准。

（第二款略）

第十四条　销售或者使用的燃料应当符合相关标准。推广使用优质的机动车、非道路移动机械用燃料。

机动车、非道路移动机械的所有人、使用人应当使用符合标准的燃料。

第三章　检验与治理

第十五条　在用机动车、非道路移动机械不得超过标准排放大气污染物。

第二十一条　在城市建成区内使用的非道路移动机械应当按照国家、省要求进行编码登记。

市生态环境主管部门应当按照国家、省要求建立非道路移动机械信息管理平台，会同有关部门制定非道路移动机械登记管理规定。住房和城乡建设、农业农村、林业、交通运输、城市管理和综合执法等部门应当组织、督促本行业使用的非道路移动机械在信息管理平台上进行编码登记。

第二十二条 非道路移动机械所有人或者使用人不得有以下行为：

（一）使用排放不合格的非道路移动机械；

（二）在禁止使用高排放非道路移动机械的区域使用高排放非道路移动机械；

（三）使用虚假排放检验报告；

（四）以临时更换污染控制装置等弄虚作假的方式通过非道路移动机械排放检验；

（五）未按照规定加装、更换污染控制装置；

（六）擅自拆除、闲置、改装污染控制装置。

第四章　监督与管理

第二十四条 市场监督管理部门对机动车和非道路移动机械排放检验机构的资质等进行监督管理。

市场监督管理部门负责对影响机动车和非道路移动机械排放大气污染物的燃料等有关产品的质量进行监督管理。

第二十六条 市生态环境主管部门应当会同交通运输、住房和城乡建设、城市管理和综合执法、农业农村、林业、物流与口岸等部门对非道路移动机械大气污染物排放状况进行监督检查。

第五章　区域协同

第二十八条 市人民政府推动与株洲市、湘潭市人民政府建立机动车和非道路移动机械排放污染防治协作机制，按照统一标准、统一监测、统一防治措施的要求，开展联合防治。

第二十九条 市生态环境主管部门应当与株洲市、湘潭市的相关部门加强机动车和非道路移动机械排放污染防治合作，通过区域会商、信息共享、联合执法、重污染天气应对、科研合作等方式，逐步提高区域机动车和非道路移动机械排放污染防治水平。

第三十条 市人民政府与株洲市、湘潭市人民政府共同建立机动车和非道路移动机械登记、检测、超标排放等相关信息共享机制，对机动车、非道路移动机械超标排放进行协同监管。

第六章　法律责任

第三十二条　违反本条例第二十二条第二项规定,在禁止使用高排放非道路移动机械的区域使用高排放非道路移动机械的,由城市人民政府生态环境等主管部门责令停止使用,处每台车一千元以上五千元以下的罚款。

江苏省

江苏省大气污染防治条例(摘选)

(2015年2月1日江苏省第十二届人民代表大会第三次会议通过　根据2018年3月28日江苏省第十三届人民代表大会常务委员会第二次会议《关于修改〈江苏省大气污染防治条例〉等十六件地方性法规的决定》第一次修正　根据2018年11月23日江苏省第十三届人民代表大会常务委员会第六次会议《关于修改〈江苏省湖泊保护条例〉等十八件地方性法规的决定》第二次修正)

第四章　大气污染防治措施

第三节　机动车船以及非道路移动机械大气污染防治

第四十二条　县级以上地方人民政府应当按照国家和省有关规定,建立和完善机动车船以及非道路移动机械排气污染防治工作协调机制,采取提高控制标准、限期治理和更新淘汰等防治措施,保护和改善大气环境。

第五十条　非道路移动机械向大气排放污染物,应当符合国家和省规定的排放标准。非道路移动机械超过规定排放标准的,应当实施限期治理,经限期治理仍不符合排放标准的,由生态环境、住房和城乡建设、农机等行政主管部门责令停止使用。

城市人民政府可以根据大气环境质量状况,划定禁止高排放非道路移动机械使用的区域。

第五十一条　在用重型柴油车、非道路移动机械未安装污染控制装置或者污染控制装置不符合要求,不能达标排放的,应当加装或者更换符合要求的污染控制装置。

第五十二条　禁止生产、进口、销售不符合标准的机动车船、非道路移动机械用燃料;

禁止向汽车和摩托车销售普通柴油以及其他非机动车用燃料；禁止向非道路移动机械、内河和江海直达船舶销售渣油和重油。

第五十三条 发动机油、氮氧化物还原剂、燃料和润滑油添加剂以及其他添加剂的有害物质含量和其他大气环境保护指标，应当符合有关标准的要求，不得损害机动车船污染控制装置效果和耐久性，不得增加新的大气污染物排放。

第七章　法律责任

第九十一条 违反本条例第五十条第二款规定，在禁止区域内使用高排放非道路移动机械的，由生态环境行政主管部门责令限期改正，可以处一万元以上五万元以下罚款。

第九十二条 违反本条例第五十一条规定，在用重型柴油车、非道路移动机械未按照规定加装、更换污染控制装置的，由生态环境等行政主管部门按照职责责令改正，处五千元罚款。

第九十三条 违反本条例第五十二条、第五十三条规定，进口不符合标准的机动车船和非道路移动机械用燃料、发动机油、氮氧化物还原剂、燃料和润滑油添加剂以及其他添加剂的，由海关依据《中华人民共和国大气污染防治法》有关规定予以处罚。

南京市大气污染防治条例（摘选）

（2018 年 12 月 21 日南京市第十六届人民代表大会常务委员会第十次会议通过，2019 年 1 月 9 日江苏省第十三届人民代表大会常务委员会第七次会议批准）

第四章　大气污染防治措施

第二节　机动车船及非道路移动机械大气污染防治

第三十八条 生态环境主管部门应当建立网上信息平台，将非道路移动机械的名称、类别、数量、污染物排放等信息纳入平台统一管理并对外公布。非道路移动机械的所有人或者使用人应当向所在地生态环境主管部门及时报送相关信息。生态环境主管部门应当按照国家规定制发非道路移动机械环保标识。

在本市行政区域内使用的非道路移动机械应当安装尾气排放在线监控装置和电子定位系统并保证正常运行。生态环境主管部门可以采用电子标签、电子围栏、排气监控等技术手段予以实时监控。

第三十九条 在本市行政区域内使用的非道路移动机械不得超标排放大气污染物，不得排放黑烟等明显可视污染物。

建设项目环境影响评价文件应当明确项目施工过程中使用非道路移动机械的大气污染防治措施。

政府部门、国有企业在采购设备或者机械时，应当在招标文件中明确要求市政工程机械、企业内部机械、港口码头作业机械等满足本市执行的排放标准，优先使用清洁能源机械。

第六章　法律责任

第六十四条　违反本条例第三十八条规定，未在信息平台上报送非道路移动机械相关信息，或者未按照规定安装在线监控装置和电子定位系统并保证正常运行的，由生态环境主管部门责令改正，处二千元罚款。

徐州市大气污染防治条例（摘选）

（2019 年 2 月 28 日徐州市第十六届人民代表大会常务委员会第二十四次会议通过，2019 年 3 月 29 日江苏省第十三届人民代表大会常务委员会第八次会议批准）

第一章　总则

第四条　市、县（市）、区人民政府对本行政区域内的大气环境质量负责。

市、县（市）、区人民政府应当建立健全大气污染防治协调机制，由本级人民政府负责人召集，定期召开会议，统筹协调处理以下事项：

（三）协调推进扬尘和机动车船、非道路移动机械等大气污染防治工作；

第五章　其他大气污染防治

第三十三条　市、县（市）、铜山区、贾汪区人民政府应当根据机动车排气污染防治需要制定相关政策，建设相应的基础设施，推广新能源机动车船以及非道路移动机械。支持公共交通、环境卫生、邮政、电力、物流配送等行业用车，港口、机场、铁路货场作业用车和通勤、公务用车率先使用新能源机动车船以及非道路移动机械。

第四十一条　在大气受到严重污染，发生或者可能发生危害人体健康和安全的紧急情况时，市、县（市）、区人民政府应当根据确定的重污染天气预警等级，及时启动应急预案，根据应急需要，有针对性地实施下列应急响应措施：

（七）停止或者限制非道路移动机械的使用；

江苏省机动车和非道路移动机械排气污染防治条例（摘选）

（江苏省第十三届人民代表大会常务委员会第三十三次会议于 2022 年 11 月 25 日通过）

第一章　总则

第一条　为了防治机动车和非道路移动机械排气污染，保护和改善大气环境，保障公众健康，推动实现碳达峰碳中和，推进生态文明建设，促进经济社会高质量发展，根据《中华人民共和国大气污染防治法》等法律、行政法规，结合本省实际，制定本条例。

第二条　本省行政区域内机动车和非道路移动机械排气污染的预防和控制，使用、检验和维护，及其监督管理等活动，适用本条例。

本条例所称机动车，是指由内燃机驱动的上道路行驶的车辆，拖拉机除外。

本条例所称非道路移动机械，是指装配有发动机的移动机械和可运输工业设备，包括工业钻探设备、工程机械、农业机械、林业机械、渔业机械、材料装卸机械、雪犁装备、机场地勤设备、空气压缩机、发电机组等。

本条例所称机动车和非道路移动机械排气污染，是指由机动车和非道路移动机械排气管、曲轴箱和燃料系统向大气排放各种污染物所造成的污染。

第三条　机动车和非道路移动机械排气污染防治坚持源头防范、标本兼治、突出重点、综合治理、区域协同、整体推进的原则。

第四条　县级以上地方人民政府应当加强对机动车和非道路移动机械排气污染防治工作的领导，将其纳入生态环境保护规划、大气污染防治规划和交通运输规划，围绕减污降碳目标完善政策措施，加大财政投入，明确专门机构，推动数据共享，实施目标考核，提升机动车和非道路移动机械排气污染防治监督管理能力。

县级以上地方人民政府大气污染防治联席会议机制应当定期研究部署、推动落实机动车和非道路移动机械排气污染防治工作。

第五条　生态环境主管部门对本行政区域内机动车和非道路移动机械排气污染防治工作实施统一监督管理。

发展改革（能源）、工业和信息化、公安、自然资源、住房和城乡建设、交通运输、水利、农业农村、商务、市场监督管理等有关部门，按照各自职责做好机动车和非道路移动机械排气污染防治相关工作。

第六条　地方各级人民政府及有关部门应当加强机动车和非道路移动机械排气污染防治宣传教育。鼓励和支持新闻媒体等开展相关公益宣传。

第八条　鼓励单位和个人举报违反本条例规定的行为。生态环境主管部门和有关部门接到举报的，应当及时处理并对举报人的相关信息予以保密；对实名举报的，应当反馈处理结果等情况；查证属实的，处理结果依法向社会公开，并对举报人给予奖励。

第二章 预防和控制

第十条 县级以上地方人民政府应当加大节能环保型、新能源机动车和非道路移动机械推广使用力度，支持充换电站、加氢站等新能源基础设施的规划、建设和运营，采取提供通行便利、停车收费优惠等措施优化新能源机动车使用环境。

新增、更新公交、出租、环卫、邮政等用于保障城市运行的机动车，轻型物流配送车，用于园林、环卫作业的非道路移动机械，以及港口、机场、铁路货场、物流园区和产业园区内部作业机动车和非道路移动机械，应当主要使用新能源机动车和非道路移动机械。

第十三条 县级以上地方人民政府及其有关部门可以采取给予经济补偿、依法限制使用等措施，逐步推进高排放机动车和非道路移动机械提前淘汰。

第十五条 设区的市、县（市）人民政府可以根据大气环境质量状况，划定并公布禁止使用高排放非道路移动机械的区域。

高排放非道路移动机械的范围由省人民政府结合大气污染防治工作需要，根据国家有关要求确定，并向社会公布。

第十六条 禁止生产、进口、销售大气污染物排放超过标准的机动车和非道路移动机械。

机动车和非道路移动机械生产、进口企业应当向社会公开其生产、进口的机动车和非道路移动机械的排放检验信息和污染控制技术信息等环保信息，并对信息的真实性、准确性、及时性、完整性负责。

机动车和非道路移动机械生产、进口企业应当保证生产、进口的机动车和非道路移动机械产品污染控制技术信息与公开的环保信息一致。禁止伪造环保随车清单。

第十七条 在本省生产、销售的重型柴油车、重型燃气车和国家相关标准要求安装远程排放管理车载终端的非道路移动机械，应当安装远程排放管理车载终端，并与生态环境主管部门联网。

引导、支持在用工程机械安装精准定位系统和远程排放管理车载终端，并与生态环境主管部门联网。

第十九条 本省实行非道路移动机械信息编码登记制度。生态环境主管部门建立非道路移动机械登记管理平台，对纳入排气污染防治重点管理目录的非道路移动机械（以下简称重点管理非道路移动机械）实施统一编码管理，数据信息全省共享。

在本省使用的重点管理非道路移动机械应当按照国家和省有关规定进行信息编码登记、变更及注销，并保证真实性和准确性；按照有关法律、法规规定实行登记管理的特种设备、农业机械等非道路移动机械，登记部门应当与生态环境主管部门共享相关信息。

重点管理非道路移动机械的范围和编码管理办法，由省生态环境主管部门会同省有关部门制定并公布。

第二十条 机动车和非道路移动机械所有人、使用人应当确保在用机动车和非道路移动机械的污染控制装置、车载排放诊断系统、远程排放管理车载终端等设备和装置正常使用，不得擅自拆除、闲置、改装污染控制装置或者破坏车载排放诊断系统。

任何单位和个人不得干扰远程排放管理车载终端的功能，不得伪造、擅自删除或者修改远程排放管理车载终端中的数据。

第二十一条 在本省生产、进口、销售的机动车和非道路移动机械用燃料应当符合有关标准。

运输企业、非道路移动机械的使用单位等机动车和非道路移动机械的所有人、使用人，应当使用符合有关标准的燃料、发动机油、氮氧化物还原剂、燃料和润滑油添加剂以及其他添加剂。鼓励使用优质的机动车和非道路移动机械用燃料。

第三章　使用、检验和维护

第二十二条 机动车、非道路移动机械不得超过标准排放大气污染物。

机动车、非道路移动机械的所有人、使用人应当履行保证机动车、非道路移动机械大气污染物达标排放的义务。

机动车、非道路移动机械排放黑烟等明显可视污染物或者车载排放诊断系统报警的，其所有人、使用人应当及时维修。

第二十四条 在用机动车和非道路移动机械排放黑烟等明显可视污染物的，按照国家有关标准判定排放不合格。

第三十二条 鼓励重点管理非道路移动机械所有人、使用人委托排放检测机构进行排放检测。重点管理非道路移动机械凭检测达标报告，且现场未排放黑烟等明显可视污染物，一年内免予监督检测。

第三十三条 对机动车、非道路移动机械进行现场检测、遥感监测的机构应当依法通过资质认定，使用经检定合格的检测设备，配备符合国家规定的专业技术人员，按照国务院生态环境主管部门制定的规范，对机动车、非道路移动机械进行排放检测。

从事机动车、非道路移动机械现场检测、遥感监测的机构及其负责人对检测数据的真实性和准确性负责，不得出具虚假检测报告。

第三十四条 在用重型柴油车、非道路移动机械未安装污染控制装置或者污染控制装置不符合要求，不能达标排放的，应当加装或者更换符合要求的污染控制装置。

第四章　监督管理

第三十五条 省生态环境主管部门可以通过现场检查、抽样检测等方式，加强对新生产、销售机动车和非道路移动机械大气污染物排放状况的监督检查。省工业和信息化、市场监督管理等有关部门予以配合。

省生态环境主管部门可以委托设区的市生态环境主管部门对新生产、销售机动车和非道路移动机械大气污染物排放状况实施监督检查。

新生产、销售机动车和非道路移动机械的企业应当配合现场检查、抽样检测等工作。

第三十六条（第一款、第二款略）

生态环境主管部门应当会同住房和城乡建设、交通运输、水利、农业农村等有关部门，在使用地、停放地、维修地对重点管理非道路移动机械的大气污染物排放状况进行监督检查，排放不合格的，不得使用。

生态环境主管部门开展监督检查时，可以委托符合本条例第三十三条规定的检测机构进行机动车和非道路移动机械大气污染物排放状况检测。

第三十八条 生态环境主管部门、市场监督管理部门应当加强联合监管，按照职责对机动车和非道路移动机械实施排放检验检测的机构开展"双随机、一公开"监督检查。对有不良记录的，应当增加监督检查频次。监督检查情况应当依法向社会公开，接受公众监督。

第三十九条 县级以上地方人民政府应当组织发展改革、公安、生态环境、市场监督管理等有关部门，建立联防联控工作机制，依法查处生产销售不合格油品等行为。

第四十条 市场监督管理部门依法对生产、销售的机动车和非道路移动机械用燃料、发动机油、氮氧化物还原剂、燃料和润滑油添加剂以及其他添加剂的质量，机动车排放检验设备是否符合有关标准进行监督检查。

生态环境主管部门应当对机动车排放检验设备的配套软件是否符合标准、规范进行监督检查。

第四十一条 设区的市、县（市）人民政府确定的部门对运输企业、非道路移动机械的使用单位使用不符合有关标准的燃料、发动机油、氮氧化物还原剂、燃料和润滑油添加剂以及其他添加剂等行为开展监督检查。

第四十三条 生态环境主管部门应当逐步通过电子标签、电子围栏、远程排放管理系统等信息化手段，对非道路移动机械的大气污染物排放状况进行监督管理。

第四十四条 生态环境等有关部门依法对机动车和非道路移动机械排气污染防治情况进行监督检查时，被检查的单位和个人应当如实反映情况，提供有关资料，不得拒绝、阻挠。

第四十六条（第一款略）

发展改革（能源）、工业和信息化、公安、生态环境、住房和城乡建设、交通运输、水利、农业农村、市场监督管理等有关部门，应当将排放检验检测机构、汽车排放性能维护（维修）站、机动车生产企业、机动车营运企业、施工单位、运输企业、非道路移动机械的使用单位的相关违法失信行为以及行政处罚结果，纳入信用信息共享平台、国家企业信用信息公示系统，依法实施失信惩戒。

第四十七条　省、设区的市生态环境主管部门应当会同公安、工业和信息化、住房和城乡建设、交通运输、水利、农业农村、市场监督管理等部门，依托公共数据平台建立机动车和非道路移动机械排气污染防治数据信息传输系统及动态共享数据库，及时传送数据信息，实现数据共享。

机动车和非道路移动机械排气污染防治的数据信息包括机动车注册登记、非道路移动机械编码登记、道路交通流量流速、在本省使用的外省机动车、机动车排放定期检验和监督抽测、机动车排放达标维修治理，以及燃料、发动机油、氮氧化物还原剂、燃料和润滑油添加剂以及其他添加剂管理等相关数据。

第四十八条　生态环境主管部门应当公开举报方式，依法处理对机动车、非道路移动机械排气污染违法行为以及机动车排放检验检测机构违法行为的举报。

生态环境主管部门可以聘任社会监督员，协助开展对机动车、非道路移动机械排气污染违法行为以及机动车排放检验检测机构违法行为的监督。

第四十九条　省生态环境主管部门应当与长江三角洲区域及其他相邻省（市）生态环境主管部门建立协作机制，加强机动车和非道路移动机械排放污染防治工作协作，通过区域会商、信息共享、科研合作等方式，提高区域大气污染防治水平。

第五章　法律责任

第五十条　对违反本条例规定的行为，有关法律、行政法规已有处罚规定的，从其规定。

第五十一条　违反本条例第十六条第二款规定，非道路移动机械生产、进口企业未向社会公布其生产、进口的非道路移动机械的排放检验信息或者污染控制技术信息等环保信息的，由省生态环境主管部门责令改正，处五万元以上五十万元以下罚款。

违反本条例第十六条第三款规定，机动车、非道路移动机械生产、进口企业产品污染控制技术信息与公开的环保信息不一致，或者伪造环保随车清单的，由省生态环境主管部门责令改正，可以处五万元以上五十万元以下罚款。

第五十三条　违反本条例第十九条规定，重点管理非道路移动机械未按照规定进行信息编码登记的，由生态环境主管部门责令限期改正；逾期未改正的，处每台非道路移动机械一千元以上三千元以下罚款。

第五十四条　违反本条例第二十条规定，有下列情形之一的，由生态环境主管部门责令改正，处每辆机动车或者每台非道路移动机械一千元以上三千元以下罚款：

（一）擅自拆除、闲置、改装污染控制装置；

（二）破坏车载排放诊断系统；

（三）干扰远程排放管理车载终端的功能；

（四）伪造、擅自删除、修改远程排放管理车载终端数据。

第五十五条 违反本条例第二十一条第二款规定，运输企业、非道路移动机械的使用单位使用不符合有关标准的燃料、氮氧化物还原剂的，由设区的市、县（市）人民政府确定的部门责令停止使用；对知道或者应当知道所使用的产品不符合有关标准的，处违法使用的产品（包括已使用和尚未使用的产品）的货值金额等值以上三倍以下罚款。

第六十条 地方各级人民政府、生态环境主管部门或者其他负有机动车和非道路移动机械排气污染防治监督管理职责的部门，在机动车和非道路移动机械排气污染防治工作中滥用职权、玩忽职守、徇私舞弊的，对直接负责的主管人员和其他直接责任人员依法给予处分。

浙江省

浙江省大气污染防治条例（摘选）

（2003 年 6 月 27 日浙江省第十届人民代表大会常务委员会第四次会议通过 2016 年 5 月 27 日浙江省第十二届人民代表大会常务委员会第二十九次会议修订）

第三章 防治措施

第三十八条（第一款略）

市、县人民政府应当采取划定限制或者禁止通行区域、经济补偿等措施逐步淘汰排放标准较低的机动车；推进集装箱机动车等在用重型柴油车、高排放非道路移动机械、港区内的运输车辆和装卸机械等港区作业设备使用清洁能源。具体办法由省人民政府规定。

第三十九条 市、县人民政府根据本行政区域大气污染防治的需要，可以规定限制、禁止机动车和非道路移动机械通行的类型、区域和时间，并向社会公告。

杭州市大气污染防治规定（摘选）

（2016 年 6 月 24 日杭州市第十二届人民代表大会常务委员会第三十八次会议通过，
2016 年 7 月 29 日浙江省第十二届人民代表大会常务委员会第三十一次会议批准）

第十四条　在本市行政区域内销售的机动车和非道路移动机械，其大气污染物排放应当符合国家和省规定的排放标准，环保关键部件配置应当与国家环保型式核准证书内容一致。市环境保护主管部门受上级环境保护主管部门委托，可以会同经济和信息化、市场监督管理等部门通过现场抽样检查等形式实施抽检。在本市行政区域内，不得销售因质量原因在耐久性期限内不能稳定达标的机动车和非道路移动机械。

第十六条　在本市行政区域内使用的非道路移动机械排放大气污染物，不得超过规定的排放标准。

非道路移动机械的所有者或者使用者应当向区、县（市）环境保护主管部门申报非道路移动机械的种类、数量、使用场所等情况，定期参加排气检测。排放不合格的，不得使用。

承担非道路移动机械排气检测的检验机构应当向环境保护主管部门联网报送检测信息。

市人民政府可以根据大气环境质量状况，划定并公布禁止使用高排放非道路移动机械类型、区域。

第十九条　在本市行驶或者使用的机动车、船舶和非道路移动机械不得排放明显可见的黑烟。

第二十条　机动车和非道路移动机械所有者或者使用者应当保持排放污染控制装置正常使用，不得拆除、闲置或者擅自更改。

（第二款、第三款略）

市环境保护行政主管部门可以根据大气污染防治工作的需要，针对重型柴油车和非道路移动机械制定车载排放诊断系统在线接入管理办法并组织实施。机动车和非道路移动机械制造、进口、销售企业应当主动配合实施。

第二十一条（第一款、第二款略）

在本市使用的船舶和非道路移动机械使用的燃料应当执行与机动车同等的标准。

第二十二条　市和县（市）人民政府根据本行政区域大气环境质量状况和机动车排气污染程度，可以采取限制、禁止机动车和非道路移动机械通行的类型、区域和时间、暂停核发渣土运输许可证等措施，并向社会公告。

（第二款略）

第二十三条 环境保护主管部门应当会同交通运输、建设、农业、绿化等部门加强对非道路移动机械的大气污染防治的监督管理，可以在非道路移动机械集中停放地、维修地、施工工地等场地对非道路移动机械开展抽样检测。排放不合格的，不得使用。

第三十二条 违反本规定第十六条第四款规定，在禁止使用高排放非道路移动机械的区域使用高排放非道路移动机械的，由建设、农业、交通运输、环境保护等部门按照各自职责责令停止违法行为，对使用人处一万元以上十万元以下的罚款。

湖州市大气污染防治规定（摘选）

（2019年12月26日湖州市第八届人民代表大会常务委员会第二十四次会议通过，2020年3月26日经浙江省第十三届人民代表大会常务委员会第十九次会议批准）

第十五条 对排放黑烟明显的、被投诉举报的和经排气污染自动检测或者遥感监测筛选可能不符合规定排放限值标准的在用机动车、机动船舶、非道路移动机械，生态环境主管部门应当进行排气监督抽测。

（第二款略）

经排气监督抽测，不符合排放限值标准的非道路移动机械，不得使用。

第十六条 非道路移动机械实施编码登记和环保标牌管理制度，具体办法由市人民政府根据国家有关规定制定并公布。

非道路移动机械的所有人应当按照具体办法规定，向生态环境主管部门报送编码登记信息，悬挂环保标牌。

违反第二款规定，未报送编码登记信息的，由生态环境主管部门责令限期改正；逾期不改正的，处二百元以上二千元以下的罚款。未悬挂环保标牌作业使用的，由生态环境主管部门责令改正；拒不改正的，处二十元以上二百元以下的罚款。

第十七条 市、县人民政府根据本行政区域大气污染防治的需要，可以划定禁止使用高排放非道路移动机械的区域、时间，并向社会公告。

除应急抢险救灾外，在禁止区域、时间内使用高排放非道路移动机械的，由生态环境等主管部门按各自职责责令改正，处五千元以上五万元以下的罚款。

第十八条 销售、使用的机动车船和非道路移动机械用燃料、发动机油、氮氧化物还原剂、燃料和润滑油添加剂以及其他添加剂，应当符合国家、省的有关质量标准。

禁止无证无照销售、私自改装车船运输、私自储存机动车船、非道路移动机械用燃料。

违反第一款或者第二款规定的，由市场监督管理、交通运输等主管部门和公安机关依照有关法律、法规的规定予以行政处罚；构成犯罪的，依法追究刑事责任。

金华市大气污染防治规定（摘选）

（2020 年 4 月 23 日金华市第七届人民代表大会常务委员会第二十七次会议通过，
2020 年 7 月 31 日浙江省第十三届人民代表大会常务委员会第二十二次会议批准）

第十五条　在本市行政区域内使用的非道路移动机械应当安装污染控制装置，不得超过标准排放大气污染物。

对排放大气污染物明显的、被投诉举报的和经排气污染自动检测或者遥感监测筛选可能不符合规定排放限值标准的在用非道路移动机械，生态环境等主管部门应当进行排气监督抽测。

经排气监督抽测，不符合排放限值标准的非道路移动机械，由生态环境、交通运输、住房和城乡建设、农业农村、水行政等主管部门按照职责责令限期维修、重新进行排气污染检测。逾期未维修或者重新检测不符合排放限值标准的非道路移动机械，不得运营、使用。

违反第三款规定，逾期未维修或者重新检测不符合排放限值标准运营、使用的，由生态环境、交通运输、住房和城乡建设、农业农村、水行政等主管部门按照职责责令改正，处五千元罚款。

第十六条　非道路移动机械实施编码登记和环保标牌管理制度，具体办法由市人民政府根据国家有关规定制定并公布。

非道路移动机械的所有人应当按照具体办法规定，向生态环境主管部门报送编码登记信息，悬挂环保标牌。

违反第二款规定，未报送编码登记信息的，由生态环境主管部门责令限期改正；逾期不改正的，处二百元以上二千元以下的罚款。未悬挂环保标牌作业使用的，由生态环境主管部门责令改正；拒不改正的，处二十元以上二百元以下的罚款。

第十七条　市、县（市）人民政府可以根据大气环境质量状况，划定并公布禁止使用高排放非道路移动机械的类型、区域和时间。禁止使用高排放非道路移动机械的类型、区域和时间，由生态环境部门会同相关部门提出方案，报同级人民政府批准后公布。

违反前款规定，在禁止使用高排放非道路移动机械的区域使用高排放非道路移动机械的，由生态环境等主管部门责令改正，处五千元以上五万元以下的罚款。

第十八条　销售的机动车船和非道路移动机械用燃料、发动机油、氮氧化物还原剂、燃料和润滑油添加剂以及其他添加剂，应当符合国家、省的有关质量标准，禁止使用不合格油品。

禁止无证无照经营成品油、私自改装车辆运输销售成品油、私设油库贮存成品油。

宁波市大气污染防治条例（摘选）

（2016年2月26日宁波市第十四届人民代表大会第六次会议通过，2016年5月27日
浙江省第十二届人民代表大会常务委员会第二十九次会议批准）

第四章　机动车和船舶污染防治

第三十四条　公安、交通运输、环境保护、海事、市场监督管理、商务、农业、出入境检验检疫等部门根据各自职责，对机动车、船舶、非道路移动机械大气污染防治实施监督管理。

第三十六条　港区内运输的集装箱车辆和移动机械、装卸机械等码头作业设备应当使用新能源或者清洁能源。

市和县（市、区）人民政府应当采取措施加快推进集装箱车辆使用新能源或者清洁能源。

第三十七条　在本市行驶和使用的机动车、船舶和非道路移动机械向大气排放污染物，不得超过国家或者省规定的排放标准。

市人民政府可以根据大气污染防治的需要划定区域，限制、禁止高污染的车辆和非道路移动机械通行，并向社会公告。

山东省

山东省大气污染防治条例（摘选）

（2016年7月22日山东省第十二届人民代表大会常务委员会第二十二次会议通过　根据
2018年11月30日山东省第十三届人民代表大会常务委员会第七次会议《关于修改
〈山东省大气污染防治条例〉等四件地方性法规的决定》修正）

第三章　大气污染防治措施

第三节　机动车船以及非道路移动机械污染防治

第四十三条　机动船舶和非道路移动机械排放大气污染物，应当符合规定的排放标

准。鼓励、支持节能环保型机动船舶和非道路移动机械的推广使用，逐步淘汰高油耗、高排放的机动船舶和非道路移动机械。

第四十四条　在用重型柴油车、非道路移动机械未安装污染控制装置或者污染控制装置不符合要求，不能达标排放的，应当加装或者更换符合要求的污染控制装置。

生态环境主管部门应当会同交通运输、住房和城乡建设、农业农村、水利等有关部门对非道路移动机械的大气污染物排放状况进行监督检查，排放不合格的，不得使用。非道路移动机械应当接受排气污染检测。

城市人民政府可以根据大气环境质量状况，划定并公布禁止使用高排放非道路移动机械的区域。

第四十五条　县级以上人民政府生态环境部门应当会同交通运输、住房和城乡建设、农业农村、水利等部门，制定高油耗、高排放在用机动车船和非道路移动机械治理方案并报同级人民政府批准后组织实施。政府投资的建设项目应当优先使用符合最严格排放标准的非道路移动机械。

第四十六条　机动车、非道路移动机械生产企业应当对新生产的机动车和非道路移动机械进行排放检验。经检验合格的，方可出厂销售。检验信息应当向社会公开。未依法公开检验信息的，纳入环境信用评价系统。

东营市大气污染防治条例（摘选）

（2019 年 10 月 24 日东营市第八届人民代表大会常务委员会第 22 次会议通过，2019 年 11 月 29 日山东省第十三届人民代表大会常务委员会第十五次会议批准）

第三章　防治措施

第三十六条　在本市使用的非道路移动机械不得超过标准排放大气污染物，不得排放黑烟等可视污染物。

非道路移动机械所有人或者使用人应当按照规范对在用非道路移动机械进行维护检修。对超过标准排放大气污染物的，应当维修、加装或者更换符合要求的污染控制装置，使其达到规定的排放标准。

在用非道路移动机械经维修或者采用污染控制技术后，大气污染物排放仍不符合国家排放标准的，不得使用。

第三十七条　市、县（区）人民政府可以根据大气环境质量状况，划定并公布禁止使用高排放非道路移动机械的区域。

鼓励和支持高排放机动车、非道路移动机械提前报废。

第四章 法律责任

第五十二条（第二款）

伪造机动车、非道路移动机械、船舶排放检验结果或者出具虚假排放检验报告的，依照《中华人民共和国大气污染防治法》的有关规定进行处罚。

菏泽市大气污染防治条例（摘选）

（2016年8月30日菏泽市第十八届人民代表大会常务委员会第三十五次会议通过，2016年9月23日山东省第十二届人民代表大会常务委员会第二十三次会议批准）

第三章 大气污染防治措施

第三节 机动车船及非道路移动机械污染防治

第四十一条 按照国家规定对运营机动车船和非道路移动机械实行强制报废制度，达到国家规定年限的机动车船和非道路移动机械应当依法强制报废。

鼓励、支持高油耗、高排放机动车船、非道路移动机械提前报废。

第四十二条 市人民政府可以根据大气污染防治工作的需要，实施更严格的机动车船和非道路移动机械用燃料质量标准。

市场监督管理部门应当定期对机动车船和非道路移动机械用燃料质量进行监督检查，及时查处生产、销售不符合国家和省质量标准的燃料等违法行为，并将查处结果向社会公开。

第四十三条 机动车船和非道路移动机械排放的大气污染物应当符合国家、省规定的排放标准。对不符合规定的大气污染物排放标准的，公安交通管理部门、交通运输管理部门和农业机械管理部门不予办理登记。

在用机动车和非道路移动机械应当按照国家或者地方的有关规定，由大气污染物排放检验机构定期对其进行排放检验。经检验合格的，方可上道路行驶；未经检验或者检验不合格的，负有监督管理职责的相关部门不得核发安全技术检验合格标志和办理营运定期审验合格手续。

机动车和非道路移动机械排放检验机构及其负责人对检验数据的真实性和准确性负责。

禁止机动车和非道路移动机械所有人以临时更换污染控制装置等弄虚作假的方式通过排放检验。禁止机动车和非道路移动机械维修单位提供该类维修服务。禁止破坏机动车和非道路移动机械排放诊断系统。

第四章　法律责任

第六十七条　违反本条例规定，出具虚假机动车、非道路移动机械排放检验报告的，由市、县区人民政府环境保护主管部门没收违法所得，并处十万元以上五十万元以下的罚款；情节严重的，由负责资质认定的部门取消其检验资格。

违反本条例规定，以临时更换机动车和非道路移动机械污染控制装置等弄虚作假的方式通过排放检验或者破坏排放诊断系统的，机动车和非道路移动机械维修单位提供该类服务的，由市、县区人民政府环境保护主管部门责令改正，并对机动车和非道路移动机械所有人处五千元的罚款，对机动车和非道路移动机械维修单位处每辆五千元的罚款。

第六十八条　违反本条例规定，机动车驾驶人驾驶排放检验不合格的机动车上道路行驶的，由公安交通管理部门依法给予处罚。

违反本条例规定，使用排放不合格的非道路移动机械，由市、县区人民政府环境保护主管部门或者其他负有监督管理职责的部门责令改正，并处五千元的罚款。

济宁市大气污染防治条例（摘选）

（2016年8月31日济宁市第十六届人民代表大会常务委员会第四十四次会议通过，2016年9月23日山东省第十二届人民代表大会常务委员会第二十三次会议批准）

第二十一条（第二款）

市人民政府根据大气污染防治的需要划定区域，限制、禁止高污染的机动车、非道路移动机械通行和使用，并向社会公告。

第三十五条　违反本条例规定，销售不符合国家、省有关标准的机动车船、非道路移动机械用燃料、燃料清洁剂、燃料添加剂等的，由工商行政管理部门责令改正，没收燃料、燃料清洁剂、燃料添加剂等和违法所得，并处货值金额一倍以上三倍以下的罚款。

聊城市大气污染防治条例（摘选）

（2018 年 8 月 30 日聊城市第十七届人民代表大会常务委员会第十二次会议通过，
2018 年 9 月 21 日山东省第十三届人民代表大会常务委员会第五次会议批准）

第三章　大气污染防治措施

第三节　机动车及非道路移动机械污染防治

第四十一条　非道路移动机械所有人或者使用人应当遵守下列规定：

（一）非道路移动机械的所有人应当在新增非道路移动机械的三十日内向所在地县（市、区）环境保护主管部门报送非道路移动机械的名称、类别、数量、污染物排放等数据和资料，农用非道路移动机械的名称、类别、数量、污染物排放等数据和资料由所有人所在地的农机管理主管部门每季度末向县（市、区）环境保护主管部门集中申报；

（二）定期对作业机械进行维修养护和排放检测，保证作业机械达到规定的排放标准；

（三）对超标排放且经维修或者采用排放控制技术后仍不达标的机械，应当停止使用。

第六节　移动污染源联合防治

第六十四条（第一款、第二款略）

市、县（市、区）人民政府可以根据大气污染防治需要划定区域、时段，禁止或者限制使用非道路移动机械，并向社会公布。

临沂市大气污染防治条例（摘选）

（2020 年 10 月 28 日临沂市第十九届人民代表大会常务委员会第三十二次会议通过，
2020 年 11 月 27 日山东省第十三届人民代表大会常务委员会第二十四次会议批准）

第三章　防治措施

第三十五条　在本市行政区域内行驶的机动车和使用的非道路移动机械不得超标排放大气污染物，不得排放黑烟等明显可视污染物。

青岛市大气污染防治条例（摘选）

（2001 年 5 月 19 日青岛市第十二届人民代表大会常务委员会第二十七次会议通过，
2001 年 6 月 15 日山东省第九届人民代表大会常务委员会第二十一次会议批准）

第三十条 机动车船、非道路移动机械不得超过标准排放大气污染物。禁止生产、进口或者销售大气污染物排放超过标准的机动车船、非道路移动机械。

（第二款略）

市、区（市）人民政府可以根据大气环境质量状况，划定并公布禁止使用高排放非道路移动机械的区域。

禁止生产、进口、销售不符合标准的机动车船、非道路移动机械用燃料；禁止向汽车和摩托车销售普通柴油以及其他非机动车用燃料；禁止向非道路移动机械、内河和江海直达船舶销售渣油和重油。发动机油、氮氧化物还原剂、燃料和润滑油添加剂以及其他添加剂的有害物质含量和其他大气环境保护指标，应当符合有关标准要求，不得损害机动车船污染控制装置效果和耐久性，不得增加新的大气污染物排放。

日照市大气污染防治条例（摘选）

（2019 年 10 月 31 日日照市第十八届人民代表大会常务委员会第二十三次会议通过，
2019 年 11 月 29 日山东省第十三届人民代表大会常务委员会第十五次会议批准）

第三章　大气污染防治措施

第三节　机动车船以及非道路移动机械污染防治

第三十三条 非道路移动机械所有人或者使用人应当定期对作业机械进行维修养护和排放检测，保证作业机械达到规定的排放标准；超标排放且经维修或者采用排放控制技术后仍不达标的，应当停止使用。

第三十五条（第一款略）

港口企业应当按照规定禁止使用不符合排放标准的港内短倒车和港口作业机械。

济南市机动车和非道路移动机械排气污染防治条例（摘选）

（2019 年 12 月 11 日济南市第十七届人民代表大会常务委员会第八次会议通过，2020 年 1 月 15 日山东省第十三届人民代表大会常务委员会第十六次会议批准）

第一章　总则

第一条　为防治机动车和非道路移动机械排气污染，保护和改善大气环境，保障公众健康，推进生态文明建设，根据《中华人民共和国环境保护法》《中华人民共和国大气污染防治法》等法律、法规，结合本市实际，制定本条例。

第二条　本市行政区域内机动车和非道路移动机械排气污染防治，适用本条例。

第三条　机动车和非道路移动机械排气污染防治坚持源头治理、防治结合、信息公开、社会共治的原则。

市、区县人民政府应当建立健全机动车和非道路移动机械排气污染防治监督管理体系和工作协调机制，严格执行污染防治标准，并将污染防治工作纳入目标考核。

第四条　市生态环境主管部门负责机动车和非道路移动机械排气污染防治的统一监督管理，对行业主管部门的机动车和非道路移动机械排气污染防治管理工作进行协调和指导。

第五条　发展改革、工业和信息化、公安、自然资源和规划、住房和城乡建设、城市管理、城乡交通运输、城乡水务、农业农村、园林和林业绿化、商务、市场监督管理、大数据、人民防空、口岸和物流等相关部门，依照各自职责做好机动车和非道路移动机械排气污染防治管理工作。

第六条　市、区县人民政府应当推进智慧交通建设，优化道路设置和运输结构，提高城市道路通行能力，优先发展公共交通，加强步行、自行车交通系统建设，引导公众低碳、绿色出行。

第七条　本市采取财政支持、通行便利等方面措施推广应用新能源机动车和非道路移动机械，限制高排放、高能耗机动车和非道路移动机械的使用。

第八条　机动车和非道路移动机械的所有人、使用人应当增强大气环境保护意识，采取有效措施，减少机动车和非道路移动机械排气污染。

第九条　市、区县人民政府应当加强机动车和非道路移动机械排气污染防治的宣传教育工作，完善公众参与制度，营造保护大气环境的良好风气。新闻媒体应当充分发挥监督引导作用，积极开展相关法律法规和知识的宣传，对违法行为进行舆论监督。

第十条　公民、法人和其他组织有权对违反本条例规定的行为进行投诉举报。有关国家机关和单位接到投诉举报后，应当依法处理，并将处理结果及时反馈投诉举报人。

第二章　一般规定

第十一条　本市行政区域内的机动车和非道路移动机械排气污染防治应当执行国家标准、国务院和省有关规定。市生态环境主管部门应当及时将各类标准和相关规定向社会公布。

第十二条　在用机动车和非道路移动机械污染物排放不得超过本市执行的污染物排放标准。行驶的机动车和使用的非道路移动机械不得排放黑烟等明显可视污染物。

第十三条　在用机动车和非道路移动机械的所有人、使用人，应当保证装用的污染控制装置、车载排放诊断系统正常运行。

第十四条　本市推广使用优质的机动车和非道路移动机械用燃料。在本市生产、销售或者使用的燃料应当符合相关标准，运输企业和非道路移动机械使用单位不得使用不符合标准的燃料。

第十五条　市、区县人民政府采购公务用车应当优先采购新能源机动车，并逐步扩大新能源机动车使用范围。城市建成区内公交、环卫、邮政、出租、通勤、轻型物流配送等车辆新增或者更换的，应当优先使用新能源动力。机场、铁路货场等新增或者更换非道路移动机械的，应当优先使用新能源动力。

第十六条　市人民政府应当组织编制新能源机动车和非道路移动机械充电、加氢等配套基础设施建设专项规划，加快新能源相关配套基础设施建设。

在物流园、产业园、工业园、大型商业购物中心、农贸批发市场等物流集散地建设集中式充电桩和快速充电桩，为物流配送新能源机动车在城市通行提供便利。

第十七条　市生态环境主管部门应当会同城乡交通运输、住房和城乡建设、农业农村、城乡水务等相关部门，制定高排放在用机动车和非道路移动机械阶段性改善治理方案并报市人民政府批准公布后组织实施。

第十八条　市生态环境主管部门应当会同相关部门建立健全机动车和非道路移动机械排气污染防治监管机制和网络监控系统，实施对机动车和非道路移动机械污染物排放状况的监督检查。

市生态环境主管部门和其他相关部门应当依法向社会公开机动车和非道路移动机械排气污染防治信息。

第十九条　从事机动车和非道路移动机械检验、维修的单位、企业及相关行业协会应当加强自我管理、自我约束，规范行业发展。

第四章　非道路移动机械排气污染防治

第二十六条　本市实行非道路移动机械环保编码登记制度。

市生态环境主管部门应当对在本市使用的非道路移动机械的名称、类别、数量、排放标准等数据进行信息采集，建立环保编码管理信息系统并组织实施。

工业和信息化、住房和城乡建设、城市管理、城乡交通运输、城乡水务、农业农村、园林和林业绿化、口岸和物流等相关行业主管部门，应当组织、督促本行业使用的非道路移动机械在环保编码管理信息系统上进行编码登记，并将污染物排放达标情况纳入日常管理。

第二十七条 政府投资的建设项目应当优先使用符合最严格污染物排放标准的非道路移动机械。

第二十八条 生产建设单位、施工单位应当使用符合国家阶段性污染物排放标准的非道路移动机械，禁止使用经检验排放不合格的非道路移动机械。

生产建设单位在生产建设活动中，应当明确要求施工单位使用符合污染物排放标准的非道路移动机械。租赁经营者不得出租或者出借超标排放的非道路移动机械。

第二十九条 市生态环境主管部门应当逐步通过电子标签、电子围栏、远程排放管理系统等手段对非道路移动机械的污染物排放状况进行监督管理。

第三十条 市生态环境主管部门应当会同相关行业主管部门对非道路移动机械污染物排放状况进行监督检查，经检验排放不合格的，责令停止使用，并予以处理后撤场维修，检验合格后方可使用。

第三十一条 市人民政府可以根据本市大气环境质量状况，划定高排放非道路移动机械禁止使用区域，并提前向社会公告。

前款禁止区域内非道路移动机械的类型、污染物排放标准依据法律法规和国家标准确定。

第五章 法律责任

第三十三条 违反本条例规定，行驶的机动车排放黑烟等明显可视污染物的，由公安机关交通管理部门责令限期维修，处二百元罚款；使用的非道路移动机械排放黑烟等明显可视污染物的，由市生态环境主管部门责令限期维修，处二百元罚款。

第三十五条 违反本条例规定，在禁止使用高排放非道路移动机械的区域使用高排放非道路移动机械的，由市生态环境主管部门责令改正，处五百元罚款。

陕西省

陕西省大气污染防治条例（摘选）

（2013 年 11 月 29 日陕西省第十二届人民代表大会常务委员会第六次会议通过　根据 2017 年 7 月 27 日陕西省第十二届人民代表大会常务委员会第三十六次会议《关于修改〈陕西省大气污染防治条例〉等七部地方性法规的决定》第一次修正　根据 2019 年 7 月 31 日陕西省第十三届人民代表大会常务委员会第十二次会议《关于修改〈陕西省产品质量监督管理条例〉等二十七部地方性法规的决定》第二次修正）

第三章　防治措施

第三节　交通运输大气污染防治

第四十七条　农业机械、工程机械等非道路用动力机械向大气排放污染物应当符合国家或者本省规定的排放标准。非道路用动力机械超过规定排放标准的，应当限期治理，经治理仍不符合规定标准的，由县级以上生态环境、住房和城乡建设、农业机械等行政主管部门责令停止使用。

第四十八条　设区市人民政府应当实施老旧机动车强制报废制度，采取措施引导、鼓励、支持淘汰大气污染物高排放的机动车（含三轮汽车、低速货车）和非道路用动力机械。

西安市机动车和非道路移动机械排气污染防治条例（摘选）

（2009 年 4 月 29 日西安市第十四届人民代表大会常务委员会第十五次会议通过，2009 年 5 月 27 日陕西省第十一届人民代表大会常务委员会第八次会议批准　根据 2010 年 7 月 15 日西安市第十四届人民代表大会常务委员会第二十三次会议通过，2010 年 9 月 29 日陕西省第十一届人民代表大会常务委员会第十八次会议批准的《西安市人民代表大会常务委员会关于修改部分地方性法规的决定》第一次修正　2015 年 8 月 26 日西安市第十五届人民代表大会常务委员会第二十六次会议修订通过，2015 年 11 月 19 日陕西省第十二届人民代表大会常务委员会第二十三次会议批准　根据 2016 年 12 月 22 日西安市第十五届人民代表大会常务委员会第三十六次会议通过，2017 年 3 月 30 日陕西省第十二届人民代表大会常务委员会第三十三次会议批准的《西安市人民代表大会常务委员会关于修改〈西安市保护消费者合法权益条例〉等49部地方性法规的决定》第二次修正　2020年10月21日西安市第十六届人民代表大会常务委员会第三十七次会议修订通过，2020年11月26日陕西省第十三届人民代表大会常务委员会第二十三次会议批准）

第一章　总则

第一条　为了防治机动车和非道路移动机械排气污染，保护和改善大气环境，保障公众健康，推进生态文明建设，根据《中华人民共和国大气污染防治法》《陕西省大气污染防治条例》等有关法律、法规，结合本市实际，制定本条例。

第二条　本市行政区域内的机动车和非道路移动机械排气污染防治适用本条例。

第三条　本条例所称机动车和非道路移动机械排气污染，是指由排气管、曲轴箱和燃油燃气系统向大气排放、蒸发污染物所造成的污染。

第四条　机动车和非道路移动机械排气污染防治坚持源头防控、综合治理、公众参与、超排担责的原则。

第五条　市人民政府应当制定、实施机动车和非道路移动机械排气污染防治规划，健全监督管理体系，控制污染物排放总量，保障经费投入，并将污染防治工作纳入年度目标责任考核。

市人民政府应当建立机动车和非道路移动机械排气污染防治工作协调机制，研究解决污染防治工作中的重大问题。

第六条　市人民政府应当组织生态环境、公安、交通、住建、农业等部门建立机动车和非道路移动机械排气污染防治信息共享机制，实现排放检验、监督抽测、超标查处、维修治理等信息共享。

第七条　市生态环境主管部门对机动车和非道路移动机械排气污染防治实施统一监督管理。

区县生态环境主管部门负责辖区内机动车和非道路移动机械排气污染防治的监督管理。

公安、交通、市场监管、商务、住建、城管、水行政、农业、发改、工信、科技等部门，按照各自职责，做好机动车和非道路移动机械的排气污染防治工作。

第八条　机关、团体、企业事业单位及其他组织应当加强机动车和非道路移动机械排气污染防治宣传教育，倡导有利于改善环境质量的出行方式，提高公众污染防治意识。

第九条　市、区县人民政府应当优先发展绿色公共交通，支持生产、销售、使用节能环保型和清洁能源型机动车、非道路移动机械，促进配套设施建设。

鼓励机动车和非道路移动机械排气污染防治先进技术的科学研究和开发应用。

第十条　任何单位和个人有权对违反本条例规定的行为进行投诉举报。接到投诉举报的有关部门应当依法及时处理，并将处理结果反馈投诉举报人。

第二章　一般规定

第十一条　本市机动车和非道路移动机械的污染物排放及其防治执行国家标准、国家和本省有关规定。

第十二条　本市生产企业生产的机动车和非道路移动机械应当达到国家规定的污染物排放标准，并按照规定公开环保信息。

第十三条　禁止销售未达到本市执行的污染物排放标准或者未公开环保信息的机动车和非道路移动机械。

第十四条　在本市行驶的机动车和使用的非道路移动机械的污染物排放应当达到本市执行的排放标准，不得排放黑烟等其他明显可视污染物。

机动车和非道路移动机械所有人或者使用人，应当保证机动车和非道路移动机械排气系统及其污染控制装置符合有关要求，并进行排放检测和维修保养，确保达标排放。

第十五条　从事机动车或者非道路移动机械租赁的经营者，不得租赁、出借超标排放的机动车或者非道路移动机械。

第十六条　禁止销售、使用不符合本市执行标准的机动车或者非道路移动机械燃料、发动机油、氮氧化物还原剂、润滑油添加剂及其他添加剂。

前款所列产品的经营者应当明示所销售产品的质量标准。

第十七条　加油加气站、储油储气库和油罐车、气罐车应当按照国家有关规定配套安装油气回收装置，并保证正常使用。

任何单位和个人不得擅自拆除、闲置、更改油气回收装置。

第十八条　本市注册登记的重型柴油车、重型燃气车和使用的非道路移动机械应当按照国家规定，安装远程排放监控设备和精准定位系统，并与生态环境主管部门联网。

第十九条　市人民政府应当加强报废机动车回收管理，采取经济补偿、限制使用、加强超标排放监管等措施，引导、鼓励、支持淘汰高排放机动车和非道路移动机械。

第二十条　从事客运、物流、环卫、邮政、驾驶培训、工程施工、金融押运和危险品运输的单位，应当建立机动车和非道路移动机械排放大气污染物防治责任制度，配备符合排放标准的车辆或者非道路移动机械，并向所在地生态环境主管部门报送车辆和机械的型号、类别、数量、污染物排放状况等相关资料，及时维护治理或者更新，确保本单位车辆或者非道路移动机械符合相关排放标准。

第二十一条　公务车辆、保障城市运行及管理的车辆和大型场站内的非道路移动机械应当优先使用节能环保型和清洁能源型，逐步淘汰高排放机动车和非道路移动机械。

山西省

山西省大气污染防治条例（摘选）

（1996 年 12 月 3 日山西省第八届人民代表大会常务委员会第二十五次会议通过　根据 2007 年 3 月 30 日山西省第十届人民代表大会常务委员会第二十九次会议关于修改《山西省大气污染防治条例》的决定修正　2018 年 11 月 30 日山西省第十三届人民代表大会常务委员会第七次会议修订）

第三章　防治措施

第三节　机动车和非道路移动机械污染防治

第三十九条　在用重型柴油车、非道路移动机械未安装污染控制装置或者污染控制装置不符合要求，不能达到国家和本省规定的排放标准的，应当加装或者更换符合要求的污染控制装置。

长治市大气污染防治条例（摘选）

（2018 年 11 月 19 日长治市第十四届人民代表大会常务委员会第十七次会议通过，2019 年 1 月 20 日山西省第十三届人民代表大会常务委员会第八次会议批准）

第三章　防治措施

第四节　机动车及非道路移动机械污染防治

第三十二条　非道路移动机械所有人或者使用人应当遵守下列规定：

（一）非道路移动机械的所有人应当在新增非道路移动机械的三十日内向所在地县（区）人民政府生态环境主管部门报送非道路移动机械的名称、类别、数量、污染物排放等数据和资料，农用非道路移动机械的名称、类别、数量、污染物排放等数据和资料由所有人所在地人民政府农机管理主管部门每季度末向县（区）人民政府生态环境主管部门集中申报；

（二）对超标排放且经维修或者采用排放控制技术后仍不达标的机械，应当停止使用。

工业企业、施工单位、货运企业、城市环境卫生管理单位等拥有非道路移动机械的单位和个人，不得使用非道路移动机械从事道路运输业务。

第四章　法律责任

第四十条　违反本条例规定，使用排放不合格的非道路移动机械的，由市、县（区）人民政府生态环境主管部门责令限期改正，并处五千元的罚款。

晋城市大气污染防治条例（摘选）

（2018 年 8 月 31 日晋城市第七届人民代表大会常务委员会第十七次会议通过，2018 年 11 月 30 日山西省第十三届人民代表大会常务委员会第七次会议批准　根据 2019 年 12 月 31 日晋城市第七届人民代表大会常务委员会第二十九次会议《关于修改〈晋城市大气污染防治条例〉的决定》修正）

第三章　防治措施

第十九条　市环境保护主管部门可以依法委托其所属的市机动车排气污染管理机构会同有关部门对机动车和非道路移动机械排气污染防治进行监督管理。

县（市、区）环境保护主管部门会同有关部门负责辖区内机动车和非道路移动机械排气污染防治的监督管理并组织实施相关工作。

临汾市大气污染防治条例（摘选）

（2019 年 10 月 25 日临汾市第四届人民代表大会常务委员会第三十三次会议通过）

第三章　防治措施

第三节　机动车和非道路移动机械污染防治

第三十四条　机动车和非道路移动机械排气污染的相关行政管理部门应当按照下列

规定，履行监督管理职责：

（四）市场监督管理部门负责对机动车生产企业的产品质量、机动车排放检验机构的资质以及机动车排气污染治理维修企业的计量器具进行监督管理，负责对机动车、非道路移动机械、车用燃料、润滑油和添加剂的销售活动进行监督管理；

（六）农业农村、住建、城市管理等行政管理部门应当配合生态环境主管部门，按照各自职责，加强对非道路移动机械排气污染的监督管理。

第三十七条 市、县（市、区）人民政府可以根据大气环境状况，划定并公布禁止使用高排放非道路移动机械的区域，以及柴油车禁限行区域、路线和时段。

第四十一条 从事非道路移动机械租赁的经营者，不得租赁或者外借超过本市执行的污染物排放标准的非道路移动机械。

第五章 法律责任

第六十四条 违反本条例规定，在禁止区域内使用高排放非道路移动机械的，由生态环境等主管部门依法予以处罚。

朔州市大气污染防治条例（摘选）

（2019 年 10 月 25 日朔州市第六届人民代表大会常务委员会第三十七次会议通过，2019 年 11 月 29 日山西省第十三届人民代表大会常务委员会第十四次会议批准）

第三章 防治措施

第二节 机动车和非道路移动机械污染防治

第十九条 机动车、非道路移动机械不得超过标准排放大气污染物。

禁止生产、进口、销售大气污染物排放超过标准的机动车以及非道路移动机械。

市、县（市、区）生态环境主管部门应当会同有关部门对机动车和非道路移动机械排气污染防治进行监督管理。

第二十四条 市人民政府根据城市规划合理控制燃油机动车保有量，鼓励提前报废高排放机动车和非道路移动机械，鼓励发展节能环保型和新能源、清洁能源车，加快新能源车与清洁能源车的配套设施建设。

阳泉市大气污染防治条例（摘选）

（2018 年 10 月 30 日阳泉市第十五届人民代表大会常务委员会第十七次会议通过，
2018 年 11 月 30 日经山西省第十三届人民代表大会常务委员会第七次会议批准）

第三节　机动车和非道路移动机械污染防治

第二十四条　机动车、非道路移动机械不得超过标准排放大气污染物。

禁止生产、进口或者销售大气污染物排放超过标准的机动车以及挖掘机、装载机、平地机、铺路机、压路机、叉车等非道路移动机械。

第二十九条　市人民政府根据城市规划合理控制燃油机动车保有量，鼓励提前报废高排放机动车和非道路移动机械，鼓励发展节能环保型和新能源、清洁能源车，加快新能源车与清洁能源车的配套设施建设。

运城市大气污染防治条例（摘选）

（2019 年 8 月 28 日运城市第四届人民代表大会常务委员会第三十一次会议通过，
2019 年 11 月 29 日山西省第十三届人民代表大会常务委员会第十四次会议批准）

第十三条　市、县（市、区）人民政府应当将机动车和非道路移动机械排放污染防治工作纳入本行政区域大气污染防治规划、交通运输规划和城市规划，制定排放污染防治措施，加大排放污染防治投入，加强排放污染监督管理。

第十六条　在本市行政区域内使用的非道路移动机械，不得超过规定的排放标准，不得排放明显可见的黑烟。

市、县（市、区）人民政府应当划定并公布禁止使用高排放非道路移动机械的区域，并根据本行政区域大气环境质量改善要求，逐步扩大禁止使用高排放非道路移动机械区域的范围。

非道路移动机械的所有者应当向生态环境主管部门申报非道路移动机械的型号、种类、数量等基本信息。

在禁止使用高排放非道路移动机械的区域内使用排放合格的非道路移动机械的，应当向生态环境或者其他负有监督管理职责的部门申报非道路移动机械的型号、种类、数量、使用时间等信息。

生态环境主管部门应当会同其他负有监督管理职责的部门，共同加强对非道路移动机械使用的监督检查。

第十七条　市、县（市、区）人民政府依据重污染天气的预警等级，启动应急预案时，可以采取限制机动车和非道路移动机械通行的类型、区域、时间等管制措施，并通过广播、电视、报刊和网络等媒体向社会公告。

第三十条　违反本条例第十六条第一款规定，在本市行政区域内使用的非道路移动机械向大气排放污染物超过规定排放标准或者排放明显可见黑烟的，由生态环境主管部门责令改正，处五千元的罚款。

违反本条例第十六条第二款规定，在禁止使用高排放非道路移动机械的区域内使用高排放非道路移动机械的，由生态环境或者其他负有监督管理职责的部门依法予以处罚。

太原市机动车和非道路移动机械排气污染防治办法（摘选）

（2019 年 12 月 27 日太原市第十四届人民代表大会常务委员会第二十六次会议通过，2020 年 3 月 31 日山西省第十三届人民代表大会常务委员会第十七次会议批准）

第一章　总则

第一条　为了防治机动车和非道路移动机械排气污染，保护和改善大气环境，保障公众健康，根据《中华人民共和国大气污染防治法》《山西省大气污染防治条例》等法律法规，结合本市实际，制定本办法。

第二条　本市行政区域内机动车和非道路移动机械排气污染防治适用本办法。

第三条　机动车和非道路移动机械排气污染防治遵循预防为主、防治结合、协同监管、排污担责的原则。

第四条　市人民政府应当加强对机动车和非道路移动机械排气污染防治工作的领导，研究解决机动车和非道路移动机械排气污染防治工作中的重大问题。

县（市、区）人民政府应当建立机动车和非道路移动机械排气污染防治工作协调机制，协调处理本行政区域内机动车和非道路移动机械排气污染防治工作中的重大问题。

乡（镇）人民政府、街道办事处负责本辖区内机动车和非道路移动机械排气污染防治工作。

第五条　市生态环境主管部门负责本行政区域内机动车和非道路移动机械排气污染防治的统一监督管理。县（市、区）生态环境主管部门负责本行政区域内机动车和非道路移动机械排气污染防治的监督管理。市、县（市、区）人民政府其他有关部门在各自职责范围内做好机动车和非道路移动机械排气污染防治工作。

第六条　市、县（市、区）人民政府应当优化城市功能和布局规划，推广智能交通管理，实施公交优先战略，引导公众低碳、环保出行。

第七条　市、县（市、区）人民政府及其有关部门应当加强对机动车和非道路移动机械排气污染防治法律法规的宣传教育。

第八条　市、县（市、区）人民政府对在机动车和非道路移动机械排气污染防治工作中做出显著成绩的单位和个人，应当给予表彰奖励。

第二章　预防与控制

第九条　市生态环境主管部门应当会同有关部门制订机动车和非道路移动机械排气污染防治计划，报市人民政府批准后组织实施。

第十条　鼓励机动车和非道路移动机械排气污染防治先进技术的科学研究和开发应用。鼓励生产、销售、使用节能环保型和新能源机动车。

第十一条　禁止生产、进口、销售大气污染物排放超过标准的机动车和非道路移动机械。销售单位在销售机动车和非道路移动机械时，应当附有生产厂家提供的环保信息。

第十二条　机动车和非道路移动机械不得超过标准排放大气污染物。正常状态下排放黑烟等明显可视大气污染物的机动车，不得上道路行驶。

第十三条　储油储气库、加油加气站应当按照国家有关规定安装油气回收装置并保持正常使用，每年应当向市生态环境主管部门报送由检验资质机构出具的油气排放检验报告。

第十四条　禁止生产、进口、销售不符合标准的机动车、非道路移动机械用燃料。

第十五条　机动车和非道路移动机械所有人或者使用人应当保证污染控制装置、车载排放诊断系统正常运行。禁止擅自拆除、更改、闲置、破坏机动车和非道路移动机械排气污染控制装置、车载排放诊断系统。

第四章　非道路移动机械排气污染防治

第二十三条　市、县（市、区）人民政府可以根据大气环境质量状况，确定并公布高排放非道路移动机械目录以及禁用区域。

第二十四条　本市建立非道路移动机械备案制度。实施备案制度的具体办法由市人民政府制定，并向社会公布后实施。

第二十五条　市生态环境主管部门应当建设非道路移动机械排气污染监控平台，可以采用电子标签、电子围栏、排放监控等技术手段进行实时监控。

第二十六条　市生态环境主管部门可以会同市规划和自然资源、住房和城乡建设、城乡管理、交通运输、水务、农业农村、市场监督管理、园林等部门，在非道路移动机械集中停放地、维修地、使用地等对非道路移动机械的大气污染物排放状况进行监督检查，排放不合格的，不得继续使用。

第二十七条 从事非道路移动机械租赁的经营者，不得租赁或者外借超过大气污染物排放标准的非道路移动机械。

第二十八条 非道路移动机械所有人或者使用人应当遵守下列规定：

（一）作业机械达到非道路移动机械大气污染物排放标准；

（二）定期对作业机械进行排放检验和维修养护；

（三）未安装污染控制装置或者污染控制装置不符合要求，不能达标排放的，应当加装或者更换符合要求的污染控制装置；

（四）接受相关管理部门的监督检查。

第五章 监督检查

第二十九条 市人民政府应当组织市生态环境、公安、交通运输、市场监督管理、商务等部门建立机动车和非道路移动机械排气污染防治信息共享机制。

第三十条 市、县（市、区）有关部门应当按照下列规定，履行机动车和非道路移动机械排气污染监督管理职责：

（三）市、县（市、区）市场监督管理部门负责对机动车、非道路移动机械生产企业产品质量、机动车排放检验机构资质、机动车维修单位计量器具以及机动车、非道路移动机械、车用燃料、润滑油和添加剂产品质量等进行监督管理；

第三十一条 市发展改革、工业和信息化、公安、生态环境、交通运输等部门应当建立机动车和非道路移动机械所有人、机动车和非道路移动机械检验机构、维修单位管理信息数据库，实行红黑名单与联合奖惩制度。

第六章 法律责任

第三十八条 违反本办法规定，在禁止区域内使用高排放非道路移动机械的，由生态环境主管部门依法予以处罚。

第三十九条 违反本办法规定，从事非道路移动机械租赁的经营者，租赁或者外借超过大气污染物排放标准的非道路移动机械的，由生态环境主管部门依法予以处罚。

第四十条 违反本办法规定，使用排放不合格的非道路移动机械或者非道路移动机械未按照规定加装、更换污染控制装置的，由生态环境主管部门按照职责责令改正，处五千元罚款。

吕梁市机动车和非道路移动机械排气污染防治条例（摘选）

（2018 年 8 月 23 日吕梁市第三届人民代表大会常务委员会第二十七次会议通过，
2018 年 9 月 30 日山西省第十三届人民代表大会常务委员会第五次会议批准）

第一章　总则

第一条　为了防治机动车及非道路移动机械排气污染，保护和改善大气环境，保障公众健康，根据《中华人民共和国环境保护法》《中华人民共和国大气污染防治法》等法律法规，结合本市实际，制定本条例。

第二条　本市行政区域内机动车和非道路移动机械排气污染防治，适用本条例。

第三条　机动车和非道路移动机械排气污染防治应当遵循源头治理、防控结合、分类监管、标本兼治的原则。

第四条　市、县（市、区）人民政府在本行政区域内的机动车和非道路移动机械排气污染防治工作中履行下列职责：

（一）组织制定、实施防治规划和总体方案，明确目标和措施；

（二）建立联席会议、数据信息综合管理系统和资金投入保障机制；

（三）建立应对重污染天气应急机制；

（四）提前公告防治工作重大措施；

（五）建立目标考核、挂牌督办和约谈等制度；

（六）对工作成绩显著的单位和个人给予表彰奖励；

（七）法律、法规规定的其他职责。

乡（镇）人民政府、街道办事处协助做好本区域的机动车和非道路移动机械排气污染防治工作。

第五条　市、县（市、区）人民政府应当优先发展公共交通，改善道路通行条件，引导公众绿色低碳出行，推动清洁节能和新能源使用。

市、县（市、区）人民政府应当将节能环保型、清洁能源型机动车和非道路移动机械纳入政府采购名录。

第六条　市、县（市、区）人民政府环境保护主管部门对本行政区域机动车和非道路移动机械排气污染防治实施统一监督管理，并履行下列职责：

（一）建立机动车和非道路移动机械排气污染检验网络监控系统，定期发布排气污染信息；

（二）加强对机动车排放检验机构的监督管理；

（三）在机动车集中停放地、维修地对在用机动车污染物排放状况进行监督抽测，采取遥感监测对在道路上行驶的机动车排气污染状况进行监督检测；

（四）实施对非道路移动机械的备案、排污检测工作；

（五）调查处理机动车和非道路移动机械排污投诉举报；

（六）法律、法规规定的其他职责。

第九条 市、县（市、区）人民政府市场监督管理部门负责对生产、销售的机动车、非道路移动机械和车用燃料质量、机动车排放检验机构资质及机动车维修企业测量设备的监督管理。

第十条 市、县（市、区）人民政府商务管理部门负责对储油库、加油站和车用燃料调整升级、报废机动车拆解企业的监督管理。

第十一条 市、县（市、区）人民政府发改、经信、住建、农业、林业、水利、交通、国土等行政主管部门，按照各自职责做好机动车和非道路移动机械排气污染防治工作。

第十二条 市、县（市、区）人民政府发展改革、环境保护、公安交警、交通运输、市场监督、商务、人民银行等行政主管部门应当将车用燃料经营企业、机动车和非道路移动机械所有人、机动车检验、维修企业纳入征信系统。

第三章　非道路移动机械排气污染防治措施

第二十一条 市、县（市、区）人民政府环境保护主管部门应当会同有关部门负责本行业内从事施工作业的非道路移动机械排气污染防治的监督管理。

第二十二条 建立非道路移动机械备案制度。实施备案制度的具体办法由市人民政府制定，并向社会公布后实施。

第二十三条 市、县（市、区）人民政府环境保护主管部门应当会同相关部门对现场使用的非道路移动机械排气污染状况等进行监督检查和现场检测，非道路移动机械所有人或者使用人应予配合。

第二十四条 城市人民政府根据大气环境质量状况，划定并公布禁止使用高排放非道路移动机械的区域。环境保护主管部门对禁止区域进行实时监控。

第二十五条 建设单位监督施工单位使用符合本市执行的阶段性标准的非道路移动机械和油品。

施工单位应当加强对非道路移动机械所有人、使用人排气污染防治的监督管理。

第二十六条 在本市施工现场作业的非道路移动机械所有人、使用人应当遵守以下规定：

（一）按照规定履行备案手续；

（二）作业机械符合本市执行的排放标准；

（三）定期对作业机械进行排放检测和维修养护；

（四）对超标排放且经维修或者采用排放控制技术后仍不达标的机械，应当停止使用；

（五）购买使用的油品不得低于本市执行的国家阶段性标准；

（六）接受相关行政管理部门的监督检查；

（七）法律、法规规定的其他事项。

第四章　法律责任

第三十条　违反本条例规定，施工单位使用排放不合格的非道路移动机械进入施工现场作业的，或者非道路移动机械未按照规定加装、更换污染控制装置的，由县级以上人民政府环境保护等主管部门按照职责责令施工单位改正，处五千元的罚款。

安徽省

安徽省大气污染防治条例（摘选）

（2015 年 1 月 31 日安徽省第十二届人民代表大会第四次会议通过　根据 2018 年 9 月 29 日安徽省第十三届人民代表大会常务委员会第五次会议《关于修改〈安徽省大气污染防治条例〉等地方性法规的决定》修正）

第五章　机动车船大气污染防治

第五十八条　非道路移动机械大气污染防治，按照国家和省有关规定执行。

合肥市机动车和非道路移动机械排放污染防治条例（摘选）

（2021 年 11 月 19 日安徽省第十三届人民代表大会常务委员会第三十次会议通过）

第一章　总则

第一条　为了防治机动车和非道路移动机械排放污染，保护和改善大气环境，保障公众健康，推进生态文明建设，促进经济社会可持续发展，根据《中华人民共和国大气污染防治法》和有关法律、行政法规，结合本市实际，制定本条例。

第二条 本条例适用于本市行政区域内机动车和非道路移动机械排放大气污染物的防治。

第三条 市、县（市）区人民政府应当加强领导，将机动车和非道路移动机械排放污染防治工作纳入大气污染防治规划，建立健全工作协调机制，并纳入政府目标管理绩效考核。

第四条 市生态环境部门是机动车和非道路移动机械排放污染防治工作的行政主管部门，应当履行以下职责：

（一）负责机动车和非道路移动机械排放污染防治工作的统一监督管理；

（二）对禁用区域内的高排放非道路移动机械实施排放分类管理；

（三）发布机动车和非道路移动机械排放污染检测情况和有关数据；会同数据资源、经济和信息化、公安、交通运输、市场监督管理、商务等有关部门，依托本市大数据平台建立机动车和非道路移动机械排放污染防治数据库，实现数据信息共享。

交通运输部门应当加强对从事机动车排放维修经营活动的监督管理。

市场监督管理部门应当按照职责加强对成品油经营单位销售车用燃料、氮氧化物还原剂和车用油品清净剂等有关产品质量的监督检查。

发展改革、公安、城乡建设、农业农村、林业和园林等有关部门，按照各自职责做好机动车和非道路移动机械排放污染防治有关工作。

第五条 市、县（市）区人民政府及其有关部门应当加强机动车和非道路移动机械排放污染防治有关法律法规的宣传教育，营造保护大气环境的社会氛围。

新闻媒体应当开展相关公益宣传，倡导低碳、环保出行，增强公众的污染防治意识，对环境违法行为进行舆论监督。

倡导市民选择公共交通、自行车、步行等方式绿色出行。

第二章 预防与控制

第六条 禁止生产、进口、销售超过大气污染物排放标准的机动车和非道路移动机械。

第七条 依法免予安全技术检验以外的车辆，申请转入登记的，应当符合本市执行的排放标准。不符合机动车排放标准的，公安机关交通管理部门不予办理登记手续。

第八条 在用机动车、非道路移动机械排放污染物不得超过本市执行的标准排放大气污染物。

市人民政府可以根据大气环境质量状况，对高排放机动车、拖拉机和变型拖拉机、低速汽车采取限制通行、禁止通行措施，划定禁止使用高排放非道路移动机械的区域。

第九条 市生态环境行政主管部门应当会同有关部门建立机动车和非道路移动机械排放污染投诉举报制度，并公布举报电话、电子邮箱等。

对涉及机动车和非道路移动机械排放污染的投诉举报，生态环境行政主管部门应当在七日内依法予以处理，公安、交通运输等部门应当予以配合。

举报事项经查证属实的，有关部门应当按照规定对举报人给予奖励。

第十条 在本市使用的非道路移动机械，应当按照国家有关规定进行编码登记。

城乡建设、交通运输、农业农村、林业和园林、重点工程、轨道建设等有关部门及单位应当督促本行业使用的非道路移动机械所有人及使用人进行编码登记。

第十一条 在本市销售的机动车和非道路移动机械的污染控制装置、车载排放诊断系统、远程排放监控设备等应当符合有关标准。

在本市销售和使用的重型柴油车和非道路移动机械应当按照国家、省有关规定安装远程排放监控设备，并与市生态环境行政主管部门联网。

安装远程排放监控设备并与市生态环境行政主管部门联网且达标排放的柴油车，在定期排放检验时免于上线检测。

第十二条 本市在用重型柴油车和非道路移动机械的所有人、使用人，应当确保装载的污染控制装置、车载排放诊断系统、远程排放监控设备等装置的正常使用，不得拆除、停用或者改装污染控制装置。

任何单位和个人不得干扰远程排放监控设备的功能；不得擅自删除、修改远程排放管理系统中存储、处理、传输的数据。

第十三条 在本市销售的机动车和非道路移动机械燃料应当符合国家标准，销售单位应当明示。

第十六条 鼓励机动车和非道路移动机械排放污染防治先进技术的开发和应用，鼓励使用节能环保型的机动车和非道路移动机械。

鼓励国家机关、国有企事业单位和城乡公共交通、仓储物流、港口码头、出租汽车经营企业优先选用新能源动力的机动车和非道路移动机械。

鼓励公务车辆、保障城市运行及管理的车辆和大型场站内的非道路移动机械优先使用新能源型，逐步淘汰高排放的机动车和非道路移动机械。

第三章 检验与治理

第十八条（第一款略）

生态环境行政主管部门会同城乡建设、交通运输、农业农村、林业和园林等有关部门可以采取现场检测、摄像拍照等方式，对非道路移动机械的大气污染物排放状况进行监督抽测，排放不合格的，不得使用。

机动车和非道路移动机械所有人或者使用人应当配合生态环境行政主管部门的抽测，不得拒绝、阻挠。

第十九条 在用机动车和非道路移动机械经抽测，大气污染物排放超过规定标准的，应当限期治理，经复检合格后方可使用。

第四章　法律责任

第二十五条　违反本条例第八条规定，在禁用区域使用高排放非道路移动机械的，由生态环境行政主管部门责令改正，并对其所有人或者使用人处以每台机械一千元以上五千元以下的罚款。

淮南市机动车和非道路移动机械排放污染防治条例（摘选）

（2020 年 10 月 28 日淮南市第十六届人民代表大会常务委员会第二十三次会议通过，2020 年 12 月 24 日安徽省第十三届人民代表大会常务委员会第二十三次会议批准）

第一条　为了防治机动车和非道路移动机械排放污染，保护和改善大气环境，推动绿色发展，保障公众健康，根据《中华人民共和国大气污染防治法》和有关法律、行政法规，结合本市实际，制定本条例。

第二条　本条例适用于本市行政区域内机动车和非道路移动机械排放污染防治和监督管理。

本条例所称机动车是指以动力装置驱动或者牵引，上道路行驶的供人员乘用或者用于运送物品以及进行工程专项作业的轮式车辆。

本条例所称非道路移动机械是指装配有发动机的移动机械和可运输工业设备。

第三条　市和县、区人民政府应当将机动车和非道路移动机械排放污染防治工作纳入环境保护规划，加强机动车和非道路移动机械排放污染防治监督管理能力建设，保障机动车和非道路移动机械排放污染防治的财政投入。

市和县、区人民政府应当建立机动车和非道路移动机械排放污染防治工作协调机制，组织有关部门建立机动车和非道路移动机械排放污染防治综合信息管理平台，实现信息共享。

第四条　市、县生态环境行政主管部门对本行政区域内的机动车和非道路移动机械排放污染防治实施统一监督管理。

公安、交通运输、自然资源和规划、城乡建设、农业农村、水利、林业、城市管理、商务、市场监管等部门根据各自职责，做好机动车和非道路移动机械排放污染防治的有关监督管理工作。

第五条（第一款、第二款略）

鼓励使用以新能源为动力的机动车和非道路移动机械。八公山、舜耕山等风景区观光车辆应当使用新能源或者清洁能源。

第九条　机动车和非道路移动机械所有人或者使用人不得擅自拆除排放污染控制装

置，不得破坏车载排放诊断系统等设备，保持装置和设备正常运行。

第十条　本市行政区域内可能发生重污染天气时，市人民政府应当依据重污染天气的预警等级，启动应急预案，根据应急需要可以采取限制部分机动车行驶、禁止部分非道路移动机械使用等应急措施，并向社会公布。

第十一条（第一款、第二款略）

生态环境行政主管部门可以会同有关部门在机动车和非道路移动机械集中停放地、维修地对在用机动车和非道路移动机械排放污染状况进行监督抽测。

第十二条　公安机关交通管理部门应当在城区划定禁止拖拉机、低速汽车和其他高污染车辆行驶的区域、道路、时段，报市人民政府批准后向社会公布，并在禁行区域的道路口设置醒目禁止行驶标志。

用于销售蔬菜、水果等农产品的拖拉机应当按照公安机关交通管理部门指定的路线进入城区，并在城市管理部门指定的地点停放。

第十三条　公安机关交通管理部门、农业农村管理部门和城市管理部门应当建立拖拉机登记管理等信息交换机制。

农业农村管理部门应当加强拖拉机排放污染防治监督管理，对拖拉机所有人和使用人开展大气污染防治等相关法律、法规的教育，督促其依法接受交通违法处罚。

第十七条　实行非道路移动机械使用编码登记管理制度。

市生态环境行政主管部门应当建立非道路移动机械信息管理平台，会同有关部门制定非道路移动机械编码登记管理规定。相关非道路移动机械行业管理部门应当组织、督促本行业使用的非道路移动机械在信息管理平台上进行编码登记。

第十八条　市人民政府应当根据大气环境质量状况，依法划定高排放非道路移动机械禁止使用区域，并向社会公布。

前款禁止区域内非道路移动机械的类型、污染物排放标准依据法律法规和国家标准确定。

第二十二条　违反本条例第九条规定，擅自拆除机动车和非道路移动机械排放污染控制装置、破坏车载排放诊断系统等设备的，由生态环境行政主管部门责令改正，并对机动车和非道路移动机械所有人或者使用人处以五千元罚款。

第二十三条　违反本条例第十一条第四款规定，机动车和非道路移动机械所有人或者使用人拒绝配合监督抽测的，由公安机关依照《中华人民共和国治安管理处罚法》的有关规定予以处罚。

第二十六条　违反本条例第十七条规定，使用未经编码登记的非道路移动机械的，由生态环境行政主管部门责令改正，处以每台非道路移动机械二百元罚款。

第二十七条　违反本条例第十八条规定，在市人民政府划定的高排放非道路移动机械禁用区内使用高排放非道路移动机械的，由生态环境行政主管部门责令改正，处以每台非道路移动机械五百元罚款。

四川省

四川省《中华人民共和国大气污染防治法》实施办法（摘选）

（2002 年 7 月 20 日四川省第九届人民代表大会常务委员会第三十次会议通过 2018 年 12 月 7 日四川省第十三届人民代表大会常务委员会第八次会议修订）

第四章 重点领域污染防治

第四十六条 机动车船、非道路移动机械应当达标排放，不得排放黑烟或者其他明显可视污染物。

禁止生产、进口或者销售大气污染物排放超过标准的机动车船、非道路移动机械。

第四十七条 机动车和非道路移动机械生产、进口企业，应当按照国家规定向社会公开其生产、进口机动车和非道路移动机械的环保信息，并对信息公开的真实性、准确性、及时性、完整性负责。

机动车生产、进口企业在产品出厂或者货物入境前，应当以随车清单的方式公开主要环保信息。非道路移动机械生产、进口企业在产品出厂或者货物入境前，应当在机身明显位置粘贴环保信息标签，公开主要环保信息。

省人民政府生态环境主管部门可以通过现场检查、抽样检查等方式，加强对新生产机动车和非道路移动机械环保信息公开工作的监督管理。

第五十一条 县级以上地方人民政府交通运输、自然资源、住房和城乡建设、农业农村、林业和草原、水利等主管部门和非道路移动机械使用单位应当建立在用非道路移动机械管理台账，包括种类、数量、排放、使用场所等信息。

县级以上地方人民政府生态环境主管部门应当会同相关部门对非道路移动机械的大气污染物排放状况进行监督检查，排放不合格的，不得使用。

第五十二条（第一款略）

鼓励和支持高排放机动车船、非道路移动机械提前报废。

县级以上地方人民政府可以采取经济补偿等措施淘汰高排放机动车、非道路移动机械。

第六章 法律责任

第七十七条 违反本实施办法第三十五条规定，在禁止使用高排放非道路移动机械的区域使用高排放非道路移动机械的，由城市人民政府生态环境等主管部门对其使用单位或者个人处每台次五千元的罚款。

第七十八条 违反本实施办法第四十六条第一款规定，机动车驾驶人驾驶排放检验不合格或者排放黑烟或者其他明显可视污染物的机动车上道路行驶的，由公安机关交通管理部门依法予以处罚；使用排放不合格或者排放黑烟或者其他明显可视污染物的非道路移动机械的单位或者个人，由县级以上地方人民政府生态环境主管部门责令改正，并处五千元的罚款。

成都市大气污染防治条例（摘选）

（2021 年 6 月 18 日成都市第十七届人民代表大会常务委员会第二十七次会议通过，2021 年 7 月 29 日四川省第十三届人民代表大会常务委员会第二十九次会议批准）

第三章　移动源污染防治

第二十二条 在本市行驶的机动车和使用的非道路移动机械、船舶，应当达到本市执行的大气污染物排放标准，不得排放黑烟或者其他明显可视污染物。

第二十三条 在不影响正常通行、使用的情况下，生态环境主管部门及其他负有大气污染防治监督管理职责的部门根据各自职责范围，可以通过现场检查监测、遥感监测、摄像拍照等方式，对在用机动车和非道路移动机械的大气污染物排放状况进行监督抽测。

第二十四条（第一款略）

行业主管部门在监督检查中发现非道路移动机械排放检验不合格、排放黑烟或者其他明显可视污染物等违法行为的，应当及时移送生态环境主管部门查处，并根据查处情况纳入信用管理。

第二十五条 在本市使用的重型柴油车、重型燃气车和在用的非道路移动机械，应当按照规定安装远程排放管理车载终端，并与生态环境主管部门联网。具体办法由生态环境主管部门会同有关部门制定。

第二十六条 本市实行非道路移动机械排放备案登记、标志管理、进出场和燃油使用台账管理制度。非道路移动机械的所有人或者使用人应当按照规定填写、报送排气污染等相关信息。

行业主管部门应当加强本行业非道路移动机械排放备案登记、标志管理、进出场和燃油使用台账管理的监督检查。

第二十七条 禁止生产、销售不符合本市执行标准的机动车船和非道路移动机械的燃料、发动机油、氮氧化物还原剂、燃料和润滑油添加剂以及其他添加剂。

非道路移动机械使用燃料、发动机油、氮氧化物还原剂、燃料和润滑油添加剂以及其他添加剂的，应当保留购买凭证，并接受相关主管部门的监督检查。

第二十八条（第一款略）

市、区（市）县人民政府可以根据本地区大气环境质量状况，划定并公布辖区内禁止使用高排放非道路移动机械的区域。

第七章 法律责任

第五十四条（第一款略）

违反本条例第二十二条规定，机动车驾驶人驾驶排放检验不合格、排放黑烟或者其他明显可视污染物的机动车上道路行驶的，由市、区（市）县公安机关交通管理部门依法予以处罚。

单位或者个人使用排放检验不合格、排放黑烟或者其他明显可视污染物的非道路移动机械的，由生态环境主管部门责令改正，处以五千元罚款。

第五十五条 违反本条例第二十五条规定，在本市使用的重型柴油车、重型燃气车和在用的非道路移动机械未按照规定安装远程排放管理车载终端的，由生态环境部门责令改正，限期安装；逾期不安装的，对机动车所有人或者驾驶人处每辆车一千元以上三千元以下罚款；对非道路移动机械使用人处每台非道路移动机械一千元以上三千元以下罚款。

第五十六条 违反本条例第二十六条规定，非道路移动机械未执行排放备案登记、标志管理、进出场和燃油使用台账登记管理有关规定，或者拒绝非道路移动机械排气污染监督检查的，由生态环境主管部门责令限期改正；逾期不改正的，处以三千元罚款。

第五十七条 违反本条例第二十七条第一款规定，生产、销售不符合本市执行标准的机动车船和非道路移动机械的燃料、发动机油、氮氧化物还原剂、燃料和润滑油添加剂以及其他添加剂的，由市、区（市）县市场监管部门责令改正，没收违法所得，并处货值金额一倍以上三倍以下罚款。

资阳市大气污染防治条例（摘选）

（2021年8月31日资阳市第四届人民代表大会常务委员会第三十九次会议通过，2021年9月29日四川省第十三届人民代表大会常务委员会第三十次会议批准）

第三章 移动源污染防治

第二十二条 机动车船、非道路移动机械应当达标排放，不得排放黑烟或者其他明显可视污染物。

第二十三条　在不影响正常通行、使用的情况下，生态环境部门和其他负有大气污染防治监督管理职责的部门根据各自职责范围，可以通过现场检查监测、遥感监测、摄像拍照等方式，对在用机动车船和非道路移动机械的大气污染物排放状况进行监督抽测。

第二十四条（第一款略）

行业管理部门在监督检查中发现的机动船、非道路移动机械排放不合格、排放黑烟或者其他明显可视污染物的违法行为的，应当及时移送生态环境部门查处。

第二十五条　非道路移动机械实行排放备案登记、标志管理、进出场和燃油使用台账管理制度。非道路移动机械的所有人或者使用人应当按照规定填写、报送排气污染等相关信息。

行业管理部门应当加强本行业非道路移动机械排放备案登记、标志管理、进出场和燃油使用台账管理的监督检查。

第二十六条　禁止生产、进口、销售不符合国家标准、行业标准的机动车船和非道路移动机械的燃料、发动机油、氮氧化物还原剂、润滑油添加剂及其他添加剂。

非道路移动机械使用燃料、发动机油、氮氧化物还原剂、燃料和润滑油添加剂以及其他添加剂的，应当保留购买凭证，并接受相关检查。

第二十七条（第一款略）

市、县（区）人民政府可以根据大气环境质量状况，划定和调整禁止使用高排放非道路移动机械的区域，并向社会公布。

第五章　重污染天气防范和应对

第四十七条　因国家组织重大活动的需要，市人民政府可以决定在部分区域采取下列应急措施：

（一）对涉及大气污染物排放工序的企业采取停产或者限产措施；

（二）限制部分机动车行驶、限制部分非道路移动机械使用、停止部分建设工序施工等临时管控措施；

（三）国家、省人民政府规定的其他应急措施。

云南省

云南省大气污染防治条例（摘选）

（2018 年 11 月 29 日云南省第十三届人民代表大会常务委员会第七次会议审议通过）

第三章 大气污染防治措施

第二十五条 在本省生产和销售新生产的机动车船和非道路移动机械的，应当符合国家排放标准。

第二十六条 县级以上人民政府生态环境主管部门应当会同交通运输、住房和城乡建设、农业农村、水行政等有关部门对非道路移动机械的大气污染物排放状况进行监督检查，排放不合格的，不得使用。

第二十七条 本省生产、销售的机动车船、非道路移动机械燃料应当达到国家规定的标准。燃料销售者应当在其经营场所公布其所销售燃料的质量指标。

工信、商务、能源、应急管理、市场监管等有关管理部门按照职责对生产、销售环节燃料质量开展抽检等监督工作，并向社会公布抽检结果。

昆明市大气污染防治条例（摘选）

（2020 年 10 月 30 日昆明市第十四届人民代表大会常务委员会第三十二次会议通过，
2020 年 11 月 25 日云南省第十三届人民代表大会常务委员会第二十一次会议批准）

第三章 大气污染防治措施

第三十条 在本市行政区内生产和销售新生产的机动车船、非道路移动机械，应当符合国家规定的污染物排放标准。

机动车船、非道路移动机械不得超标排放大气污染物。

第三十一条 城市人民政府根据大气环境质量状况，划定并公布禁止使用高排放非道路移动机械的区域。

生态环境主管部门应当会同交通运输、住房和城乡建设、农业农村、水行政等有关部门对非道路移动机械组织编码登记,并进行监督检查。

　　第三十三条　本市生产和销售的机动车船、非道路移动机械用燃料应当达到国家规定的标准。燃料销售者应当在其经营场所公布其所销售燃料的质量指标。

第五章　法律责任

　　第五十七条　违反本条例规定,有下列行为之一的,由生态环境等主管部门责令改正,处5 000元罚款:

　　(一)使用排放不合格的非道路移动机械的;

　　(二)在禁止使用高排放非道路移动机械的区域使用高排放非道路移动机械的。

贵州省

贵州省大气污染防治条例(摘选)

(2016年7月29日贵州省第十二届人民代表大会常务委员会第二十三次会议通过　根据2018年11月29日贵州省第十三届人民代表大会常务委员会第七次会议通过的《贵州省人民代表大会常务委员会关于修改〈贵州省大气污染防治条例〉等地方性法规个别条款的决定》修正)

第五章　机动车和非道路用动力机械大气污染防治

　　第四十三条　机动车和非道路移动机械生产企业和销售企业,在本省生产和销售新生产的机动车和非道路移动机械的,应当符合本省执行的国家排放标准。

　　第五十条　禁止生产、进口或者销售大气污染物排放超过标准的机动车和非道路移动机械。鼓励生产使用新能源汽车等机动车和非道路用动力机械,鼓励淘汰高排放机动车和非道路用动力机械。

　　第五十一条　发动机油、氮氧化物还原剂、燃料和润滑油添加剂以及其他添加剂的有害物质含量和其他大气环境保护指标,应当符合有关标准的要求,不得损害机动车船污染控制装置效果和耐久性,不得增加新的大气污染物排放。县级以上人民政府市场监管、商务主管部门应当加强批发、零售成品油质量的监督检查。成品油销售者应当定期向所在地县级人民政府市场监管、商务主管部门报告销售成品油的质量状况。

禁止生产、进口、销售不符合标准的机动车船、非道路移动机械用燃料；禁止向汽车和摩托车销售普通柴油以及其他非机动车用燃料；禁止向非道路移动机械、内河和江海直达船舶销售渣油和重油。

贵阳市大气污染防治办法（摘选）

（2005 年 6 月 30 日贵阳市第十一届人民代表大会常务委员会第二十一次会议通过，
2005 年 9 月 23 日贵州省第十届人民代表大会常务委员会第十七次会议批准）

第三章 防治措施

第二十九条 机动车和非道路移动机械的生产、销售企业，在本市生产和销售新生产的机动车和非道路移动机械的，应当符合本市执行的国家排放标准。

第三十一条（第一款略）

禁止排放黑烟等明显可见污染物的机动车上路行驶，禁止使用排放黑烟等明显可见污染物的非道路移动机械。

第四章 法律责任

第四十一条 违反本办法第三十一条第二款规定，使用排放黑烟等明显可见污染物的非道路移动机械的，由环境保护行政主管部门责令改正，处以 5 000 元罚款。

广东省

广东省大气污染防治条例（摘选）

（2018 年 11 月 29 日广东省第十三届人民代表大会常务委员会第七次会议通过）

第五章　移动源污染防治

第二节　非道路移动机械污染和船舶污染防治

第四十五条　本省销售的非道路移动机械应当符合现行执行的国家非道路移动机械大气污染物排放标准中相应阶段排放限值。

在本省使用的非道路移动机械不得超过标准排放大气污染物，不得排放黑烟等可视污染物。城市人民政府可以根据大气污染防治需要，划定并公布禁止使用高排放非道路移动机械区域。

高排放非道路移动机械的认定标准由省人民政府生态环境主管部门制定。

第四十六条　非道路移动机械所有人或者使用人应当按照规范对在用非道路移动机械进行维护检修。对超过标准排放大气污染物的，应当维修、加装或者更换符合要求的污染控制装置，使其达到规定的排放标准。

在用非道路移动机械经维修或者采用污染控制技术后，大气污染物排放仍不符合国家排放标准的，不得使用。

第四十七条　非道路移动机械所有人或者使用人在进场施工时，应当建立非道路移动机械使用台账。

住房和城乡建设、交通运输、农业农村、水行政等有关部门应当督促建设单位使用符合排放标准的非道路移动机械。

第八章　法律责任

第八十一条　违反本条例第四十五条第三款规定，在禁止使用高排放非道路移动机械区域使用高排放非道路移动机械的，由县级以上人民政府生态环境等主管部门按照职责责令改正，处二万元的罚款；情节严重的，责令停工整治。

清远市实施《中华人民共和国大气污染防治法》办法（摘选）

（2019 年 11 月 5 日清远市第七届人民代表大会常务委员会第三十一次会议通过，
2019 年 11 月 29 日广东省第十三届人民代表大会常务委员会第十五次会议批准）

第四条 市、县（市、区）人民政府有关部门以及其他机构在各自职责范围内对大气污染防治实施监督管理：

（一）生态环境主管部门对本行政区域内的大气污染防治实施统一监督管理。负责工业大气污染防治，组织开展强制性清洁生产审核；负责工业企业物料堆场扬尘污染防治、道路机动车排气污染防治，发布大气环境质量预报、污染天气预警信息等其他监督管理，配合对餐饮服务业大气污染防治以及锅炉生产、销售和使用环节执行环境保护标准或者要求的情况进行监督管理。

（五）自然资源主管部门负责对违法用地建（构）筑物拆除工程、矿山开采、矿产堆场和矿山地质环境治理项目等扬尘污染防治的监督管理；负责对道路沿线物料堆场、城市建成区内闲置土地的扬尘污染防治，以及职责范围内生产活动使用的非道路移动机械排气污染防治实施监督管理。

（六）住房和城乡建设主管部门负责对房屋和市政工程施工活动、建筑施工工地物料堆场、预拌混凝土和预拌砂浆生产活动扬尘污染防治，以及房屋和市政工程施工使用的非道路移动机械排气污染防治实施监督管理。

（七）交通运输主管部门负责对道路、港口码头等交通基础设施的建设、维修、拆除等施工活动和使用露天停车场，城市建成区外公路的清扫保洁和绿化工程、绿化作业、港口码头工程贮存物料的扬尘污染防治；负责对职责范围内机动车排气、交通基础设施施工活动使用的非道路移动机械排气污染防治以及航道整治工程大气污染防治实施监督管理；在职责范围内负责对运输船舶大气污染防治实施监督管理。

（八）水行政主管部门负责对水利工程施工活动、河道管理范围内采砂现场和堆砂场扬尘污染防治的监督管理；负责对水利施工工程使用的非道路移动机械排气污染防治实施监督管理。

（九）农业农村主管部门负责对农业生产活动排放大气污染物、秸秆等农业废弃物综合利用以及渔业船舶大气污染防治的监督管理；负责对农业生产活动使用的非道路移动机械排气污染防治实施监督管理。

（十）市场监督管理主管部门负责对锅炉生产、销售和使用环节执行环境保护标准或者要求的情况进行监督管理；在职责范围内对生产、销售、进口的煤炭、油品、生物质成型燃料等能源和机动车船、非道路移动机械的燃料、发动机油、氮氧化物还原剂以及其他添加剂的质量实施监督管理。

第十一条（第一款、第二款略）

市、县（市、区）人民政府可以根据大气污染防治需要，划定并公布高排放非道路移动机械禁止使用区域。

第十二条　本市销售的新机动车，应当符合本市现行执行的国家机动车大气污染物排放标准中相应阶段排放限值，并在耐久性期限内稳定达标。销售的非道路移动机械，应当符合本市现行执行国家非道路移动机械大气污染物排放标准中相应阶段排放限值。

（第二款略）

在本市生产、销售的机动车用以及非道路移动机械用燃料、发动机油、氮氧化物还原剂、燃料和润滑油添加剂以及其他添加剂的有害物质含量及其他大气环境保护指标，应当不低于本市现行执行的有关标准。经营者应当在经营场所显著位置标示销售产品的有关标准。

佛山市机动车和非道路移动机械排气污染防治条例（摘选）

（2016 年 4 月 29 日佛山市第十四届人民代表大会第六次会议通过，2016 年 5 月 25 日广东省第十二届人民代表大会常务委员会第二十六次会议批准　2018 年 12 月 24 日佛山市第十五届人民代表大会常务委员会第十七次会议修正，2019 年 3 月 28 日广东省第十三届人民代表大会常务委员会第十一次会议批准）

第一章　总则

第一条　为了防治机动车和非道路移动机械排气污染，保护和改善大气环境，保障公众健康，促进经济社会可持续发展，根据《中华人民共和国环境保护法》《中华人民共和国大气污染防治法》等法律法规，结合本市实际，制定本条例。

第二条　本条例适用于本市行政区域内机动车和非道路移动机械排气污染防治。

本条例所称非道路移动机械是指工程机械和材料装卸机械。

第三条　市、区人民政府应当将机动车和非道路移动机械排气污染防治纳入环境保护规划，加大财政投入，建立防治协调机制和区域联防联控机制，采取污染防治措施，控制机动车和非道路移动机械排气污染。

生态环境主管部门对本市行政区域内的机动车和非道路移动机械排气污染防治实施统一监督管理，建立环保社会监督机制，并对同级人民政府有关部门的机动车和非道路移动机械排气污染防治监督管理工作进行协调和指导。

公安、住房和城乡建设、交通运输、水行政、市场监督管理等有关部门根据各自职责，对机动车和非道路移动机械排气污染防治实施监督管理。

镇人民政府、街道办事处和基层群众性自治组织应当协助生态环境主管部门做好本区域的机动车和非道路移动机械排气污染防治工作。

第四条　市人民政府应当建立机动车和非道路移动机械排气污染防治数据信息综合管理系统，加强部门间和区域间的信息互通及资源共享，对机动车和非道路移动机械排气污染防治全过程实行监控。

生态环境主管部门和其他负有机动车和非道路移动机械排气污染防治监督管理职责的部门，应当确保日常检查取得的机动车和非道路移动机械排气污染防治数据的实时共享，作为实施监督管理的依据。

第五条　市、区人民政府生态环境主管部门和其他负有机动车和非道路移动机械排气污染防治监督管理职责的部门，应当依法定期向社会公众公开机动车和非道路移动机械排气污染防治信息。

第六条　机动车和非道路移动机械排气污染防治工作的重大措施可能影响公众利益的，应当充分征求公众的意见，并在正式实施三十日以前向社会公告。

第七条　企业事业单位和其他生产经营者应当采取有效措施，防止、减少机动车和非道路移动机械排气污染，对所造成的损害依法承担责任。

机动车和非道路移动机械的所有人、使用人应当增强环境保护意识，自觉履行大气环境保护义务。

第八条　公民、法人和其他组织有权对违反本条例规定的行为进行举报。对提供机动车和非道路移动机械排气违法行为线索并查证属实的，生态环境主管部门可以对举报人予以奖励。

生态环境保护社会监督员和生态环境保护志愿者协助生态环境主管部门和其他负有机动车和非道路移动机械排气污染防治监督管理职责的部门，开展对机动车和非道路移动机械排气污染防治活动的监督。

第九条　市、区人民政府应当加强机动车和非道路移动机械排气污染防治的宣传教育工作，鼓励基层群众性自治组织、社会组织、企业事业单位、生态环境保护志愿者和其他生产经营者等开展机动车和非道路移动机械排气污染防治的宣传普及。

新闻媒体应当开展机动车和非道路移动机械排气污染防治法律法规和知识的宣传，对违法行为进行舆论监督。

第二章　预防控制

第十三条　市、区人民政府应当采取财政、政府采购等方面的政策和措施推广应用节能环保型、清洁能源型机动车和非道路移动机械，鼓励机动车和非道路移动机械排气污染防治先进技术的科学研究和开发应用，鼓励生产、销售、使用节能环保型、清洁能源型机动车和非道路移动机械，促进配套设施建设，限制高油耗、高排放的机动车和非道路移动机械的发展。

国家机关和使用财政资金的其他组织应当优先选购和使用节能环保型、清洁能源型机动车和非道路移动机械。市人民政府应当将节能环保型、清洁能源型机动车和非道路移动机械纳入政府采购名录。

第十四条（第一款略）

在本市使用的非道路移动机械不得超过标准排放大气污染物，不得排放黑烟等可视污染物。市人民政府可以根据大气污染防治需要，依法划定并公布禁止使用高排放非道路移动机械区域。

第十六条　市、区人民政府应当制定大气污染应急预案，依据重污染天气的预警等级，及时启动应急预案，根据应急需要可以采取限制部分机动车行驶和非道路移动机械使用等临时应急措施。

第十七条（第一款、第二款略）

本市销售的非道路移动机械应当符合现行执行的国家非道路移动机械大气污染物排放标准中相应阶段排放限值。

在本市生产、销售的机动车和非道路移动机械用燃料、发动机油、氮氧化物还原剂、燃料和润滑油添加剂以及其他添加剂应当不低于本市现行执行的有关标准，上述产品的经营者应当在经营场所显著位置标示销售产品的有关标准。

第十八条（第一款略）

在用重型柴油车和非道路移动机械未安装污染控制装置或者污染控制装置不符合要求，不能达标排放的，应当加装或者更换符合要求的污染控制装置。

第三章　检验维护

第二十一条　本市行政区域内使用的非道路移动机械的所有人或者使用人应当建立定期检测和维护制度，对在用非道路移动机械进行定期维护检修。

第二十二条　机动车和非道路移动机械维修单位应当按照大气污染防治的要求和国家有关技术规范，对在用机动车和非道路移动机械进行维修，使其达到规定的排放标准。

第二十三条　市、区人民政府可以根据机动车和非道路移动机械排气污染防治需要，采取措施鼓励高排放、老旧机动车和非道路移动机械提前报废。

在用机动车和非道路移动机械经维修或者采用污染控制技术后，大气污染物排放仍不符合国家排放标准的，机动车应当依法强制报废，非道路移动机械不得在本市行政区域内使用。

第四章　监督检查

第二十六条　生态环境主管部门应当会同有关部门对本市行政区域内建设工程使用非道路移动机械的大气污染物排放状况进行监督检查。

住房和城乡建设、交通运输、水行政等有关部门应当及时掌握本市行政区域内建设工程使用非道路移动机械的名称、数量和使用时限等情况，并将有关信息录入机动车和非道路移动机械排气污染防治数据信息综合管理系统；督促建设单位使用符合本市现行执行的阶段性排放标准的机动车和非道路移动机械。

第二十七条　依法行使监督管理职权的部门及其工作人员不得干涉机动车和非道路移动机械所有人或者使用人自主选择排放检验机构和维修单位，不得要求所有人或者使用人到指定的排放检验机构、维修单位进行检验或者维修，不得推销或者指定使用排气污染治理的产品，不得参与或者变相参与排放检验经营和维修经营。

第五章　法律责任

第二十九条　违反本条例第十四条第二款规定，使用超过标准排放大气污染物或者排放黑烟等可视污染物的非道路移动机械，由生态环境主管部门责令停止使用、限期维修，并处五千元的罚款；在禁止使用高排放非道路移动机械区域使用高排放非道路移动机械的，由生态环境等主管部门按照职责责令改正，处两万元的罚款；情节严重的，责令停工整治。

第三十条　违反本条例第十六条规定，拒不执行重污染天气限制行驶措施的，由公安机关交通管理部门依法予以处罚；违反限制使用非道路移动机械规定的，由生态环境主管部门处一万元以上五万元以下的罚款；情节严重的，处五万元以上十万元以下的罚款。

第三十一条　违反本条例第十七条第一款规定，销售大气污染物排放标准不符合本市现行执行的阶段性排放标准的机动车和非道路移动机械的，由市场监督管理主管部门没收违法所得，并处货值金额一倍以上三倍以下的罚款，没收销毁无法达到本市现行执行的阶段性排放标准的机动车和非道路移动机械。

销售的机动车和非道路移动机械大气污染物排放标准不符合本市现行执行的阶段性排放标准的，销售者应当负责修理、更换、退货；给购买者造成损失的，销售者应当赔偿损失。

违反本条例第十七条第四款规定，生产、销售低于本市执行的有关标准的机动车和非道路移动机械用燃料、发动机油、氮氧化物还原剂、燃料和润滑油添加剂以及其他添加剂的，由市场监督管理主管部门按照职责责令改正，没收原材料、产品和违法所得，并处货值金额一倍以上三倍以下的罚款。

第三十二条（第一款略）

违反本条例第十八条第二款规定，在用重型柴油车、非道路移动机械未按照规定加装、更换污染控制装置的，由生态环境主管部门责令改正，处五千元的罚款。

广西壮族自治区

广西壮族自治区大气污染防治条例（摘选）

（2018年11月28日广西壮族自治区第十三届人民代表大会常务委员会第六次会议通过）

第四章　机动车船和非道路移动机械污染防治

第四十五条　禁止销售非法生产或者走私的用于机动车船、非道路移动机械的燃料。

第四十六条（第一款、第二款略）

设区的市、县级人民政府应当采取措施逐步淘汰高排放老旧机动车，推进在用重型柴油车、高排放非道路移动机械、港区内运输车辆和装卸机械等港区作业设备使用新能源和清洁能源。

第五十条　在本行政区域内销售、办理注册登记和转入登记的机动车、非道路移动机械应当符合自治区执行的污染物排放标准。

自治区生态环境主管部门应当依法加强对新生产、销售机动车和非道路移动机械大气污染物排放状况的监督检查，工业和信息化、市场监督管理等有关部门予以配合。

第五十三条　机动车和非道路移动机械所有人或者使用人应当及时对机动车、非道路移动机械进行维修保养，保持污染控制装置处于正常工作状态，不得拆除、闲置或者擅自更改污染控制装置。鼓励柴油车加油时添加车用尿素等氮氧化物还原剂，减少大气污染物排放。

第五十四条　机动车和非道路移动机械维修单位应当按照大气污染防治的要求和国家有关技术规范，对送修的机动车和非道路移动机械进行维修和保养，使其达到规定的排放标准。

维修单位不得以使机动车和非道路移动机械通过排放检验为目的，提供临时更换污染控制装置的维修服务。

第五十八条　非道路移动机械不得超过标准排放大气污染物。

非道路移动机械排放大气污染物超过标准的，应当及时进行维修，经检验合格后方可使用。

第七章　法律责任

第八十四条　违反本条例第四十五条规定，销售非法生产或者走私的用于机动车船、非道路移动机械的燃料的，由县级以上人民政府商务主管部门、海关按照职责责令改正，没收非法生产或者走私的燃料和违法所得，并处货值金额一倍以上三倍以下的罚款。

第八十五条　违反本条例第五十三条第一款规定，机动车和非道路移动机械所有人或者使用人拆除、闲置或者擅自更改污染控制装置的，由县级以上人民政府生态环境主管部门责令改正，处五百元以上五千元以下的罚款。

南宁市机动车和非道路移动机械排气污染防治条例（摘选）

（2018 年 9 月 27 日南宁市第十四届人民代表大会常务委员会第十五次会议通过，2019 年 3 月 29 日广西壮族自治区第十三届人民代表大会常务委员会第八次会议批准）

第一章　总则

第一条　为了防治机动车和非道路移动机械排气污染，保护和改善大气环境，保障公众健康，促进经济社会可持续发展，根据《中华人民共和国大气污染防治法》等法律法规，结合本市实际，制定本条例。

第二条　本条例适用于本市行政区域内机动车和非道路移动机械的排气污染防治。

本条例所称机动车和非道路移动机械排气污染，是指由机动车和非道路移动机械排气管、曲轴箱和燃油燃气系统向大气排放、蒸发污染物所造成的污染。本条例所称非道路移动机械是指装配有发动机的移动机械和可运输工业设备。包括工程机械、农业机械、小型通用机械、柴油发电机组等。

第三条　机动车和非道路移动机械排气污染防治坚持防控结合、分类管理、社会共治、排污担责的原则。

第四条　市、县（区）人民政府应当建立机动车和非道路移动机械排气污染防治工作协调机制，协调处理污染防治工作中的重大问题；组织制定、实施机动车和非道路移动机械排气污染防治规划，保障经费投入，健全监督管理体系，控制污染总量。

第五条　市、县（区）生态环境主管部门对本行政区域内行驶或者使用的机动车和非道路移动机械排气污染防治实施统一监督管理。公安、住房和城乡建设、市政和园林、交通运输、水利、农业农村、林业、市场监督管理等有关部门按照相关的法律、法规以及本条例规定的职责，对机动车和非道路移动机械排气污染实施监督管理。

第六条　生态环境主管部门应当建立机动车和非道路移动机械排气污染监督举报制度。受理投诉、举报后，应当及时调查处理，并在接到投诉、举报之日起十五个工作日内将处理结果告知投诉人、举报人。

第二章　一般规定

第七条　在本市行政区域内销售以及办理注册登记、转入登记的机动车和非道路移动机械，应当符合国家规定的机动车、非道路移动机械阶段性排放标准。

第八条　在用机动车、非道路移动机械所有人或者使用人应当对机动车、非道路移动机械进行维修保养，保持排气污染控制装置处于正常工作状态，不得拆除、闲置、擅自更改排气污染控制装置和车载排放诊断系统。

第九条　机动车和非道路移动机械维修单位应当按照大气污染防治的要求和国家有关技术规范，对送修的机动车和非道路移动机械进行维修保养，使其达到规定的排放标准。

维修单位应当如实向生态环境主管部门上传排气污染控制装置维修信息。

维修单位不得以使机动车和非道路移动机械通过排放检验为目的，提供临时更换污染控制装置的维修服务。

第四章　非道路移动机械排气污染防治

第十五条　本市实行非道路移动机械备案制度。非道路移动机械所有人或者使用人应当向生态环境主管部门报送非道路移动机械的名称、类别、数量、污染物排放等资料信息。备案的具体办法由市人民政府制定。

第十六条　生态环境主管部门应当建立非道路移动机械排气污染防治数据信息系统，定期向社会公告非道路移动机械备案的相关信息。

第十七条　生态环境、住房和城乡建设、市政和园林、交通运输、农业农村、水利、林业、市场监督管理等有关部门应当督促本行业选用符合国家规定排放标准的非道路移动机械，建立非道路移动机械管理台账。

生态环境主管部门负责督促工业企业使用的非道路移动机械备案登记。

住房和城乡建设管理部门负责督促建筑施工现场使用的非道路移动机械备案登记。

市政和园林管理部门负责督促城市道路施工工地使用的非道路移动机械备案登记。

交通运输管理部门负责督促港口码头作业和公路施工非道路移动机械备案登记。

农业农村管理部门负责督促农业机械的备案登记，对列入财政补贴范围的农用设备或者车辆明确要求应满足国家非道路移动机械排放标准或者相应的机动车排放标准。

水利、林业管理部门负责督促本行业施工使用的非道路移动机械备案登记。

市场监督管理部门负责加强对非道路移动机械用燃料、发动机油、润滑油添加剂等质量监督抽查。

第十八条 生态环境主管部门可以会同公安、住房和城乡建设、市政和园林、交通运输、水利、农业农村、林业、市场监督管理等部门，在非道路移动机械集中停放地、维修地、使用地等对非道路移动机械的大气污染物排放状况进行抽测。

经检测超过国家排放标准或者排放黑烟等可见污染物的非道路移动机械不得继续使用。

第十九条 任何单位和个人不得出租、出借超过国家排放标准或者排放黑烟等可见污染物的非道路移动机械。

第二十条 市人民政府可以根据大气环境质量状况，划定禁止使用高排放非道路移动机械的区域，并向社会公告。

生态环境主管部门可以采用电子标签、电子围栏、排气监控等技术手段对禁止区域进行实时监控。

第五章 法律责任

第二十七条 违反本条例第十八条第二款规定，使用超过国家标准排放大气污染物或者排放黑烟等可见污染物的非道路移动机械的，由生态环境主管部门责令限期改正，处五千元罚款。

第二十八条 违反本条例第十九条规定，出租、出借超过国家排放标准或者排放黑烟等可见污染物非道路移动机械的，由生态环境主管部门责令限期改正，处二百元以上二千元以下罚款。

第二十九条 违反本条例第二十条第一款规定，在禁止区域内使用高排放非道路移动机械的，由生态环境主管部门责令非道路移动机械使用人限期改正，处五千元罚款。

桂林市机动车船和非道路移动机械排气污染防治条例（摘选）

（2020年6月29日桂林市第五届人民代表大会常务委员会第三十次会议通过，2020年9月22日广西壮族自治区第十三届人民代表大会常务委员会第十八次会议批准）

第一章 总则

第一条 为了防治机动车船和非道路移动机械排气污染，保护和改善大气环境，保障公众健康，推进生态文明建设，促进经济社会可持续发展，根据《中华人民共和国大气污染防治法》《广西壮族自治区大气污染防治条例》等法律、法规，结合本市实际，制定本条例。

第二条 本条例适用于本市行政区域内机动车船和非道路移动机械排气污染防治。

本条例所称机动车船和非道路移动机械排气污染，是指由排气管、曲轴箱和燃油燃气系统向大气排放、蒸发污染物所造成的污染。

本条例所称非道路移动机械是指装配有发动机的移动机械和可运输工业设备，主要包括挖掘机、起重机、推土机、装载机、压路机、摊铺机、平地机、叉车、桩工机械、堆高机、牵引车、摆渡车、场内车辆、农业机械等。

第三条 市、县（市、区）人民政府应当对本行政区机动车船和非道路移动机械排气污染防治工作负责，建立防治工作协调机制和执法联动机制，协调处理污染防治工作中的重大问题；组织制定、实施机动车船和非道路移动机械排气污染防治规划，保障经费投入，健全监督管理体系，控制大气污染物排放总量，促进大气环境质量达到规定标准并逐步改善。

第四条 生态环境主管部门应当建立有关管理制度，对本行政区域内行驶或者使用的机动车船和非道路移动机械的排气污染防治实施统一监督管理。公安、交通运输、住房和城乡建设、城市管理、水利、林业和园林、商务、市场监管、农业农村、海事、船舶检验等有关部门按照相关的法律、法规以及本条例规定的职责，对机动车船和非道路移动机械排气污染实施监督管理。

第二章 一般规定

第五条 本市在用机动车船和非道路移动机械不得超过标准排放大气污染物。

在本市行政区域内销售以及办理注册登记、转入登记的机动车船和非道路移动机械，应当符合国家阶段性排放标准。

第六条 本市生产、销售的机动车船和非道路移动机械用燃料、发动机油、氮氧化物还原剂、燃料添加剂和润滑油添加剂以及其他添加剂的有害物质含量和其他大气环境保护指标应当符合国家有关标准要求。

第七条 在用机动车船和非道路移动机械所有人或者使用人应当及时对机动车船和非道路移动机械进行维修保养，保持排气污染控制装置处于正常工作状态，不得拆除、闲置或者擅自更改排气污染控制装置和车载排放诊断系统。

生态环境主管部门应当制定重型柴油车和非道路移动机械排放诊断系统联网管理办法并组织实施。

第八条 机动车船和非道路移动机械维修单位应当按照大气污染防治的要求和国家有关技术规范，对送修的机动车船和非道路移动机械进行维修保养，使其达到规定的排放标准。

维修单位应当如实向生态环境主管部门上传排气污染控制装置维修信息。

第九条 生态环境主管部门应当会同公安、交通运输、船舶检验等部门建立机动车船和非道路移动机械排气污染检验、维修信息的数据平台，实现对机动车船和非道路移动机械排气污染检验、维修信息的实时联网、实时共享。

第十条 从事城市公交、道路运输、船舶运输、环卫、邮政、快递、出租车以及非道路移动机械经营业务的企业事业单位和其他生产经营者，应当建立机动车船和非道路移动机械排气污染防治责任制度，单位负责人对确保本单位所有或者使用的机动车船和非道路移动机械排放符合标准负责。

第十一条 机动车所有人或者非道路移动机械所有人、使用人对排放检验机构的检验结果有异议的，可以在收到检验报告之日起五个工作日内向所在地生态环境主管部门申请复核，生态环境主管部门应当自收到申请复核之日起十五个工作日内会同相关部门对检验是否符合国家和自治区规定的排放检验技术规范进行调查处理并予以答复。

第四章 非道路移动机械排气污染防治

第十七条 本市实行非道路移动机械申报编码登记管理。非道路移动机械所有人应当向生态环境主管部门申报非道路移动机械的名称、类别、污染物排放等资料信息。申报编码登记的具体办法由市人民政府制定并公布实施。

生态环境主管部门应当建立非道路移动机械排气污染防治数据信息系统，及时向社会公布非道路移动机械申报编码登记信息。

第十八条 生态环境主管部门应当会同有关部门建立非道路移动机械管理台账。

生态环境、交通运输、住房和城乡建设、城市管理、水利、农业农村、林业和园林等部门负责督促本部门监管的行业单位所有或者使用的非道路移动机械申报编码登记。

特种设备、农业机械等登记主管部门应当将已经登记的非道路移动机械信息资料移送生态环境主管部门纳入管理台账。

第十九条 非道路移动机械排放检验机构应当依法通过计量认证，使用经依法检定合格的非道路移动机械排放检验设备，按照国务院生态环境主管部门制定的规范，对非道路移动机械进行排放检验，并与生态环境主管部门联网，实现检验数据实时共享。

非道路移动机械排放检验机构及其负责人对检验数据的真实性和准确性负责，不得伪造非道路移动机械排放检验结果或者出具虚假排放检验报告。

第二十条 生态环境主管部门可以会同公安、住房和城乡建设、交通运输、水利、农业农村、市场监督管理、林业和园林等部门，在非道路移动机械集中停放地、维修地、使用地等对非道路移动机械的大气污染物排放状况进行监督检查。排放不合格的，不得使用。

第二十一条 非道路移动机械所有人和使用人应当保证排气污染控制装置的正常使用，排气污染控制装置发生故障的，应当予以维修。

任何单位和个人不得干扰和破坏非道路移动机械排气污染控制装置的正常使用。

第二十二条　市人民政府可以根据本行政区域大气环境质量状况和功能区划的要求，划定禁止使用高排放非道路移动机械的区域，并向社会公告。在禁止区域内不得使用高排放非道路移动机械。

生态环境主管部门可以采用电子标签、电子围栏、排气监控等技术手段对禁止区域进行实时监控。

第五章　法律责任

第二十五条　违反本条例第十条规定，从事城市公交、道路运输、船舶运输、环卫、邮政、快递、出租车以及非道路移动机械经营业务的企业事业单位和其他生产经营者，本单位注册车辆、船舶和非道路移动机械在一个自然年内经排放检验不合格的数量超过登记数量百分之十的，或者同一车辆、船舶和非道路移动机械经排放检验不合格超过三次以上的，由生态环境主管部门对其负责人处一千元以上五千元以下罚款。

第二十七条　违反本条例第十七条第一款规定，使用未申报编码登记的非道路移动机械的，由生态环境主管部门责令所有人或者使用人限期改正，逾期不改正的，每台处五百元以上一千元以下罚款。

第二十八条　违反本条例第十九条第一款，非道路移动机械排放检验机构未与生态环境主管部门联网，开展检验业务的，由生态环境主管部门责令限期改正，处一万元以上五万元以下罚款。

违反本条例第十九条第二款，伪造非道路移动机械排放检验结果或者出具虚假排放检验报告的，由生态环境主管部门没收违法所得，并处十万元以上五十万元以下的罚款；情节严重的，由负责资质认定的部门取消检验资格。

第二十九条　违反本条例第二十条规定，使用排放不合格的非道路移动机械的，由生态环境主管部门责令改正，处五千元罚款。

第三十条　违反本条例第二十一条第二款规定，干扰和破坏非道路移动机械排气污染控制装置正常使用的，由生态环境主管部门责令改正，处五千元罚款。

第三十一条　违反本条例第二十二条第一款规定，在禁止区域内使用高排放非道路移动机械的，由生态环境主管部门责令改正，处一千元以上五千元以下罚款。

江西省

江西省大气污染防治条例（摘选）

（2016 年 12 月 1 日江西省第十二届人民代表大会常务委员会第二十九次会议通过）

第四章 机动车船和非道路移动机械排放及其他污染防治

第三十九条 非道路移动机械不得超过标准排放大气污染物。非道路移动机械排放大气污染物超过标准的，应当及时进行维修，经检验合格后方可使用。

江西省非道路移动机械排气污染防治条例

（2022 年 9 月 29 日江西省第十三届人民代表大会常务委员会第四十一次会议通过）

第一条 为了防治非道路移动机械排气污染，保护和改善大气环境，保障公众健康，根据《中华人民共和国大气污染防治法》等法律、法规，结合本省实际，制定本条例。

第二条 本省行政区域内非道路移动机械排气污染防治及其监督管理等活动，适用本条例。因国防建设和抢险救灾、森林灭火等应急救援需要使用的非道路移动机械，不适用本条例。

本条例所称非道路移动机械，是指用于非道路上的，装配有化石燃料发动机的移动机械和可运输作业设备，包括工业钻探设备、工程机械、农业机械、林业机械、材料装卸机械、叉车、机场地勤设备、空气压缩机、发电机组、水泵等。

第三条 非道路移动机械排气污染防治坚持政府主导、源头防范、标本兼治、突出重点、共同防治的原则。

第四条 县级以上人民政府应当加强对非道路移动机械排气污染防治工作的领导，并将其纳入生态环境保护规划，建立健全相应的协调机制。

省、设区的市人民政府生态环境主管部门对非道路移动机械排气污染防治实施统一监督管理。

县级以上人民政府住房和城乡建设、交通运输、工业和信息化、城市管理、农业农村、水利、采砂管理、自然资源、林业、市场监督管理等部门按照各自职责，做好非道路移动机械排气污染相关防治工作。

第五条 禁止生产、进口或者销售排气污染物超过标准的非道路移动机械。鼓励非道路移动机械排气污染防治先进技术的开发和应用。

非道路移动机械销售企业所销售的非道路移动机械应当附有排气污染物检测合格证明。

禁止使用、出租或者出借排气污染物超过标准的非道路移动机械。

第六条 本省非道路移动机械实行信息登记制度。省人民政府生态环境主管部门应当建立非道路移动机械信息管理平台，会同有关主管部门制定本省非道路移动机械信息登记管理规定。设区的市人民政府生态环境主管部门或者其派出机构提供信息登记服务不得收取费用。

县级以上人民政府住房和城乡建设、交通运输、城市管理、农业农村、水利、采砂管理、自然资源、林业等部门应当组织、督促本行业使用的非道路移动机械开展信息登记。

新增的非道路移动机械所有人应当自获得所有权之日起三十日内，通过互联网或者现场等方式向设区的市人民政府生态环境主管部门或者其派出机构提供登记信息。

现有的非道路移动机械未进行信息登记的，所有人应当自本条例实施之日起六个月内，按照前款规定提供登记信息。

第七条 涉及使用非道路移动机械的，建设单位应当在招标文件中明确要求施工单位使用已进行信息登记且符合排放标准的非道路移动机械，并监督实施。

第八条 非道路移动机械应当达标排放。

在用非道路移动机械未安装污染控制装置或者污染控制装置不符合要求，不能达标排放的，应当加装或者更换符合要求的污染控制装置。

第九条 非道路移动机械所有人或者使用人应当定期对作业机械进行排放检验和维修养护；对排气污染物超过标准且经维修后仍不达标的机械，应当停止使用。

第十条 设区的市人民政府生态环境主管部门或者其派出机构应当会同县级以上人民政府住房和城乡建设、城市管理、交通运输、农业农村、水利、采砂管理、自然资源、林业等部门对非道路移动机械的污染物排放状况进行免费监督抽测。被抽测的非道路移动机械所有人和使用人应当予以配合。监督抽测结果应当告知非道路移动机械所有人和使用人。抽测不合格的，不得使用。

监督抽测可以委托第三方机构进行非道路移动机械排放检测。从事排放检测的第三方机构应当使用经依法检定合格的检测设备。国家规定第三方机构需经依法计量认证的，依照其规定执行。第三方机构应当对出具的检测报告的真实性、完整性负责。

第十一条 非道路移动机械污染物排放标准和其使用的燃料、氮氧化物还原剂、发动机油、润滑油添加剂以及其他添加剂的质量标准，按照国家规定执行。

县级以上人民政府市场监督管理部门负责对生产、销售的非道路移动机械用燃料、氮氧化物还原剂、发动机油、润滑油添加剂以及其他添加剂等有关产品的质量进行监督检查。

第十二条　城市人民政府可以根据大气环境质量状况，依法划定禁止使用高排放非道路移动机械的区域，并向社会公布。

设区的市人民政府生态环境主管部门或者其派出机构应当逐步通过电子标签、电子围栏、远程排放管理系统等对非道路移动机械的大气污染物排放状况进行监督管理。

第十三条　县级以上人民政府根据重污染天气预警等级，可以采取限制非道路移动机械的使用应急措施，明确限制区域和时段，并及时向社会公布。非道路移动机械使用人应当按照规定执行应急措施。

第十四条　县级以上人民政府采取财政、政府采购等措施推广应用节能环保型和新能源非道路移动机械。鼓励清洁能源非道路移动机械的开发、生产、销售和使用。

使用财政资金购置非道路移动机械的，应当优先选购新能源非道路移动机械。

第十五条　违反本条例规定，有下列情形之一的，由设区的市人民政府生态环境主管部门或者其派出机构、县级以上人民政府住房和城乡建设、交通运输、城市管理、农业农村、水利、采砂管理、自然资源、林业等负有监督管理职责的主管部门按照职责责令改正，处五千元的罚款：

（一）使用污染物排放超过标准的非道路移动机械的；

（二）在用非道路移动机械未按照规定加装、更换符合要求的污染控制装置的。

违反本条例规定，在禁止使用高排放非道路移动机械的区域内使用高排放非道路移动机械的，由城市人民政府生态环境等主管部门责令改正，处五百元以上五千元以下的罚款。

第十六条　违反本条例规定，设区的市人民政府生态环境主管部门或者其派出机构、县级以上人民政府其他负有监督管理职责的主管部门及其工作人员滥用职权、玩忽职守、徇私舞弊、弄虚作假的，依法给予处分。

第十七条　本条例自 2022 年 12 月 1 日起施行。

福建省

福建省大气污染防治条例（摘选）

（2018 年 11 月 23 日福建省第十三届人民代表大会常务委员会第七次会议通过）

第四章 防治措施

第四节 机动车船和非道路移动机械污染防治

第五十四条（第一款、第二款略）

县级以上地方人民政府应当制定高排放在用机动车和非道路移动机械治理方案，可以采取经济补偿等措施，鼓励高排放机动车和非道路移动机械提前报废。

第五十五条 新购置机动车应当符合国家和本省阶段性机动车污染物排放标准。销售者应当在其经营场所明示其所销售的机动车船和非道路移动机械符合国家和本省排放标准。在用机动车船和非道路移动机械污染物排放，执行国家和本省规定的在用机动车船和非道路移动机械污染物排放标准。

第六十条 在用机动车船和非道路移动机械排放大气污染物不得超过国家和本省排放标准；超过排放标准的，应当进行维修；经维修、采用污染控制技术后仍不符合排放标准的，不得运营或者使用。

维修单位应当按照防治大气污染的要求和有关技术规范对在用机动车船和非道路移动机械进行维修。

（第三款略）

第六十一条 禁止生产、进口、销售不符合强制性国家标准的机动车船、非道路移动机械用燃料。燃料销售者应当在其经营场所明示其所销售燃料的质量指标。

禁止生产、进口、销售不符合强制性国家标准的机动车船、非道路移动机械发动机油、氮氧化物还原剂、燃料和润滑油添加剂以及其他添加剂。

禁止向汽车和摩托车销售普通柴油或者其他非机动车用燃料；禁止向非道路移动机械、内河和江海直达船舶销售渣油、重油等劣质油品。

第六章 法律责任

第八十二条 违反本条例规定，伪造机动车、非道路移动机械排放检验结果或者出具虚假排放检验报告的，由省、设区的市人民政府生态环境主管部门或其派出机构没收违法所得，并处十万元以上五十万元以下罚款；情节严重的，由市场监督管理部门取消其检验资格。直接负责的主管人员和其他直接责任人员三年内不得从事监测服务活动。

漳州市大气污染防治条例（摘选）

（2020 年 8 月 25 日漳州市第十六届人民代表大会常务委员会第三十二次会议通过，2020 年 9 月 29 日福建省第十三届人民代表大会常务委员会第二十三次会议批准）

第三章　防治措施

第二节　机动车船和非道路移动机械污染防治

第二十二条　在用机动车船、非道路移动机械排放大气污染物不得超过国家和本省排放标准；超过排放标准的，应当进行维修；经维修、采用污染控制技术后仍不符合排放标准的，不得运营或者使用。

（第二款略）

第二十三条　在用重型柴油车、非道路移动机械未安装污染控制装置或者污染控制装置不符合要求，不能达标排放的，应当加装或者更换符合要求的污染控制装置。

第二十四条　城市人民政府可以根据大气环境质量状况，划定并公布禁止使用高排放非道路移动机械的区域。

任何单位和个人不得在禁止使用高排放非道路移动机械的区域内使用高排放非道路移动机械。

第二十五条　在用非道路移动机械应当进行编码登记，并安装定位系统。已编码登记的非道路移动机械，由市人民政府生态环境主管部门或者其派出机构按照有关规定发放编码登记标牌。

第二十六条（第一款略）

生态环境主管部门应当会同交通运输、住房和城乡建设、农业农村、水利、城市管理等有关部门，加大对在用非道路移动机械超标排放的联合执法力度。

第二十七条　市、县（市、区）人民政府应当制定高排放在用机动车和非道路移动机械治理方案，可以采取经济补偿等措施，鼓励高排放机动车和非道路移动机械提前报废。

第二十八条　禁止生产、进口、销售不符合强制性国家标准的供机动车船、非道路移动机械使用的燃料、发动机油、氮氧化物还原剂、燃料和润滑油添加剂。

市、县（市、区）人民政府市场监督主管部门应当每年不少于两次对供机动车船、非道路移动机械使用的燃料、发动机油、氮氧化物还原剂、燃料和润滑油添加剂实施监督抽查，并向社会公布监督抽查结果。

国家监督抽查的产品和上级监督抽查的产品，按照有关规定执行。

第四章　法律责任

第三十八条　违反本条例第二十四条第二款规定，单位或者个人在禁止使用高排放非道路移动机械的区域内使用高排放非道路移动机械的，由市人民政府生态环境主管部门或者其派出机构责令改正，处一千元以上五千元以下罚款。

第三十九条　违反本条例第二十五条规定，未按照规定办理非道路移动机械编码登记或者未安装定位系统的，由市人民政府生态环境主管部门或者其派出机构责令改正；拒不改正的，处二千元罚款。

海南省

海南省大气污染防治条例（摘选）

（2018 年 12 月 26 日海南省第六届人民代表大会常务委员会第八次会议通过）

第三章　大气污染防治措施

第三节　机动车船等污染防治

第二十六条　市、县、自治县人民政府可以根据大气环境质量状况，划定并公布禁止高排放车辆通行的区域和时间，以及禁止高排放非道路移动机械使用的区域。高排放机动车应当按照规定的时间和区域行驶。

省人民政府生态环境主管部门应当会同公安、交通运输、住房和城乡建设、农业农村等有关主管部门制定本省高排放机动车、高排放非道路移动机械淘汰治理计划。市、县、自治县人民政府生态环境主管部门应当会同相关部门制定本行政区域高排放机动车、高排放非道路移动机械淘汰治理方案并组织实施。

鼓励和支持高排放机动车船和非道路移动机械提前报废。

高排放机动车船、高排放非道路移动机械由省人民政府生态环境主管部门会同有关部门认定。

第二十八条 非道路移动机械的所有者或者使用者应当向市、县、自治县人民政府交通运输、住房和城乡建设、工业和信息化、农业农村、林业等有关主管部门申报非道路移动机械的种类、数量、功率、污染物排放信息、使用场所等情况，相关部门应当将申报信息与同级生态环境主管部门共享。

市、县、自治县人民政府生态环境主管部门应当会同有关部门在非道路移动机械集中停放地、维修地、施工工地等场地对非道路移动机械的大气污染物排放状况进行监督检测；排放不合格的，不得使用。

建设单位应当监督施工单位使用排放合格的非道路移动机械。

第四章 法律责任

第五十六条（第一款略）

违反本条例第二十六条第一款规定，在禁止区域使用高排放非道路移动机械的，由县级以上人民政府生态环境等主管部门责令改正，处五千元的罚款。

第五十七条 违反本条例第二十八条第一款规定，非道路移动机械的所有者或者使用者未履行相关申报义务的，由县级以上人民政府相关部门按照职责责令改正，处五百元的罚款。

违反本条例第二十八条第二款规定，使用排放不合格的非道路移动机械的，由县级以上人民政府生态环境等主管部门责令改正，处五千元的罚款。

甘肃省

甘肃省大气污染防治条例（摘选）

（2018 年 11 月 29 日甘肃省第十三届人民代表大会常务委员会第七次会议通过）

第五章 机动车（船）污染防治

第五十一条 机动车（船）、非道路移动机械不得超过标准排放大气污染物。

禁止生产、进口、销售大气污染物排放超过标准的机动车（船）、非道路移动机械。

第五十六条 农业机械、工程机械等非道路移动机械向大气排放污染物应当符合国家规定的排放标准；超过规定排放标准的，应当限期治理，经治理仍不符合规定标准的，由县级以上人民政府农业农村、交通运输、住房和城乡建设、水行政等有关部门按照职责责令停止使用。

第五十七条（第一款略）

在用重型柴油车、非道路移动机械未安装污染控制装置或者污染控制装置不符合要求，不能达标排放的，应当加装或者更换符合要求的污染控制装置。

城市人民政府可以根据大气环境质量状况，划定并公布禁止使用高排放非道路移动机械的区域。

第五十八条（第一款略）

引导、鼓励、支持淘汰大气污染物高排放的机动车（船）和非道路移动机械提前报废。

第五十九条 禁止生产、进口、销售不符合国家标准的机动车（船）、非道路移动机械用燃料；禁止向汽车和摩托车销售普通柴油以及其他非机动车用燃料；禁止向非道路移动机械、船舶销售渣油和重油。

第六十条 发动机油、氮氧化物还原剂、燃料和润滑油添加剂以及其他添加剂的有害物质含量和其他大气环境保护指标，应当符合有关标准的要求，不得损害机动车（船）污染控制装置效果和耐久性，不得增加新的大气污染物排放。

第九章 法律责任

第九十二条 违反本条例规定，进口、销售超过污染物排放标准的机动车、非道路移动机械的，由县级以上人民政府市场监督管理部门、海关按照职责没收违法所得，并处货值金额一倍以上三倍以下罚款，没收销毁无法达到污染物排放标准的机动车、非道路移动机械；进口行为构成走私的，由海关依法予以处罚。

违反本条例规定，销售的机动车、非道路移动机械不符合污染物排放标准的，销售者应当负责修理、更换、退货；给购买者造成损失的，销售者应当赔偿损失。

第九十三条 违反本条例规定，伪造机动车、非道路移动机械排放检验结果或者出具虚假排放检验报告的，由生态环境主管部门或者其派出机构没收违法所得，并处十万元以上五十万元以下罚款；情节严重的，由负责资质认定的部门取消其检验资格。

（第二款略）

第九十五条 违反本条例规定，使用排放不合格的非道路移动机械，或者在用重型柴油车、非道路移动机械未按照规定加装、更换污染控制装置的，由生态环境等主管部门按照职责责令改正，处五千元罚款。

违反本条例规定，在禁止使用高排放非道路移动机械的区域使用高排放非道路移动机械的，由城市人民政府生态环境等主管部门依法予以处罚。

兰州市大气污染防治条例（摘选）

（2019 年 10 月 30 日兰州市第十六届人民代表大会常务委员会第二十三次会议通过，
2019 年 11 月 29 日甘肃省第十三届人民代表大会常务委员会第十三次会议批准）

第三十条 市人民政府应当制定扶持政策，鼓励和支持高排放机动车船、非道路移动机械提前报废，扶持在用重型柴油车加装或者更换符合要求的污染控制装置。

第三十四条 非道路移动机械向大气排放污染物，应当符合本市执行的国家排放标准。

非道路移动机械的所有者应当向市生态环境主管部门或者其派出机构申报非道路移动机械的种类、数量、使用场所等情况，领取识别标志，并将识别标志粘贴于显著位置。非道路移动机械申报及管理信息纳入市生态环境主管部门信息平台。

市、区（县）人民政府农业农村、住房和城乡建设等主管部门应当配合生态环境主管部门，按照各自职责，加强对农业机械、施工工程机械等非道路移动机械排放污染物的监督和管理。

第五十六条 各类施工工地应当建立完备规范的月度管理（电子）台账，明确工地名称、所有建设手续、建设和施工方、开（复）工时间、施工面积、施工机械类型及数量、扬尘污染智能监控配置、施工扬尘防治措施落实情况、完工时间、现场监督人员及环境违法行为处罚等信息。

兰州市机动车排气污染防治条例（摘选）

（2018 年 4 月 24 日兰州市第十六届人民代表大会常务委员会第十三次会议通过，
2018 年 7 月 28 日甘肃省第十三届人民代表大会常务委员会第四次会议批准）

第二章 预防控制

第十二条 机动车和非道路移动机械向大气排放污染物不得超过本市执行的排放标准，不得排放黑烟等明显可视污染物。

第十三条 机动车和非道路移动机械所有人或者使用人以及机动车维修单位应当及时对车辆进行维修保养，不得拆除、破坏排气污染控制装置和车载排放诊断系统，保持排气污染控制装置处于正常工作状态。

第十六条 市人民政府根据大气环境质量防治需要和机动车排气污染程度，可以确定禁止高排放机动车行驶的区域、时段，可以划定并公布禁止使用高排放非道路移动机械的区域；在大气环境受到严重污染时，可以适时启动政府大气污染防治应急预案，并提前向社会公告。

第三章 检验治理

第二十三条 环境保护行政主管部门应当会同交通运输、市场监督、建设、农业等部门加强对非道路移动机械的大气污染防治的监督管理，可以在非道路移动机械集中停放地、维修地、施工工地等场地对非道路移动机械开展抽样检测。

第二十四条 从事非道路移动机械租赁经营者，不得出租或者出借超标排放的机械。

第二十五条 非道路移动机械所有人或者使用人应当遵守下列规定：

（一）保证作业机械达到本市执行的排放标准，不得使用超过本市排放标准或者冒黑烟等明显可视污染物的机械；

（二）定期对作业机械进行排放检测和维修养护；

（三）对超标排放且经维修或者采用排放控制技术后仍不达标的机械，应当停止使用；

（四）接受相关行政管理部门的监督检查。

第五章 法律责任

第三十六条 违反本条例规定，机动车和非道路移动机械所有人或者使用人拒绝抽测的，由县（区）环境保护行政主管部门予以警告，并可以对个人处五百元罚款，对单位处五千元罚款。

第三十七条 违反本条例规定，使用超标排放的非道路移动机械的，或者非道路移动机械未按规定加装、更换污染控制装置的，由县（区）环境保护等主管部门责令改正，处五千元的罚款。

张掖市大气污染防治条例（摘选）

（2020 年 3 月 3 日张掖市第四届人民代表大会常务委员会第二十二次会议通过，2020 年 4 月 1 日甘肃省第十三届人民代表大会常务委员会第十五次会议批准）

第三章 防治措施

第三节 机动车（船）及非道路移动机械污染防治

第二十九条 市、县（区）市场监督管理、商务部门应当加强生产、流通领域燃油质量的监督管理。

禁止生产、进口、销售不符合标准的机动车（船）、非道路移动机械用燃料；禁止向汽车和摩托车销售普通柴油以及其他非机动车用燃料；禁止向非道路移动机械、船舶销售渣油和重油。

发动机油、氮氧化物还原剂、燃料和润滑油添加剂以及其他添加剂的有害物质含量和其他大气环境保护指标，应当符合有关标准的要求，不得损害机动车（船）污染控制装置效果和耐久性，不得增加新的大气污染物。

第三十一条（第一款、第二款略）

市生态环境主管部门及其派出机构应当会同市、县（区）交通运输、住房和城乡建设、农业农村、水务等有关部门对非道路移动机械的大气污染物排放状况进行监督检查，排放不合格的，不得使用。

第三十二条（第一款略）

引导、鼓励、支持淘汰大气污染物高排放的机动车（船）和非道路移动机械提前报废。

第五十九条　违反本条例第二十九规定，生产、销售不符合标准的机动车（船）和非道路移动机械用燃料、发动机油、氮氧化物还原剂、燃料和润滑油添加剂以及其他添加剂的，由市、县（区）市场监督管理部门责令改正，没收原材料、产品和违法所得，并处货值金额一倍以上三倍以下的罚款。

第六十条　违反本条例第三十条、第三十一条规定，销售超过污染物排放标准的机动车、非道路移动机械的，由市、县（区）市场监督管理部门没收违法所得，并处货值金额一倍以上三倍以下的罚款，没收销毁无法达到污染物排放标准的机动车、非道路移动机械。

销售的机动车、非道路移动机械不符合污染物排放标准的，销售者应当负责修理、更换、退货；给购买者造成损失的，销售者应当赔偿损失。

（第三款、第四款略）

使用排放不合格的非道路移动机械的，由市、县（区）生态环境等主管部门按照职责责令改正，处五千元的罚款。

第三十条　机动车（船）、非道路移动机械不得超过标准排放大气污染物。

禁止生产、进口或者销售大气污染物排放超过标准的机动车船、非道路移动机械。

青海省

青海省大气污染防治条例（摘选）

（2018 年 11 月 28 日青海省第十三届人民代表大会常务委员会第七次会议通过）

第三章　防治措施

第四十四条　县级以上人民政府生态环境主管部门应当会同交通运输、住房和城乡建设、农业农村、水利等有关部门，对工程机械、材料装卸机械、农业机械等非道路移动机械的大气污染物排放进行监督检查，排放不合格的不得使用。

西宁市大气污染防治条例（摘选）

（2015 年 10 月 28 日西宁市第十五届人民代表大会常务委员会第三十一次会议通过，2015 年 11 月 27 日青海省第十二届人民代表大会常务委员会第二十三次会议批准　根据2018 年 2 月 8 日西宁市第十六届人民代表大会第四次会议通过并经 2018 年 5 月 31 日青海省第十三届人民代表大会常务委员会第三次会议批准的《西宁市人民代表大会关于修改和废止部分地方性法规的决定》的决议修正）

第四章　机动车排气污染防治

第三十条　任何单位和个人不得生产、销售或者进口污染物排放超过规定排放标准的机动车和非道路移动机械。

机动车和非道路移动机械向大气排放污染物不得超过规定的排放标准。不符合排放标准的机动车，公安机关交通管理部门不予核发牌证。

排放明显可见黑烟的机动车和非道路移动机械不得上路行驶和使用。

第三十二条　机动车和非道路移动机械所有者或者使用者不得拆除、闲置或者擅自更改排放污染控制装置，并保持装置正常使用。

第三十九条（第一款略）

鼓励高排放机动车、非道路移动机械提前报废。

宁夏回族自治区

宁夏回族自治区大气污染防治条例（摘选）

（2017年9月28日宁夏回族自治区第十一届人民代表大会常务委员会第三十三次会议通过）

第三章 机动车污染防治

第十七条 环境保护主管部门应当会同交通运输、住房和城乡建设、农牧行政、水行政等有关部门，加强对工程机械、农业机械、小型通用机械等非道路移动机械污染物排放的监督检查，排放不合格的，不得使用。

第十八条 县级以上人民政府根据大气环境质量状况，可以划定限制或者禁止高排放非道路移动机械通行的时间段和区域。

新疆维吾尔自治区

乌鲁木齐市机动车和非道路移动机械排气污染防治条例（摘选）

（2018年8月9日乌鲁木齐市第十六届人民代表大会常务委员会第十三次会议通过，2018年11月30日新疆维吾尔自治区第十三届人民代表大会常务委员会第七次会议批准）

第一章 总则

第一条 为了防治机动车和非道路移动机械排气污染，保护和改善大气环境，保障公众健康，根据《中华人民共和国大气污染防治法》等有关法律、法规，结合本市实际，制定本条例。

第二条 本市行政区域内使用的机动车和非道路移动机械排气污染防治适用本条例。

第三条 机动车和非道路移动机械排气污染防治工作坚持预防为主、防治结合、社会共治、排污担责的原则。

第四条 市人民政府应当将机动车和非道路移动机械排气污染防治工作纳入年度环境保护目标责任和考核评价体系，保障经费投入，健全监督管理体系，加强人员、装备、设施的配备，保障机构履职能力。

第五条 市环境保护行政主管部门对本市行政区域内的机动车及非道路移动机械排气污染防治实施统一监督管理，其所属的市机动车排气污染监督管理机构具体负责全市机动车和非道路移动机械排气污染防治的日常监督管理。

公安机关交通管理、交通运输、市场监督管理、商务、农牧、林业、建设、城市管理、发展改革等相关行政主管部门应当按照各自职责，共同做好机动车和非道路移动机械排气污染防治工作。

第六条 各级人民政府应当加强机动车和非道路移动机械排气污染防治法律、法规宣传教育。新闻媒体应当开展相关公益宣传，对违法行为进行舆论监督。

第四章　非道路移动机械排气污染防治

第二十四条 非道路移动机械排放大气污染物应当符合本市执行的排放标准。

第二十五条 非道路移动机械所有人或者使用人应当遵守下列规定：

（一）定期对作业机械进行排放检测和维修养护；

（二）对超标排放且经维修或者采用排放控制技术后仍不达标的机械，应当停止使用；

（三）按照相关规定加装、更换污染控制装置；

（四）接受相关行政主管部门的监督管理；

（五）法律法规规定的其他事项。

第二十六条 市人民政府可以根据大气环境质量状况，划定并公布禁止使用高排放非道路移动机械的区域。

第二十七条 环境保护行政主管部门可以会同相关部门对非道路移动机械排气污染状况等进行现场抽查，非道路移动机械所有人或使用人应予配合。

第五章　法律责任

第二十九条 违反本条例规定，伪造机动车、非道路移动机械排放检验结果或者出具虚假排放检验报告的，由环境保护行政主管部门没收违法所得，并处十万元以上五十万元以下的罚款，情节严重的，由负责资质认定的部门取消检验资格。

第三十一条 违反本条例规定，机动车和非道路移动机械所有人或者使用人拒绝监督抽测的，由环境保护行政主管部门予以责令改正，并可以对个人处一千元罚款，对单位处二万元罚款。

第三十二条　非道路移动机械所有人或者使用人违反本条例规定，有下列行为之一的，由环境保护及相关行业行政主管部门责令改正，处五千元罚款：

（一）使用排放不合格的非道路移动机械的；

（二）未按照规定加装、更换污染控制装置的；

（三）在禁止使用高排放非道路移动机械的区域使用高排放非道路移动机械的。

西藏自治区

西藏自治区大气污染防治条例（摘选）

（2018年12月24日西藏自治区第十一届人民代表大会常务委员会第七次会议通过）

第四章　机动车船等污染防治

第三十三条　禁止生产、销售或者进口大气污染物排放超过国家标准的机动车船、非道路移动机械。自治区人民政府生态环境主管部门可以通过现场检查、抽样检测等方式，加强对销售的机动车和非道路移动机械大气污染物排放状况的监督检查，其他有关部门予以配合。

第三十八条　在用重型柴油车、非道路移动机械排放大气污染物不得超过国家规定的标准。在用重型柴油车、非道路移动机械未安装污染控制装置或者污染控制装置不符合要求，不能达标排放的，应当加装或者更换符合要求的污染控制装置。

第三十九条　禁止生产、进口、销售不符合标准的机动车船、非道路移动机械用燃料；禁止向汽车和摩托车销售普通柴油以及其他非机动车用燃料；禁止向非道路移动机械销售渣油和重油。

第五部分
地方政府规章及部门规章

北京市

北京市生态环境局关于发布《北京市非道路移动机械登记管理办法（试行）》的通告

（京环发〔2020〕10号）

为加强对非道路移动机械监管，进一步做好非道路移动机械规范化和精细化管理，持续改善本市环境空气质量，依据《中华人民共和国大气污染防治法》《北京市大气污染防治条例》和《北京市机动车和非道路移动机械排放污染防治条例》等法律法规，结合本市实际，市生态环境局制定了《北京市非道路移动机械登记管理办法（试行）》。现予以发布，自2020年5月1日起施行。特此通告。

北京市生态环境局

2020年4月24日

北京市非道路移动机械登记管理办法（试行）

第一条 为加强对本市非道路移动机械监管，根据《中华人民共和国大气污染防治法》

《北京市大气污染防治条例》和《北京市机动车和非道路移动机械排放污染防治条例》等法律法规，结合本市实际，制定本办法。

第二条　本办法适用于在本市行政区域内从事各类工程施工、企业厂区（场站）内作业、农业生产、园林作业、机场地勤服务等作业的，且无公安机关交通管理部门核发牌照的移动机械和可运输工业设备信息编码登记和进出施工现场记录。

第三条　在本市使用的非道路移动机械，机械登记人应当按照本办法的规定，办理信息编码登记。

第四条　机械登记人应当如实提交规定的材料，并对填报的非道路移动机械相关信息的真实性负责。

第五条　非道路移动机械信息编码登记采用网络登记方式，区生态环境部门负责本行政区域内非道路移动机械信息编码登记的具体工作。市生态环境部门负责发布网络登记系统登录地址和各区生态环境部门办理窗口地址。

第六条　机械登记人应当在非道路移动机械使用前办理信息编码登记，登录网络登记系统，在线提交非道路移动机械信息、凭证，上传的照片应当清晰可辨。具体材料如下：

（一）以个人名义登记的，提交登记人身份证件；以单位名义登记的，提交登记单位营业执照或组织机构代码证。

（二）申报机械照片：3张机身照片，分别为机械前面、尾部、45度（左前或右前）。

（三）如果有机械铭牌、发动机铭牌、环保信息标签的，应上传机械铭牌、发动机铭牌、环保信息标签的照片。

第七条　机械登记人在线提交非道路移动机械相关信息后，区生态环境部门应当在5个工作日内进行审查，对符合要求的，准予登记；对不符合要求的，不予登记。

准予登记的，区生态环境部门告知机械登记人到登记地所属区生态环境部门办理窗口领取环保登记号码标识贴、信息采集卡、信息采集表（样式见附件1）。其中对由市场监管、民航、农业农村等部门核发牌照的非道路移动机械，只领取信息采集表。

第八条　已办理信息编码登记的非道路移动机械更换发动机的，机械登记人应当在网络登记系统上重新办理登记，区生态环境部门注销作废原有环保登记号码，重新发放环保登记号码标识贴、信息采集卡、信息采集表，其中对由市场监管、民航、农业农村等部门核发牌照的非道路移动机械，只发放信息采集表。

第九条　已在外省市办理信息编码登记的在用非道路移动机械转入本市使用的，机械登记人应当在网络登记系统上办理变更登记，由区生态环境部门发放新的信息采集表，原有的环保登记号码标识贴、信息采集卡仍有效。

第十条　已在本市办理信息编码登记的非道路移动机械转出本市且长期不转回本市使用的，机械登记人应当在网络登记系统上办理变更登记。

第十一条　自本办法实施之日起，非道路移动机械在进入工程施工现场前，施工单位现场负责人应查看非道路移动机械的环保登记号码标识贴、信息采集卡、信息采集表。其中对由市场监管、民航、农业农村等部门核发牌照的非道路移动机械，只查看信息采集表。施工单位现场负责人应当同时填写非道路移动机械进出施工现场登记表（模板见附件2），准确记录非道路移动机械进出工程施工现场的相关情况，以备查验。

施工作业承包人或非道路移动机械使用人应主动配合出示相关证件材料。

第十二条　机械登记人应当将环保登记号码标识贴张贴在驾驶室挡风玻璃或机械尾端等不易磨损脱落位置，如无挡风玻璃或尾端没有空间，也可以张贴在机械操作手臂等明显位置，并妥善保管和随机械携带信息采集卡和信息采集表，以备查验。

第十三条　环保登记号码标识贴、信息采集卡或信息采集表遗失、损毁或无法辨识的，机械登记人应当向登记地的区生态环境部门申请补办。

第十四条　本市非道路移动机械登记工作不收取费用。

第十五条　本办法自 2020 年 5 月 1 日起施行。

附件：1. 信息采集卡、环保登记号码标识贴样式（略）

　　　2. 非道路移动机械进出施工现场登记表（略）

北京市生态环境局关于发布《北京市重型汽车和非道路移动机械排放远程监测管理车载终端安装管理办法（试行）》的通告

（京环发〔2020〕9 号）

为减少重型汽车和非道路移动机械排放污染，进一步做好排放远程监测管理车载终端安装工作，持续改善本市环境空气质量，依据《中华人民共和国大气污染防治法》《北京市大气污染防治条例》《北京市机动车和非道路移动机械排放污染防治条例》等法律法规，结合本市实际，我局制定了《北京市重型汽车和非道路移动机械排放远程监测管理车载终端安装管理办法（试行）》。现予以发布，自 2020 年 5 月 1 日起施行。特此通告。

北京市生态环境局

2020 年 4 月 24 日

北京市重型汽车和非道路移动机械排放远程监测管理车载终端安装管理办法（试行）（摘选）

第一条　为加强对本市重型汽车和非道路移动机械监管，根据《中华人民共和国大气污染防治法》《北京市大气污染防治条例》和《北京市机动车和非道路移动机械排放污染防治条例》等法律法规，结合本市实际，制定本办法。

第二条　本办法适用于在本市注册登记的重型柴油车、重型燃气车和在用非道路移动机械，以及长期在本市行政区域内行驶的外埠重型柴油车、重型燃气车。

（第二款略）

本办法中的本市在用非道路移动机械是指本市国四及以上排放标准的非道路移动机械。

（第四款略）

第三条　重型汽车或者非道路移动机械的排放远程监测管理车载终端安装和运行维护费用由重型汽车或者非道路移动机械所有者或者使用者承担。

第七条　非道路移动机械生产企业应当按照国家标准《非道路移动机械用柴油机排气污染物排放限值及测量方法（中国第三、四阶段）》（GB 20891）规定的具体时间节点和要求，安装排放远程监测管理车载终端，并与市生态环境局排放远程监测管理平台联网。

第八条　重型汽车或者非道路移动机械所有者或者使用者维护保养时，重型汽车或者非道路移动机械生产企业应当予以配合并遵守以下规定：

（一）向重型汽车或者非道路移动机械所有者或者使用者提供运维手册，提示所有者或者使用者将排放远程监测管理车载终端维护工作纳入重型汽车或者非道路移动机械日常维护保养中。

（二）结合环保一致性和在用符合性自查，可以按照相关标准规范的要求，对排放远程监测管理车载终端进行检测、检验或者校准等自查工作，确保数据真实、完整和有效，并保存自查文件。

第九条　重型汽车或者非道路移动机械的所有者或者使用者可以通过排放远程监测管理车载终端的报警灯等相关指示器，实时了解车载终端联网或者正常运行等情况。

第十条　重型汽车或者非道路移动机械的所有者或者使用者应按照重型汽车或者非道路移动机械生产企业的要求，定期对排放远程监测管理车载终端进行维护。

上海市

上海市生态环境局关于印发《上海市非道路移动机械申报登记和标志管理办法》的通知

（沪环规〔2021〕3 号）

各区生态环境局，上海自贸区管委会保税区管理局，上海自贸区临港新片区管委会，各有关单位：

《上海市非道路移动机械申报登记和标志管理办法》已由市生态环境局第 3 次局长办公会审议通过，现予以发布，自 2021 年 5 月 1 日起实施。

上海市生态环境局

2021 年 3 月 31 日

上海市非道路移动机械申报登记和标志管理办法（试行）

第一条　目的和依据　为加强本市非道路移动机械环保管理，根据《中华人民共和国大气污染防治法》《上海市大气污染防治条例》等相关要求，结合本市实际，制定本办法。

第二条　范围和要求　本办法适用于装配有柴油机从事建筑和市政施工、港口作业、企业厂（场）内作业、农业生产和园林作业、机场地勤服务等作业的移动机械和可运输工业设备，及其他适用于《非道路柴油移动机械排气烟度限值及测试方法》（GB 36886—2018）要求的非道路移动机械。

在本市使用的非道路移动机械，应由其所有者向区生态环境部门申报机械的种类、数量、使用场所等信息，并申领识别标志，将其固定于显著位置。

第三条　首次申报　本市所有在用非道路移动机械应于 2019 年 9 月 30 日前完成申报登记。自 2019 年 10 月 1 日起，新购置的非道路移动机械应在 30 日内完成申报登记。

第四条　申报途径　非道路移动机械所有者（以下简称机械所有者）可通过在线申报登记或在各区办理窗口现场申报登记。

第五条 申报材料 机械所有者应提交申报登记表、单位或个人证明材料、机械证明材料，具体包括：

（一）非道路移动机械申报登记表，详见附件（略）。

（二）申报机械照片，包括机械全照（机身不同角度照片三张）、机械铭牌、发动机铭牌、机械环保代码、环保信息标签。上传的照片可清晰辨认出厂编号、生产日期、发动机型式核准号、环保信息公开码等信息。

（三）申报单位提供统一社会信用代码证（或营业执照、组织机构代码证两证）的复印件，机械所有者为个人的，提供身份证复印件。

第六条 排放阶段判定

（一）有机械环保信息标签的，从环保信息标签上读取机械环保信息公开编号，环保信息公开编号为24位，第6位是机械对应的排放阶段。

（二）有发动机铭牌的，从铭牌读取发动机型式核准号/发动机信息公开编号，型式核准号为16位，第6位是发动机对应的排放阶段；发动机的环保信息公开编号/信息入库号均为24位，第6位是对应的排放阶段。

（三）如果不满足上述条件的，则依据发动机铭牌上载明的生产日期，按以下原则判定并确定相应的排放阶段：

（1）生产日期在2009年9月30日及以前，且没有环保信息公开编号的，适用于国Ⅰ及以前排放阶段；

（2）生产日期在2009年10月1日至2016年3月31日之间，且没有环保信息公开编号的，适用于国Ⅱ排放阶段；

（3）生产日期在2016年4月1日及以后，且没有环保信息公开编号的，适用于国Ⅲ排放阶段；

（4）其他情形，按照国家和本市的相关规定处理。

第七条 领取和固定 机械所有者提交申报信息后，由生态环境部门在15日内完成信息核对，并分批制作识别标志（记录机械类型、编号、排放阶段等信息）和信息采集卡，通过短信发送识别标志领取码。机械所有者凭领取码到相应的办理窗口领取识别标志和信息采集卡。识别标志应固定于机械的显著位置（原则上固定于机身外侧靠近驾驶室位置），信息采集卡应随机械携带。

第八条 变更和补办 已完成申报登记的机械如发生转让、改装等变更或报废的，机械所有者应在10日内向区生态环境部门申请信息变更或注销。识别标志遗失、损毁或无法辨识的，机械所有者应在10日内向区生态环境部门申请补办。

第九条 职责分工 市生态环境部门负责组织非道路移动机械申报登记工作的实施，各区生态环境部门负责申报材料的受理、信息核对、识别标志核发及日常监管。

建设、交通、农业、绿化市容、市场监管、民航等部门负责建立相应的行业管理制度，检查非道路移动机械使用的守法守规情况，并将其纳入行业准入、文明施工和信用管理，配合生态环境部门做好申报登记、标志核发及监管工作。

第十条 监督管理 机械所有者应对申报信息的真实性负责，发现存在虚假申报的，由所在地生态环境部门责令整改，补办变更手续，并依法追究机械所有者的责任。

第十一条 社会监督 本市鼓励企事业单位、社会组织和公众个人对非道路移动机械的合法使用进行监督。任何单位和个人发现有违反本办法的行为，可通过信函、12345 市民服务热线或"上海环境"网站等渠道向生态环境部门举报。

第十二条 实施日期 本办法自 2019 年 5 月 1 日起实施至 2021 年 4 月 30 日止。

河北省

邯郸市大气污染防治办法（摘选）

（邯郸市人民政府令 第 175 号）

《邯郸市大气污染防治办法》已经 2019 年 12 月 6 日邯郸市人民政府第 48 次常务会议审议通过，现予公布，自 2020 年 3 月 1 日起施行。

市长 张维亮

2020 年 1 月 23 日

第二十条 在用机动车和非道路移动机械，其尾气不得超过标准排放。

机动车和非道路移动机械所有者或者使用者应当保证排放污染控制装置的正常运行，不得擅自拆除、闲置或者改装。

第二十三条 在用的非道路移动机械应当加装电子标签，保证正常使用且与生态环境主管部门联网，每年应当进行排气检验，凭检验合格报告进行信息登记编码。

建设、水利、城管执法、交通运输等部门应当督促施工单位或者个人对使用的非道路移动机械在指定的平台上进行信息登记编码。

禁止使用排放不达标和未登记编码的非道路移动机械。

河南省

郑州市机动车和非道路移动机械排放污染防治办法（摘选）

（郑州市人民政府令　2021年第240号）

第一章　总则

第一条　为了防治机动车和非道路移动机械排放污染，保护和改善大气环境，推进生态文明建设，促进经济社会可持续发展，根据《中华人民共和国大气污染防治法》《河南省大气污染防治条例》等法律、法规，结合本市实际，制定本办法。

第二条　本市行政区域内机动车和非道路移动机械排放污染防治，适用本办法。

第三条　机动车和非道路移动机械排放污染防治坚持生态优先、源头治理、预防为主、区域协同的原则。

第四条　市、区县（市）人民政府应当加强对机动车和非道路移动机械排放污染防治工作的领导，建立健全协调机制，将其纳入生态环境保护规划和大气污染防治目标考核。

乡镇人民政府、街道办事处根据本辖区实际，协助做好机动车和非道路移动机械排放污染防治工作。

第五条　市生态环境主管部门对本市机动车和非道路移动机械排放污染防治实施统一监督管理；区县（市）生态环境主管部门按照管理权限对本行政区域内机动车和非道路移动机械排放污染防治实施监督管理。

公安、交通运输、发展改革、市场监督管理、工业和信息化、农业农村、城乡建设、城市管理、林业、园林绿化、水利、物流口岸、大数据管理等部门，按照各自职责做好机动车和非道路移动机械排放污染防治相关工作。

第六条　市生态环境主管部门和其他负有大气环境保护监督管理职责的部门应当建立健全机动车和非道路移动机械排放污染举报制度。接受举报的部门应当依法调查、处理和反馈，并对举报人的相关信息予以保密。

举报内容经查证属实的，按照有关规定对举报人给予奖励。

第二章　预防和控制

第八条　市、区县（市）人民政府应当制定鼓励措施，推动新能源配套基础设施建设，推广使用新能源机动车和非道路移动机械。

（第二款略）

第九条　本市实行非道路移动机械编码登记制度。编码登记应当符合国家统一的编码规则。

购置或者转入的非道路移动机械经排放污染物检验合格的，非道路移动机械所有人应当在购置或者转入之日起 15 日内，按照规定向区县（市）生态环境主管部门报送有关编码信息。

区县（市）生态环境主管部门应当自收到编码信息之日起 7 个工作日内完成编码登记，并与市生态环境主管部门监控平台联网。

第十二条　根据大气环境质量状况以及非道路移动机械排放污染物状况，市人民政府可以依法划定禁止使用高排放非道路移动机械的区域，并向社会公布。

在大气受到严重污染、发生或者可能发生危害公众健康和安全的紧急情况下，市、县（市）、上街区人民政府可以依法采取限制使用重型柴油车和非道路移动机械等应急措施。

第三章　检验和治理

第十三条　本市生产、进口、销售或者在用的机动车和非道路移动机械，污染物排放应当符合国家和本省规定的标准。

第四章　监督检查

第十九条　市人民政府可以与周边地区人民政府建立机动车和非道路移动机械排放污染联合防治协调机制，通过区域会商、信息共享、联合执法、重污染天气应对、科研合作等方式，提高机动车和非道路移动机械排放污染防治水平。

第二十五条　生态环境主管部门应当会同交通运输、城乡建设、农业农村、城市管理、物流口岸、水利、林业等有关部门，对在用非道路移动机械污染物排放状况和禁止使用区域内使用高排放非道路移动机械的情形进行监督检查。

非道路移动机械所有人或者使用人应当予以配合。

第二十六条　生态环境主管部门应当逐步通过电子标签、电子围栏等手段对非道路移动机械污染物排放状况进行监督管理。

第二十七条　市、区县（市）生态环境主管部门应当建立健全信用监管机制，将具有下列情形的单位或者个人依法纳入信用记录，并与市信用信息共享平台进行共享：

（一）使用未经编码登记或者未与市生态环境主管部门监控平台联网的非道路移动机械的；

第五章　法律责任

第三十一条　违反本办法第十二条第二款规定，使用重型柴油车或者非道路移动机械的，由生态环境主管部门责令停止使用，处 5 000 元以上 2 万元以下罚款。

山东省

山东省非道路移动机械排气污染防治规定

（山东省人民政府令 第 327 号）

《山东省非道路移动机械排气污染防治规定》已经 2019 年 12 月 16 日省政府第 57 次常务会议通过，现予公布，自 2020 年 2 月 1 日起施行。

省长 龚正
2019 年 12 月 25 日

第一条 为了防治非道路移动机械排气污染，保护和改善大气环境，保障公众健康，根据《中华人民共和国大气污染防治法》等法律、法规，结合本省实际，制定本规定。

第二条 本规定适用于本省行政区域内非道路移动机械排气污染防治及其监督管理等活动。

本规定所称非道路移动机械，是指以压燃式、点燃式发动机和新能源为动力的移动机械和可运输工业设备。

第三条 非道路移动机械排气污染防治应当坚持源头控制、防治结合、公众参与、排污担责的原则。

第四条 县级以上人民政府应当将非道路移动机械排气污染防治工作纳入生态环境保护规划和生态环境保护目标责任制，建立健全非道路移动机械排气污染防治监督管理体系和工作协调机制，制定有利于非道路移动机械排气污染防治的经济、技术政策，保护和改善大气环境质量。

第五条 省人民政府、设区的市人民政府生态环境主管部门对非道路移动机械排气污染防治实施统一监督管理。

县级以上人民政府自然资源、住房和城乡建设、交通运输、水利、市场监管等部门在各自职责范围内，对非道路移动机械排气污染防治实施监督管理。

第六条　各级人民政府及有关部门应当加强非道路移动机械排气污染防治的宣传教育，普及相关科学知识，提高全社会的污染防治水平。

新闻媒体应当积极开展非道路移动机械排气污染防治公益宣传，并对违法行为进行舆论监督。

第七条　鼓励、支持非道路移动机械新技术、新工艺、新设备的研究、开发和应用，提高污染防治的产业化、专业化、市场化水平。

第八条　非道路移动机械污染物排放标准和燃油、发动机油、氮氧化物还原剂及其他添加剂的质量标准，按照国家规定执行。

国家对前款标准未作规定的，省人民政府可以根据大气环境质量状况和经济、技术条件制定本省的污染物排放标准，并可以提前执行国家规定的阶段性排放标准和燃油质量标准。

第九条　省人民政府生态环境主管部门应当会同有关部门建立非道路移动机械排气污染防治监督管理系统，明确非道路移动机械管理政策、污染物排放标准、燃油质量标准、登记信息、监督抽测及达标排放等内容，并实现资源整合和信息共享。

第十条　非道路移动机械实行信息登记管理制度。

新增的非道路移动机械所有人应当自获得所有权之日起 30 日内，通过互联网或者现场等方式向就近的设区的市人民政府生态环境主管部门或者其派出机构提供登记信息。

现有的非道路移动机械所有人应当自本规定实施之日起 3 个月内，按照前款规定提供登记信息。

第十一条　非道路移动机械所有人应当向生态环境主管部门提供下列信息：

（一）生产厂家名称、出厂日期等基本信息；

（二）所有人名称、联系方式等登记人信息；

（三）排放阶段、机械类型、燃料类型、污染控制装置等技术信息；

（四）机械铭牌、发动机铭牌、环保信息公开标签等其他信息。

非道路移动机械所有人提供的信息应当真实、准确、完整。

第十二条　设区的市人民政府生态环境主管部门应当自收到非道路移动机械所有人提供的登记信息之日起 15 日内完成信息核对，并发放登记号码。

非道路移动机械登记号码的编制方法和使用方式，由省人民政府生态环境主管部门制定。

第十三条　非道路移动机械登记信息发生变动的，其所有人应当在 30 日内对登记信息予以变更。非道路移动机械报废的，其所有人应当在 30 日内对登记信息予以注销。

第十四条　非道路移动机械应当达标排放。禁止使用超过污染物排放标准和有明显可见烟的非道路移动机械。

建设单位、施工单位和其他生产经营单位应当使用符合前款规定要求的非道路移动机械。

第十五条　生态环境主管部门应当会同自然资源、住房和城乡建设、交通运输、水利等部门，加强对非道路移动机械使用情况的监督检查。

自然资源、住房和城乡建设、交通运输、水利等部门应当落实日常监管责任，并将非道路移动机械违规使用情况及时告知生态环境主管部门。政府投资的建设项目应当优先使用符合最严格排放标准的非道路移动机械。

第十六条　设区的市、县（市、区）人民政府可以根据本行政区域内经济社会发展、城市建设和人口密度等情况，依法划定禁止使用高排放非道路移动机械的区域，明确非道路移动机械的禁止使用类型及排放限值，并向社会公布。

对高排放非道路移动机械可以安装实时定位装置，并与排气污染防治监督管理系统联网。

第十七条　生态环境主管部门应当会同自然资源、住房和城乡建设、交通运输、水利等部门对非道路移动机械的污染物排放状况进行监督抽测，抽测不合格的，不得使用。监督抽测结果应当告知非道路移动机械所有人或者使用人并传至排气污染防治监督管理系统。

被抽测的非道路移动机械所有人或者使用人应当予以配合。

新能源非道路移动机械免于监督抽测。

第十八条　生态环境主管部门可以委托第三方机构进行非道路移动机械排放检测。

从事排放检测的第三方机构应当具备相应的检测能力和条件，使用经依法检定合格的检测设备。国家规定第三方机构需经依法计量认证的，依照其规定执行。

第三方检测机构应当对出具的检测报告的真实性、准确性、完整性负责。

第十九条　在用非道路移动机械不能达标排放的，应当进行维修或者加装、更换符合要求的污染控制装置。禁止非道路移动机械所有人、使用人擅自拆除、破坏或者非法改装污染控制装置。

第二十条　县级以上人民政府应当采取财政、政府采购等措施推广应用节能环保型和新能源非道路移动机械，鼓励淘汰更新老旧非道路移动机械。

使用财政资金购置非道路移动机械的，应当优先选购新能源非道路移动机械。

第二十一条　县级以上人民政府根据重污染天气预警等级，可以采取限制非道路移动机械的使用等应急措施。

非道路移动机械使用人应当按照规定执行应急措施。

第二十二条　县级以上人民政府应当建立健全违法行为举报制度。接到举报的人民政府和有关部门应当及时处理，并将处理结果向举报人反馈。

第二十三条　县级以上人民政府、生态环境主管部门和其他负有非道路移动机械排气污染防治监督管理职责的部门违反本规定，有下列行为之一的，对直接负责的主管人员和其他直接责任人员依法给予处分；构成犯罪的，依法追究刑事责任：

（一）未按照规定建立非道路移动机械排气污染防治监督管理系统的；

（二）未按照规定落实非道路移动机械使用情况监管责任的；

（三）未按照规定对非道路移动机械的污染物排放状况进行监督抽测的；

（四）其他滥用职权、玩忽职守、徇私舞弊的行为。

第二十四条　违反本规定，非道路移动机械所有人未按照规定提供登记信息或者及时进行变更、注销登记信息，或者提供虚假登记信息的，由所在地生态环境主管部门责令限期改正；拒不改正的，处 500 元以上 3 000 元以下的罚款。

第二十五条　违反本规定，有下列情形之一的，由设区的市人民政府生态环境主管部门责令改正，处 5 000 元的罚款：

（一）使用超过污染物排放标准和有明显可见烟的非道路移动机械的；

（二）擅自拆除、破坏或者非法改装非道路移动机械污染控制装置的；

（三）在禁止使用高排放非道路移动机械的区域内使用高排放非道路移动机械的。

第二十六条　违反本规定，非道路移动机械所有人或者使用人拒不接受监督抽测的，由省人民政府、设区的市人民政府生态环境主管部门或者其他负有非道路移动机械排气污染防治监督管理职责的部门责令改正；拒不改正的，处 1 000 元以上 5 000 元以下的罚款。

第二十七条　本规定自 2020 年 2 月 1 日起施行。

德州市大气污染防治管理规定（摘选）

（2016 年 7 月 21 日德州市人民政府令第 2 号发布　根据 2022 年 11 月 19 日《德州市人民政府关于修改〈德州市大气污染防治管理规定〉的决定》修正）

第三章　大气污染防治措施

第四节　机动车及非道路移动机械污染防治

第三十九条　本市推广使用车用乙醇汽油和其他清洁、优质的车用燃料。

生产、销售机动车和非道路移动机械燃料，必须符合国家或者省规定的质量标准。

第四十条　在本市使用的机动车和非道路移动机械向大气排放的污染物，不得超过国家和省规定的排放标准。行驶的机动车和在用的非道路移动机械不得排放黑烟等明显可视排气污染物。

环境保护主管部门应当会同交通运输、住房和城乡建设、水利、农业机械等有关部门对非道路移动机械的大气污染物排放状况进行监督检查,排放不合格的,不得使用。

环境保护主管部门会同交通运输、住房和城乡建设、水利、农业机械等部门建立各行业在用非道路移动机械管理清单。

浙江省

浙江省生态环境厅关于印发《浙江省非道路移动机械环保编码登记和排气监督管理办法(试行)》的通知

(浙环发〔2021〕6号)

各设区市生态环境局:

为进一步加强对非道路移动机械的环保监管,保护和改善大气环境,根据《中华人民共和国大气污染防治法》《浙江省大气污染防治条例》和生态环境部办公厅《关于加快推进非道路移动机械摸底调查和编码登记工作的通知》(环办大气函〔2019〕655号)等法律法规和文件规定,结合我省实际,我厅制定了《浙江省非道路移动机械环保编码登记和排气监督管理办法(试行)》,现予以印发,请遵照执行。

浙江省生态环境厅

2021年6月25日

浙江省非道路移动机械环保编码登记和排气监督管理办法(试行)

第一章 总则

第一条 为防治非道路移动机械排气污染,保护和改善大气环境,根据《中华人民共和国大气污染防治法》《浙江省大气污染防治条例》和生态环境部办公厅《关于加快推进非道路移动机械摸底调查和编码登记工作的通知》（环办大气函〔2019〕655号）的有关规定，结合本省实际，制定本办法。

第二条 本办法适用于浙江省行政区域内非道路移动机械环保编码登记（以下简称"编码登记"）和排气监督管理工作。

本办法所称非道路移动机械，是指装配有发动机的移动机械和可运输工业设备，主要包括装配有柴油机的装载机、挖掘机、推土机、压路机、沥青摊铺机、叉车、非公路用卡车、空气压缩机等和在施工工地、港口、机场、物流园区、铁路货场、大型工矿企业等重点场所使用装配有柴油机的机械。

第三条 省生态环境厅负责制定本省非道路移动机械排气污染防治政策并督促指导落实；设区市生态环境部门及所辖分局（以下简称属地生态环境部门）负责本辖区内非道路移动机械编码登记和排气监督管理，完善工作制度，并与属地建设、交通运输、自然资源和市场监管等行业主管部门建立工作协作机制，加强信息共享和联合监管。

第四条 属地生态环境部门应当通过多种渠道加强非道路移动机械环保法律法规、政策和知识的宣传，营造良好氛围。

第五条 鼓励淘汰使用时间长、污染排放大的老旧非道路移动机械，推广使用新能源非道路移动机械，减少排气污染。

第六条 鼓励单位和个人对非道路移动机械编码登记和排气污染工作监督，发现有违反本办法行为的，可通过网络、热线、信函等渠道向有关部门举报。

第二章 编码登记

第七条 非道路移动机械的所有人应当向属地生态环境部门申报编码登记，并在非道路移动机械上安装环保标牌，编码登记一次申报、环保标牌全国通用。

已在省外完成编码登记并安装环保标牌的非道路移动机械可免于在本省办理编码登记和安装本省环保标牌。

第八条 编码登记可通过属地生态环境部门的非道路移动机械在线登记系统或指定地点办理。编码登记和标牌制作所需工作经费纳入财政预算，不得收取费用。

新购置的非道路移动机械应当自购置之日（凭发票日期）起30个工作日内完成编码登记。

第九条 非道路移动机械的所有人申报编码登记应当真实、准确、全面提供包括下列内容的信息：

（一）非道路移动机械环保编码登记表（附件1）。

（二）机械照片，包括机械全照（机身不同角度照片三张：正面、后面、右前45度）和机械铭牌、发动机铭牌的照片，有环保信息标签的需提供环保信息标签照片。上传的照片可清晰辨认出厂编号、生产日期、发动机形式核准号、环保信息公开码等信息。

（三）机械所有人为法人单位的，提供统一社会信用代码证（或营业执照、组织机构代码证）复印件，机械所有人为自然人的，提供身份证复印件。

第十条　编码登记申报信息提交后，属地生态环境部门应当在 10 个工作日内进行信息核对，核对通过的，按统一的编码规则予以编码登记，并发放环保标牌和信息采集卡（附件 2）；核对未通过的，通知机械所有人完善相关信息后重新申报。

第十一条　鼓励非道路移动机械销售企业为新销售非道路移动机械的所有人提供编码登记代办服务，属地生态环境部门应当予以支持。

第十二条　非道路移动机械所有人领取环保标牌和信息采集卡后，应当在 10 个工作日内将环保标牌固定在机械显著位置（原则上固定于机身外侧靠近驾驶室位置），并将附有环保标牌的机械完整照片上传申报登记系统，信息采集卡应随机械携带备查。

环保标牌和信息采集卡遗失、损毁或无法辨识的，应在 10 个工作日内向原办理编码登记的生态环境部门申报补办。

第十三条　机械所有人变化、机械改装、外观显著变化的，机械所有人应在 10 个工作日内提交变化前后照片等资料，申报变更。

第十四条　通过提供虚假信息申报编码登记并取得环保标牌，视为未报送编码登记信息，由属地生态环境部门作出处理。

第十五条　已编码登记和取得环保标牌的非道路移动机械淘汰不再使用的，应当在 10 个工作日内通过原办理编码登记的生态环境部门非道路移动机械在线登记系统注销编码登记。

注销编码登记后，该非道路移动机械的环保标牌和信息采集卡自动作废。属地生态环境部门应当定期通告非道路移动机械编码登记注销和环保标牌作废情况。

第三章　监督管理

第十六条　属地生态环境部门应当建立健全非道路移动机械环保监管工作机制，重点对在依法划定的禁止使用高排放非道路移动机械的区域（以下简称禁用区）内使用非道路移动机械情况开展执法检查和排气监督检测。

第十七条　属地生态环境部门可委托第三方检测机构进行排气监督检测，监督检测重点是国二及以下排放阶段以及有可视黑烟的非道路移动机械。

对检测超标的非道路移动机械（排放阶段不确定的按 GB 36886—2018 标准中的 I 类限值执行），应纳入非道路移动机械重点监管库，实现信息全省共享；生态环境部门检查发现使用重点监管库内非道路移动机械的，应作为监督检测的重点对象。

不在禁用区内使用的排放阶段为国三及以上的非道路移动机械，且现场无可视黑烟的可免予监督检测；1 年内已开展监督检测或自行检测并达到标准Ⅲ类限值要求的非道路移动机械，且现场无可视黑烟的，凭检测达标报告可免予监督检测。

第十八条　属地生态环境部门应当提升非道路移动机械数字化监管水平，进一步完善相关数字化平台，推广使用电子标签、电子围栏、远程排放在线监控系统对非道路移动机械进行动态监控、精准监管。

第十九条 属地生态环境部门应当主动做好非道路移动机械的环保信息公开工作，设置网络查询窗口，方便租赁使用非道路移动机械的建设单位、施工单位和其他生产经营单位查询核验非道路移动机械环保编码登记相关信息，避免不符合环保要求的非道路移动机械进场施工。

第二十条 属地生态环境部门应当主动加强与非道路移动机械生产、销售和使用单位以及相关协会合作，积极发挥行业自律作用，引导各方有序参与非道路移动机械监督管理工作。

第二十一条 非道路移动机械的所有人应当加强非道路移动机械维护保养，并使用符合国家标准的非道路移动机械用燃料。对进入禁用区施工的非道路移动机械，施工前可自行委托第三方检测机构开展排气检测，确保达标。

第二十二条 对排气检测不达标的非道路移动机械，非道路移动机械的所有人应当停用并维修治理。经维修治理后检测达标的，方可继续使用。

第二十三条 建设或施工单位、其他生产经营单位应当租赁和使用已编码登记和安装环保标牌的非道路移动机械，施工发现有明显可视黑烟的，应停止使用。

鼓励优先租赁和使用国三及以上排放阶段的非道路移动机械。

第四章 附则

第二十四条 本办法自 2021 年 8 月 1 日起施行。

附录：1. 非道路移动机械环保编码登记表（略）

2. 环保标牌、信息采集卡样式（略）

绍兴市柴油动力移动源排气污染防治办法

（绍兴市人民政府令 第 104 号）

《绍兴市柴油动力移动源排气污染防治办法》已经 2022 年 1 月 7 日市人民政府第 109 次常务会议审议通过，现予公布，自 2022 年 3 月 1 日起施行。

代市长

2022 年 1 月 15 日

第一条　为了防治柴油动力移动源排气污染，保护和改善大气环境，保障公众身体健康，推进生态文明建设，根据《中华人民共和国大气污染防治法》《浙江省大气污染防治条例》《浙江省机动车排气污染防治条例》等法律、法规，结合本市实际，制定本办法。

第二条　本市行政区域内柴油动力移动源排气污染的防治，适用本办法。

本办法所称柴油动力移动源，是指以柴油作为动力来源的重型柴油车、非道路移动机械和船舶。

本办法所称非道路移动机械是指不在道路上行驶、装配有发动机的移动机械和可运输工业设备，主要包括工程机械、农业机械、林业机械、材料装卸机械、机场地勤设备、发电机组等机械设备。

第三条　市和县（市、区）人民政府应当将柴油动力移动源排气污染防治工作纳入环境保护规划和环境保护目标责任制，保障经费投入，健全监督管理体系，督促有关部门依法履行监督管理职责。

市和县（市、区）人民政府应当建立工作协调机制，研究解决柴油动力移动源排气污染防治工作中的重大问题。

第四条　生态环境部门对本辖区内的柴油动力移动源排气污染防治实施统一监督管理。

其他负有大气环境保护监督管理职责的部门依法对有关行业、领域的柴油动力移动源排气污染防治实施监督管理。

乡镇人民政府、街道办事处应当加强本辖区内柴油动力移动源排气污染防治工作，配合有关部门做好相关监督管理工作。

第五条　市生态环境部门应当会同有关部门，依托政务数据共享平台建立柴油动力移动源排气污染防治信息管理系统，整合防治政策、排放标准、注册登记、定期检验、监督抽测、维修治理、分级管理、行政处罚等信息资源，实现信息共享、实时更新。

第六条　本市实行柴油动力移动源分级管理制度，按照大气污染物排放状况，将在用柴油动力移动源分为低、中、高以及超标排放四级进行分级管理。具体等级划分方案由市生态环境部门根据国家和省规定的排放标准制定并向社会公布。

市生态环境部门应当会同有关部门制定在用柴油动力移动源分级管理名录和分级管理实施方案。

第七条　分级管理名录应当依据定期排气污染检测或者监督抽测的结果确定在用柴油动力移动源的排放等级并进行实时更新调整。首次对在用非道路移动机械进行分级，无排气污染检测信息的，可以按照其出厂设置的排放阶段进行分级。

市生态环境部门应当将首次纳入分级管理名录或者更新调整的信息及时告知柴油动力移动源所有人或者使用人。柴油动力移动源所有人或者使用人认为分级结果与实际排放情况不一致的，可以申请排气污染检测进行核实。

有关行业主管部门应当督促柴油动力移动源所有人或者使用人主动申请污染物排放检测。

第八条 市和县（市、区）人民政府及其有关部门应当采取财政、税收、政府采购等措施推广应用低排放移动源，限制高油耗、高排放移动源的发展，推进高排放移动源依法淘汰、置换或者尾气治理改造工作，减少化石能源的消耗。

有关部门应当加强对高排放、超标排放柴油动力移动源的监管力度，增加监督抽测频次。

第九条 市和县（市、区）人民政府及其有关部门推进清洁化生产，开展优良文明工地、绿色单位等评优评先活动，应当对实现柴油动力移动源低排放化提出具体要求。

市和县（市、区）人民政府及其所属部门、国有企业、事业单位采购货物、工程或者服务，涉及柴油动力移动源的，该移动源应当符合低排放要求；已采购的柴油动力移动源为非低排放的，应当进行治理改造；已采购的工程或者服务所使用的移动源为非低排放的，应当鼓励供应商进行治理改造。

政府投资的建设项目应当使用低排放移动源。

第十条 柴油动力移动源不得超过标准排放大气污染物。

在用重型柴油车应当按照国家、省的有关规定定期进行排气污染检测。经检测合格的，方可上道路行驶。未经检测合格的，公安机关交通管理部门不得核发安全技术检验合格标志。

在用机动船舶超过标准排放大气污染物的，应当进行维修或者采用污染控制技术；经维修或者采用污染控制技术后，仍不符合规定排放标准的，不得运营。

第十一条 市和县（市、区）人民政府应当根据本行政区域大气污染防治的需要，依法划定、调整高排放重型柴油车禁止通行区域、高排放非道路移动机械禁止使用区域，并向社会公告。

公路、城市道路等道路管理部门应当会同公安机关交通管理、生态环境等有关部门在高排放重型柴油车禁行路段设置禁令性标志、标线。

建设单位应当在高排放非道路移动机械禁用区内的工地设置相关禁用警示标志。

第十二条 生态环境部门负责实施非道路移动机械编码登记管理工作。

非道路移动机械的所有人应当按照国家和省有关规定向所在地生态环境部门申报编码登记，并按照规定在非道路移动机械上安装环保标牌。

第十三条 未经编码登记或者不符合排放标准的非道路移动机械不得进入作业现场施工。

非道路移动机械进入作业现场施工，作业单位或者个人应当通过柴油动力移动源排气污染防治信息管理系统查询核实其编码登记信息和污染物排放情况，并做好进出场情况、燃料和氮氧化物还原剂购买使用等台账管理记录。

生态环境部门应当会同自然资源和规划、住房和城乡建设、交通运输、水利等部门对施工工地、矿山等作业现场的非道路移动机械污染物排放状况加强监管和巡查，作业单位和个人应当予以配合。

第十四条 禁止生产、销售不符合标准的柴油、发动机油、氮氧化物还原剂、燃料和润滑油添加剂等产品。市场监督管理部门应当加强对相关产品的质量监管，定期公布监督抽查结果，其他有关部门应当予以配合。

柴油动力移动源所有人或者使用人应当使用符合标准的油品。

第十五条 从事客运、物流、环卫、邮政以及非道路移动机械租赁经营等柴油动力移动源重点使用单位应当建立排气污染防治责任制度，加强宣传教育，及时对柴油动力移动源进行保养与维护，按时参加排气污染检测，做好柴油、氮氧化物还原剂等油品的购买使用记录并保留相关购买凭证，确保本单位柴油动力移动源符合排放标准。

柴油动力移动源重点使用单位具体名单由市生态环境部门会同有关部门制定并公布。

第十六条 生态环境部门应当会同公安机关交通管理、自然资源和规划、交通运输、水利、农业农村、市场监督管理、综合行政执法等部门建立柴油动力移动源排气污染防治联动协作机制，加强信息共享和联合监管。有关部门在日常监管中发现有违反本办法规定情形且不属于本部门管辖的，应当及时通报，由相应部门依法处理。

第十七条 生态环境部门应当建设完善柴油动力移动源排气污染监控平台，逐步采用电子标签、电子围栏、远程排放在线监控系统等技术手段对柴油动力移动源污染物排放状况进行实时监控。

生态环境部门应当会同公安机关交通管理、交通运输等部门按照国家、省有关规定在交通干道、禁行区出入口等重要点位设置柴油动力移动源排气污染检测信息识别系统、黑烟抓拍系统等设施。

第十八条 生态环境部门通过遥感监测、摄影摄像等技术手段发现在用柴油动力移动源可能超标排放的，应当及时调查处理。

有关部门在日常监管中发现有柴油动力移动源排放黑烟等明显可视污染物的，应当及时将相关线索通报生态环境部门。

生态环境部门可以采用现场检测、黑烟抓拍、车载诊断系统检查、在线监控等方式调查收集柴油动力移动源污染物超标排放的证据。

非道路移动机械、船舶超标排放大气污染物的，应当依法予以处罚。

生态环境部门查明重型柴油车超标排放大气污染物的，应当建立档案，依法保存有关证据材料，责令重型柴油车所有人或者使用人在十五日内进行维修并重新进行排气污染检测。重型柴油车逾期后未重新检测合格的，生态环境部门应当将收集的证据材料及时移交公安机关交通管理部门。

第十九条 柴油动力移动源排气污染检测机构应当使用经依法检定合格的检测设备，

按照国家和省规定的检测方法、技术规范进行检测，并与生态环境部门信息联网。

生态环境部门应当收集汇总柴油动力移动源排气污染检测机构名称、地址、咨询电话等相关信息并向社会公布。

第二十条 柴油动力移动源维修经营者应当按照排气污染防治的要求和有关技术规范进行维修，保证维修质量并按照规定明确质量保证期。维修完成后，应当向委托修理方提供维修合格证明、维修清单。

第二十一条 违反本办法规定的行为，法律、法规已有法律责任规定的，从其规定。

第二十二条 违反本办法第十条第二款规定，驾驶定期排气污染检测不合格的重型柴油车上道路行驶的，由公安机关交通管理部门处警告或者二十元以上二百元以下罚款。

第二十三条 本办法自 2022 年 3 月 1 日起施行。

贵州省

黔南布依族苗族自治州机动车和非道路移动机械排放污染防治管理办法（摘选）

（黔南州政府令 2022 年第 33 号）

第一章 总则

第一条 为了防治机动车和非道路移动机械排放污染，改善大气环境质量，保障人民身体健康，促进经济社会可持续发展，根据《中华人民共和国大气污染防治法》《贵州省大气污染防治条例》等法律法规，结合本州实际，制定本办法。

第二条 本州行政区域内机动车和非道路移动机械排放污染防治，适用本办法。

第三条 机动车和非道路移动机械排放污染防治坚持预防为主、综合治理、分类监管、公众参与、区域协同的原则。

本州推进智慧交通、绿色交通建设，优化道路设置和运输结构，严格执行大气污染防治标准，加强机动车和非道路移动机械排放污染防治。

第四条 县级以上人民政府应当加强对机动车和非道路移动机械排放污染防治工作

的领导，将机动车和非道路移动机械排放污染防治纳入生态环境保护规划，建立机动车和非道路移动机械排放污染防治治理体系和工作协调机制，研究决定污染防治工作中的重大问题，保障经费投入，控制机动车和非道路移动机械排放污染。

乡（镇）人民政府和街道办事处根据县级人民政府的安排，负责本辖区的机动车和非道路移动机械排放污染防治专项工作。

第五条 县级以上人民政府应当组织生态环境、公安、交通运输、市场监督管理、工业和信息化、住房和城乡建设、农业农村等有关部门建立包含机动车和非道路移动机械基础数据、定期排放检验、监督抽测、超标处罚、维修治理等信息在内的综合管理系统，实现信息共享。

第六条 生态环境主管部门对全州机动车和非道路移动机械排放污染防治实施统一监督管理。对机动车排放检验机构依法实施监督检查；依法查处非道路移动机械排放污染防治方面的违法行为。

公安交通管理部门负责对驾驶排放检验不合格的机动车上路行驶的行为依法进行处罚。

交通运输主管部门负责对道路客、货运企业及机动车维修企业的机动车和非道路移动机械排放污染防治，推进新能源公交车辆运用。

市场监督管理部门负责对车用燃料及氮氧化物还原剂的销售环节进行监督检查，查处生产、销售不符合标准的机动车和非道路移动机械用燃料、发动机油、氮氧化物还原剂、燃料和润滑油添加剂以及其他添加剂；开展对销售发动机、机动车和非道路移动机械的监督检查。

商务主管部门负责做好报废机动车回收拆解的监督管理工作；配合州生态环境主管部门督促加油站、储油库油气回收装置的安装维护工作。

住房和城乡建设主管部门负责住房和市政项目施工工地的非道路移动机械排放污染防治及监督检查。

工业和信息化、自然资源、城市管理、水务、农业农村、林业等部门根据各自职责，做好机动车和非道路移动机械排放污染防治工作。

第七条 县级人民政府生态环境及其他负有监督管理职责的部门应当加大机动车和非道路移动机械排放污染防治宣传教育，推行绿色出行理念，不定期开展环保公益活动。

第八条 机动车和非道路移动机械的所有人、使用人应当增强环境保护意识，自觉履行大气环境保护义务，采取有效措施，防止、减少机动车和非道路移动机械排放污染。

公民、法人和其他组织有权对违反本办法规定的行为进行投诉和举报。生态环境主管部门和其他负有大气环境保护监督管理职责的部门应当对投诉和举报及时处理。

第九条 生态环境主管部门应当将机动车和非道路移动机械所有人、排放检验机构、维修单位、报废机动车回收拆解单位的相关违法行为以及行政处罚结果，纳入全国信用信息平台。

第二章　预防与控制

第十二条　县级以上人民政府应当采取措施，鼓励、支持、推广使用节能环保型、新能源机动车和非道路移动机械，逐年提高新增或者更新的城市公交车、出租车、公务用车等车辆中的清洁能源汽车比例，并在规定时限内完成老旧机动车淘汰。

国家机关和其他使用财政性资金的单位应当优先选购和使用节能环保型、清洁能源型机动车和非道路移动机械。

第十三条　县级以上人民政府可以根据大气环境质量状况，划定并公布禁止使用高排放非道路移动机械的区域。

县级以上人民政府依据重污染天气的预警等级，可以采取限制部分机动车行驶和非道路移动机械使用等临时应急措施。

第十五条　在本州行政区域内生产、销售、存储及使用的车用及非道路移动机械燃料、发动机油、氮氧化物还原剂和润滑油添加剂以及其他添加剂应当满足国家标准要求。

第四章　非道路移动机械的监督管理

第二十四条　在用非道路移动机械不得超过国家规定的大气污染物排放要求。在划定并公布禁止使用高排放非道路移动机械的区域内作业的非道路移动机械应当符合相关规定；执行特殊任务需要使用非道路移动机械的，应向生态环境主管部门备案。

第二十五条　发展改革、自然资源、交通运输、住房和城乡建设、水务、城市管理、农业农村等部门应当监督建设单位使用符合污染物排放标准的非道路移动机械。

第二十六条　生态环境主管部门可以采用电子标签、电子围栏、排放监控等技术手段对禁止使用高排放非道路移动机械的区域进行实时监控。

第二十七条　生态环境主管部门应当会同发展改革、自然资源、交通运输、住房和城乡建设、水务、城市管理、农业农村等部门对非道路移动机械排放污染状况进行现场抽测，非道路移动机械所有人或使用人应予配合。抽测不合格的，不得使用。

第二十八条　非道路移动机械实行信息登记管理制度。新增的非道路移动机械所有人应当自获得所有权之日起 30 日内，通过互联网或者现场等方式向就近的县级以上人民政府生态环境主管部门或者其派出机构提供登记信息：

（一）生产厂家名称、出厂日期等基本信息；

（二）所有人名称、联系方式等登记人信息；

（三）排放阶段、机械类型、燃料类型、污染控制装置等技术信息；

（四）机械铭牌、发动机铭牌、环保信息公开标签等其他信息。

非道路移动机械所有人提供的信息应当真实、准确、完整。

第二十九条　在用非道路移动机械不能达标排放的，应当进行维修或者加装、更换符合要求的污染控制装置。禁止非道路移动机械所有人、使用人擅自拆除、破坏或者非法改装污染控制装置。

第三十条 非道路移动机械登记信息发生变动的，其所有人应当在 30 日内对登记信息予以变更。非道路移动机械报废的，其所有人应当在 30 日内到所在辖区生态环境主管部门对登记信息予以注销。

第五章 法律责任

第三十二条 违反本办法，有下列情形之一的，由县级以上人民政府生态环境主管部门责令改正，处 5 000 元的罚款：

（一）使用超过污染物排放标准和有明显可见烟的非道路移动机械的；

（二）非道路移动机械未按照规定加装、更换污染控制装置的；

（三）在禁止使用高排放非道路移动机械的区域内使用高排放非道路移动机械的。

第三十三条 违反本办法，非道路移动机械所有人未按照规定提供登记信息或者及时进行变更、注销登记信息，或者提供虚假登记信息的，由所在地生态环境主管部门责令限期改正；拒不改正的，处 500 元以上 3 000 元以下的罚款。

安徽省

芜湖市机动车和非道路移动机械排气污染防治管理办法（摘选）

（芜湖市人民政府令 2022 年第 66 号）

第一章 总则

第一条 为了防治机动车和非道路移动机械排气污染，保护和改善大气环境，保障人体健康，促进社会、经济和环境协调发展，根据《中华人民共和国大气污染防治法》《安徽省大气污染防治条例》等法律法规，结合本市实际，制定本办法。

第二条 本办法适用于本市行政区域内机动车和非道路移动机械排放大气污染物的

防治和监督管理。

本办法所称机动车，是指以汽油、柴油、天然气、液化石油气等作为燃料，以动力装置驱动或者牵引，上道路行驶的供人员乘用或者用于运送物品以及进行工程专项作业的轮式车辆。

本办法所称非道路移动机械，是指装配有发动机的移动机械和可运输工业设备。

第三条　市、县（市）区人民政府应当加强领导，将机动车和非道路移动机械排气污染防治工作纳入本行政区域环境保护规划和环境保护目标责任制，建立和完善工作协调机制，采取严格执行标准、限期治理、更新淘汰等防治措施，保护和改善大气环境。

第四条　市生态环境主管部门对本市行政区域内的机动车和非道路移动机械排气污染防治实施统一监督管理，并对有关管理部门的机动车和非道路移动机械排气污染防治监督管理工作进行协调和指导。

公安机关交通管理、交通运输、市场监管、农业农村、林业、水利、住房和城乡建设、城市管理、商务、经济和信息化等相关部门应当按照各自职责，依法做好机动车和非道路移动机械排气污染防治的相关管理工作。

第五条　生态环境主管部门应当会同其他负有大气环境保护监督管理职责的部门建立健全机动车和非道路移动机械排气污染举报制度，并公布投诉举报渠道和方式。

生态环境主管部门和其他负有大气环境保护监督管理职责的部门接到举报的，应当及时依法调查、处理，并对举报人的相关信息予以保密。

举报内容经查证属实的，处理结果依法向社会公开，生态环境主管部门应当按照有关规定对举报人给予奖励。

第六条　市、县（市）区人民政府及其有关部门应当加强机动车和非道路移动机械排气污染防治有关法律法规的宣传教育，营造保护大气环境的社会氛围。

第二章　预防与控制

第八条　市人民政府可以根据城市规划和大气环境质量状况，严格控制重型柴油车进入城市建成区，依法划定并公布禁止使用高排放非道路移动机械的区域和限制摩托车行驶的范围；可以按照重污染天气的预警级别启动应急预案，依法采取并公布限制部分机动车行驶的应急措施。

第九条　禁止生产、进口或者销售、使用大气污染物排放超过标准的机动车和非道路移动机械。

第十条（第一款略）

非道路移动机械生产企业应当按照国家规定向社会公布其生产的非道路移动机械的排放检验信息。

第十一条　禁止生产、进口、销售不符合标准的机动车、非道路移动机械用燃料；禁止向汽车和摩托车销售普通柴油以及其他非机动车用燃料；禁止向非道路移动机械销售渣油和重油。

第十三条 在本市使用的非道路移动机械，应当按照国家有关规定进行编码登记。

住房和城乡建设、城市管理、交通运输、农业农村、水利、林业等部门应当按照各自职责推进本行业选用符合国家规定排放标准的非道路移动机械，并督促非道路移动机械所有人和使用人进行编码登记。

鼓励建设单位和其他非道路移动机械使用单位在招标文件或者合同中明确要求使用符合排放标准且已经完成编码登记的非道路移动机械进行作业。

第十四条 机动车和非道路移动机械所有人或者使用人应当保持排气污染控制装置的正常运行。

第十六条 鼓励机动车和非道路移动机械排气污染防治先进技术的开发和应用，鼓励和支持提前报废高排放机动车和非道路移动机械，推广使用节能环保型和新能源机动车、非道路移动机械，减少大气污染物的排放。

第四章 监督管理

第二十五条 生态环境主管部门应当会同交通运输、住房和城乡建设、农业农村、水利、林业、城市管理等有关部门对非道路移动机械的大气污染物排放状况进行监督检查，排放不合格的非道路移动机械，不得使用。

第五章 法律责任

第二十八条 违反本办法规定，在禁止使用高排放非道路移动机械的区域使用高排放非道路移动机械的，由市生态环境主管部门责令改正，处每台非道路移动机械二百元以上一千元以下的罚款。

关于印发《芜湖市建筑领域非道路移动机械使用单位环境行为记分制管理办法（试行）》的通知

（环察〔2020〕104号）

各非道路移动机械使用单位：

为贯彻落实国务院《打赢蓝天保卫战三年行动计划》，进一步加强非道路移动机械污染防治，市生态环境局、市住建局联合制定了《芜湖市建筑领域非道路移动机械使用单位环境行为记分制管理办法（试行）》，自 2020 年 11 月 1 日正式实施。现印发给你们，请认真学习，落实好使用非道路移动机械的环境保护主体责任。

芜湖市生态环境局　芜湖市住房和城乡建设局

2020 年 9 月 29 日

为贯彻落实国务院《打赢蓝天保卫战三年行动计划》，进一步加强非道路移动机械污染防治，促进非道路移动机械使用单位依法守信使用非道路移动机械，根据《中华人民共和国大气污染防治法》《生态环境部办公厅关于加快非道路移动机械摸底调查和编码登记工作的通知》《芜湖市柴油货车污染防治攻坚战实施方案》《芜湖市人民政府关于划定高排放非道路移动机械禁用区的通告》《国务院办公厅关于加快推进社会信用体系建设构建以信用为基础的新型监管机制的指导意见》（国办发〔2019〕35 号）、《安徽省企业环境信用评价实施方案》等法律法规和政策的规定和要求，结合我市工作实际，制定本办法。

一、适用范围

本办法适用范围为镜湖区、鸠江区、弋江区、皖江江北新兴产业集中区、芜湖经济技术开发区、三山经济开发区、芜湖高新技术产业开发区。

二、基本原则

（一）本办法管理对象为在本市行政管辖区内开展各类建筑生产活动的企事业单位，包括临时性使用、租用个人非道路移动机械的企事业单位（以下简称使用单位）。

（二）记分制管理体系的依据是法律、法规、国家标准及有关规范性文件。一个记分周期为一个自然年，自每年的 1 月 1 日至 12 月 31 日，每个记分周期的记分总分值为12 分。记分总分值为每次检查的记分的累计值，每项记分标准按照问题的严重程度分别为12 分、6 分、3 分。针对使用单位存在的问题，按照记分标准进行记分。

（三）记分项目涉及违法的，不因受记分而免除行政处罚及其他法律责任。

（四）市级生态环境部门负责组织实施记分管理工作，受理公众投诉。

三、记分标准

（一）存在下列问题之一的，记 12 分：

1．使用排放不合格非道路移动机械，或在用非道路移动机械未按照规定加装、更换污染控制装置的；

2．在高排放非道路移动机械禁用区使用高排放非道路移动机械的；

3．重污染天气应急响应期间，未落实重污染天气响应措施的；

4．以拒绝入场等方式拒绝生态环境部门开展检查的。

（二）存在下列问题之一的，记 6 分：

5．伪造非道路移动机械环保登记号码的；

6．非道路移动机械发生改装、报废等重大变化时，未在规定时间内上缴原信息采集卡、重新编码并申领新信息采集卡的；

7．生态环境部门开展检查工作不积极配合的。

（三）存在下列问题之一的，记3分：

8．使用单位使用的非道路移动机械，检查发现未及时进行编码登记的；

9．已完成申报登记的非道路移动机械所有者、现所在地、DPF设备信息发生变化未进行变更的；

10．非道路移动机械环保登记号码损毁或无法辨识，未及时申请重新喷码的；

11．未随机械携带编码登记信息采集卡的，且经执法人员要求不能当场提供的；

12．在本市建成区施工工地使用农用车、柴油三轮车装运渣土、物料的。

四、记分方式

（一）生态环境部门通过日常监督检查、专项监督检查等方式，发现并查实使用单位存在的问题，填写《芜湖市建筑领域非道路移动机械使用单位环境问题记分单》（以下简称《记分单》）并下达责令整改通知书。《记分单》需由2名及以上生态环境工作人员填写。

（二）《记分单》一式两份，由使用单位现场负责人签字确认或盖章确认，一份由使用单位存档，一份交生态环境部门。

（三）生态环境部门依据本办法规定的记分标准及《记分单》记分，记分按照"就高不就低、单次检查同类问题不累加"原则执行，但不同类问题仍需累加记分。

五、管理措施

（一）使用单位存在记分标准第1项至第4项中任一行为的，生态环境部门按照相关法律法规予以行政处罚，并将行政处罚信息按照七天双公示要求上传至公共信用信息共享服务平台进行公开公示，涉及犯罪的移交司法机关。

（二）生态环境部门将对记3分至6分的使用单位加大监管执法频次；对记分超过6分的，生态环境部门将约谈使用单位负责人。

（三）使用单位在一个记分周期内累计记分值达到12分的，生态环境部门将向社会公开曝光。使用单位需通过市级新闻媒体向社会公开整改承诺（模板见附件2），生态环境部门将上传至"信用芜湖"。整改完成后，使用单位向生态环境部门提交整改报告，生态环境部门对整改情况进行复核，通过后原记分清零。

（四）对下达责令改正通知书逾期未整改的，生态环境部门将上传责令改正通知书至公共信用信息共享服务平台并将失信行为记入失信主体信用记录，惩罚措施由市住房和城乡建设局、市公共资源交易管理局、市地方金融监督管理局等部门根据有关规定确定。

（五）使用单位在一个记分年度周期内记分未达到12分的，问题经整改完毕，在下一个记分周期开始之日，原记分清零；未整改完毕的，则对应的记分顺延至下一个记分周期。

（六）各使用单位应加强管理，针对本办法的记分项加强自律自查。对自查发现的违法违规行为，应采取措施及时改正并主动消除或减轻不良影响。

（七）生态环境部门工作人员滥用职权、玩忽职守、徇私舞弊的，依法予以行政处分；构成犯罪的，依法追究刑事责任。

（八）本办法由市生态环境局负责解释并接受群众举报。

（九）本办法自 2020 年 11 月 1 日起正式试行。无为市、南陵县、湾沚区、繁昌区可参照执行。

　　附件：1. 芜湖市建筑领域非道路移动机械使用单位环境问题记分单（略）
　　　　　2. 非道路移动机械环境行为整改公开承诺函（模板）（略）

青海省

西宁市机动车和非道路移动机械排气污染防治管理办法（摘选）

（西宁市人民政府令　2002 年第 1 号）

第一章　总则

第一条　为了防治机动车和非道路移动机械排气污染，改善大气环境，保障人民身体健康，促进经济社会可持续发展，根据《中华人民共和国大气污染防治法》《青海省大气污染防治条例》《西宁市大气污染防治条例》等法律法规，结合本市实际，制定本办法。

第二条　本办法适用于本市行政区域内机动车和非道路移动机械排气污染防治。

第三条　机动车和非道路移动机械排气污染防治坚持预防为主、综合治理、分类监管、公众参与、区域协同的原则。本市推进智慧交通、绿色交通建设，优化道路设置和运输结构，严格执行大气污染防治标准，加强机动车和非道路移动机械排气污染防治。

第四条　市、县（区）人民政府、园区管委会应当加强对机动车和非道路移动机械排气污染防治工作的领导，建立机动车及非道路移动机械排气污染防治工作协调机制和联防联控的管理机制，研究决定污染防治工作中的重大问题，保障经费投入。乡（镇）人民政府、街道办事处协助做好本区域的机动车和非道路移动机械排气污染防治工作。

第五条　生态环境主管部门对全市机动车及非道路移动机械排气污染防治实施统一监督管理。

市场监督管理部门负责对车用燃料及氮氧化物还原剂的销售环节进行监督检查，查处生产、销售不符合标准的机动车船和非道路移动机械用燃料、发动机油、氮氧化物还原剂、燃料和润滑油添加剂以及其他添加剂；对销售发动机、机动车和非道路移动机械进行监督检查。

城乡建设主管部门负责房屋建筑和市政基础设施施工工地的非道路移动机械排气污染防治及监督检查。自然资源和规划、城市管理、房产、水务、农业农村、林业和草原、应急管理等部门根据各自职责，做好机动车和非道路移动机械排气污染防治工作。

第六条　市生态环境主管部门所属的机动车排气污染防治监督机构具体负责全市机动车及非道路移动机械排气污染防治工作，具体职责包括：

（一）开展机动车及非道路移动机械排气污染防治宣传；

（二）对机动车及非道路移动机械排气污染状况进行监督抽测；

（三）对机动车环保检验机构依法实施监督；

（四）定期向社会公布机动车非道路移动机械排气污染及其防治情况；

（五）受理机动车及非道路移动机械排气污染相关投诉举报及机动车所有人或者使用人提出的对机动车环保检验机构出具的检验报告的异议申请；

（六）受生态环境主管部门委托，查处机动车及非道路移动机械排气污染防治方面的违法行为。

第七条　县级以上人民政府应当组织生态环境、公安、交通运输、市场监督管理、住房和城乡建设、农业农村等有关部门建立包含机动车和非道路移动机械基础数据、定期排放检验、监督抽测、超标处罚、维修治理等信息在内的综合管理系统，实现信息共享。

第八条　市、县（区）人民政府、园区管委会及其有关部门应当加大机动车和非道路移动机械排气污染防治宣传教育。新闻媒体应当开展相关公益宣传，加强对违法行为的舆论监督。

第九条　机动车和非道路移动机械的所有人、使用人应当增强环境保护意识，自觉履行大气环境保护义务，采取有效措施，防止、减少机动车和非道路移动机械排气污染。

公民、法人和其他组织有权对违反本办法规定的行为进行投诉和举报。生态环境等主管部门应当对投诉和举报及时处理。

第二章　预防与控制

第十一条　市、县（区）人民政府应当将机动车和非道路移动机械排气污染防治纳入环境保护规划，建立机动车和非道路移动机械排气污染防治监控体系，控制机动车和非道路移动机械排气污染，改善大气环境质量。

第十四条　市、县（区）人民政府、园区管委会应当采取措施，鼓励、支持、推广使用节能环保型、新能源机动车和非道路移动机械,逐年提高新增或者更新的城市公交车、出租车、公务用车等车辆中的清洁能源汽车比例,并在规定时限内完成老旧机动车淘汰。

国家机关及使用财政性资金的其他组织应当优先选购和使用节能环保型、清洁能源型机动车和非道路移动机械。将节能环保型、清洁能源型机动车和非道路移动机械纳入政府采购名录。

第十五条 市人民政府可以根据大气环境质量防治需要和机动车排气污染程度,确定禁止高排放机动车行驶的区域、时段,划定并公布禁止使用高排放非道路移动机械的区域。

市、县(区)人民政府应当制定大气污染应急预案,依据重污染天气的预警等级,及时启动应急预案,根据应急需要可以采取限制部分机动车行驶和非道路移动机械使用等临时应急措施。

第四章　非道路移动机械排气污染监管

第三十条 本市对非道路移动机械实行排放标志管理制度。非道路移动机械装用的发动机,根据其所能达到的排放阶段标准发放标志。

非道路移动机械标志管理应当符合国家及本省有关规定和要求。

市生态环境主管部门根据大气污染防治需要,会同有关部门制定本市的非道路移动机械标志管理规定。

市生态环境主管部门可以委托非道路移动机械行业主管部门或者第三方机构发放非道路移动机械排放标志,标志应粘贴于显著位置。

第三十一条 在本市行政区域内作业的非道路移动机械,不得超过国家及本省大气污染物排放要求。

非道路移动机械的所有人或者使用人,应当对在用的超过大气污染物排放标准的机械进行维修,并达到排放标准。

交通运输、城乡建设、房产、农业农村、水务等部门应当督促建设单位使用符合排放标准的非道路移动机械。

第三十二条 生态环境主管部门可以采用电子标签、电子围栏、排气监控等技术手段对禁止使用高排放非道路移动机械的区域进行实时监控。

第三十三条 生态环境主管部门应当会同交通运输、城乡建设、房产、农业农村、水务等部门对非道路移动机械排气污染状况进行现场抽查,非道路移动机械所有人或使用人应予配合。

第五章　法律责任

第三十五条(第一款略)

在非道路移动机械向大气排放污染物超过排放标准或者排放明显可见黑烟的,由生态环境、交通运输、城乡建设、房产、农业农村、水务等部门按照职责责令改正，并处以五千元的罚款。

第三十六条 机动车和非道路移动机械所有者或者使用者拆除、闲置或者擅自更改排放污染控制装置的，由生态环境主管部门责令改正，并处以五千元的罚款。

（第二款略）

第三十八条 违反本办法规定，有下列情形之一的，由生态环境、城乡建设、农业农村等主管部门对非道路移动机械的所有人或使用人（单位）依法责令改正，并予以处罚：

（一）拒绝排气污染监督检查的，对使用人（单位）处二千元以上五千元以下的罚款；

（二）未按照排放标志管理规定作业或在禁止区内作业的，对其所有人或使用人（单位）处每台次五千元以上二万元以下的罚款；

（三）擅自拆除、闲置、更改、租借、破坏非道路移动机械电子标签、电子围栏、排气监控等监管设备的，对其所有人或使用人（单位）处每台次五千元以上二万元以下的罚款。

海东市机动车和非道路移动机械排气污染防治办法（摘选）

（2021年12月9日海东市人民政府第7次常务会议审议通过 2021年12月17日海东市人民政府令第14号公布 自2022年2月1日起施行）

第一条 为了防治机动车和非道路移动机械排气污染，保护和改善大气环境，保障公众身体健康，促进生态文明建设，根据《中华人民共和国大气污染防治法》《青海省大气污染防治条例》等法律法规，结合本市实际，制定本办法。

第二条 本市行政区域内机动车和非道路移动机械排气污染防治，适用本办法。

本办法所称机动车和非道路移动机械排气污染，是指排气管、曲轴箱和燃油（气）系统向大气排放和蒸发超过国家污染物排放标准造成大气污染的行为。

非道路移动机械是指装配有发动机的移动机械和可运输工业设备，主要包括挖掘机、起重机、推土机、装载机、压路机、摊铺机、平地机、叉车、桩工机械、堆高机、牵引车、摆渡车、场内车辆、农业机械等。

第三条 机动车和非道路移动机械排气污染防治坚持防控结合、综合治理、分类监管、公众参与的原则。

第四条 市、县（区）人民政府应当制定并实施机动车和非道路移动机械排气污染防治规划；建立工作协调机制和联防联控管理机制，完善防治监控体系，研究解决防治工作中的重大问题；保障经费投入，并将防治工作纳入年度目标考核。

乡镇人民政府、街道办事处应当协助县（区）人民政府及其相关部门做好本区域内机动车和非道路移动机械排气污染防治工作。

第五条　市、县（区）生态环境主管部门对本区域内机动车和非道路移动机械排气污染防治实施统一监督管理。

市场监督主管部门负责对车用燃料及氮氧化物还原剂的销售环节进行监督检查，查处生产、销售不符合标准的机动车用和非道路移动机械用燃料、发动机润滑油、润滑油添加剂、氮氧化物还原剂；对机动车排放检验机构实行资质认证管理。

住房和城乡建设主管部门负责房屋建筑和市政基础设施施工工地的非道路移动机械排气污染防治及监督管理。

自然资源、水务、农业农村、林业草原、应急管理等主管部门，应当根据各自职责，做好机动车和非道路移动机械排气污染防治工作。

第六条　市、县（区）人民政府应当组织建立机动车和非道路移动机械信息共享综合管理机制。

第七条　市、县（区）人民政府应当将机动车和非道路移动机械排气污染防治纳入日常环保宣传教育，倡导公众低碳、环保出行。

新闻媒体应当开展机动车和非道路移动机械排气污染防治相关公益宣传，提高公众污染防治意识，对违法行为进行舆论监督，倡导公众绿色出行。

第八条　机动车和非道路移动机械的所有人或者使用人应当自觉履行大气环境保护义务，采取有效措施防止、减少机动车和非道路移动机械排气污染。

第十二条　市、县（区）人民政府应当采取政府采购等方式，推广节能环保型、清洁能源型的机动车和非道路移动机械，加强清洁能源机动车配套设施建设。

市人民政府应当将节能环保型、清洁能源型机动车和非道路移动机械纳入政府采购名录。政府机关和使用财政资金的其他组织应当优先选购和使用节能环保型、清洁能源型机动车和非道路移动机械。

第十三条（第一款略）

县（区）人民政府可以根据大气环境质量防治需要和机动车污染程度，确定禁止高排放机动车行驶的区域、时段，划定禁止使用高排放非道路移动机械的区域，并向社会公告。

第十四条　本市生产、销售、存储及使用的车用和非道路移动机械燃料、发动机油、氮氧化物还原剂和润滑油添加剂以及其他添加剂应当满足国家及本省相关标准要求。

市场监督主管部门应当定期对销售的车用和非道路移动机械燃料、发动机油、氮氧化物还原剂和润滑油添加剂以及其他添加剂的质量进行监督抽查，并向社会公布抽查结果。

第二十六条　本市对非道路移动机械实行排放标志管理制度。

市生态环境主管部门根据大气污染防治需要，会同有关部门制定本市非道路移动机械标志管理规定。

第二十七条　本市行政区域内作业的非道路移动机械，不得超过国家及本省大气污染物排放要求。

非道路移动机械的所有人或者使用人，应当对在用的超过大气污染物排放标准的机械进行维修，并符合排放标准。

第二十八条　生态环境主管部门应当会同交通运输、住房和城乡建设、城市管理、水务、农业农村等部门在非道路移动机械使用地、停放地，采用电子标签、电子围栏、排气监控等技术手段对非道路移动机械的污染物排放状况进行监督。非道路移动机械所有人或者使用人应当予以配合。

第三十一条　违反本办法规定，有下列情形之一的，由生态环境等主管部门对非道路移动机械的所有人或者使用人（单位）依法责令改正违法行为，并处每台次五千元以上二万元以下的罚款：

（一）未按照排放标志管理规定作业的；

（二）擅自拆除、闲置、更改、租借、破坏非道路移动机械电子标签、电子围栏、排气监控等监管设备的；

（三）在禁止使用高排放非道路移动机械的区域使用高排放非道路移动机械的。

四川省

四川省机动车和非道路移动机械排气污染防治办法（摘选）

（四川省人民政府令第 346 号公布　自 2021 年 3 月 1 日起施行）

第一章　总则

第一条　为防治机动车和非道路移动机械排气污染，保护和改善大气环境，保障公众健康，根据《中华人民共和国大气污染防治法》《四川省〈中华人民共和国大气污染防治法〉实施办法》等法律、法规，结合本省实际，制定本办法。

第二条　本省行政区域内的机动车和非道路移动机械的排气污染防治及其监督管理

适用本办法。

前款所称机动车，是指由动力装置驱动或者牵引，上道路行驶的供人员乘用或者用于运送物品以及进行工程专项作业的轮式车辆，包括汽车及汽车列车、摩托车、轮式专用机械车、挂车。

非道路移动机械，是指用于非道路上的，装备有发动机的移动机械和可运输工业设备，包括但不限于工程机械、农业机械、材料及货物装卸机械、机场地勤设备、柴油发电机组等。

第三条　机动车和非道路移动机械排气污染防治坚持源头防范、标本兼治，突出重点、综合治理，区域协同、共同防治的原则。

第四条　县级以上地方人民政府应当将机动车和非道路移动机械排气污染防治工作纳入生态环境保护规划和大气污染防治目标考核，建立健全工作协调联动机制，加强监督管理能力建设和资金保障。

第五条　省、市（州）人民政府生态环境主管部门（以下简称生态环境主管部门）对本行政区域内机动车和非道路移动机械排气污染防治工作实施统一监督管理。

县级以上地方人民政府发展改革、经济和信息化、科技、公安、自然资源、住房和城乡建设、交通运输、水利、农业农村、商务、应急、市场监管、林草等部门按照各自职责做好机动车和非道路移动机械排气污染防治工作。

第六条　任何组织和个人有权对机动车和非道路移动机械排气污染的违法行为向生态环境主管部门和其他有监督管理职责的部门进行举报、投诉。

第七条　县级以上地方人民政府应当加强机动车和非道路移动机械排气污染防治法律法规及相关知识的宣传和普及工作；鼓励新闻媒体、社会组织等单位开展相关公益宣传，加强社会舆论监督。

第二章　预防与控制

第十条　县级以上地方人民政府应当根据本地环境资源状况，发展清洁能源和可再生能源；采取财政、税收、政府采购等措施推广节能环保型和使用清洁能源的机动车及非道路移动机械，加强清洁能源机动车配套设施建设，淘汰用于城市公共服务的高排放机动车，减少化石能源的消耗。

（第二款略）

第十一条　县级以上地方人民政府鼓励研发高效率、低排放水平的机动车和非道路移动机械产品，支持提前报废高排放机动车和非道路移动机械，推广应用排气污染防治先进技术。

第十二条　城市人民政府可以根据大气环境质量状况依法划定并公布禁止使用高排放非道路移动机械的区域；可以按照重污染天气的预警级别启动应急预案，依法采取并公布限制部分机动车行驶的应急措施。

第十三条　机动车和非道路移动机械生产企业应当对新生产的机动车和非道路移动机械进行排放检验。经检验合格的，方可出厂销售。

机动车和非道路移动机械生产、进口企业应当按照国家和省有关规定向社会公开机动车和非道路移动机械的环保信息。

禁止生产、进口或者销售大气污染物排放超过标准的机动车和非道路移动机械。

第十四条　申请注册登记或者转入登记的机动车，未经排放检验合格或者不符合国家和省规定的大气污染物排放标准的，公安机关交通管理部门不得办理登记手续。

符合免检规定的机动车按国家规定进行注册登记。

第十五条　实行非道路移动机械信息登记管理制度。

非道路移动机械所有人应当按规定通过互联网或者现场等方式向生态环境主管部门如实登记信息，经核实生成统一编码后，制作标识标牌，并采用悬挂、粘贴、喷涂等方式予以固定展示。

已安装行业主管部门统一管理标识的在用非道路移动机械，按前款规定生成统一编码后，可以继续使用原标识。

登记信息发生变更的，非道路移动机械所有人应当及时进行变更登记。

第十六条　在本省生产、销售或者使用的机动车和非道路移动机械的车用燃料应当符合国家和省的相关标准。

支持和推广使用低污染、清洁的车用燃料。

禁止生产、进口、销售不符合标准的机动车、非道路移动机械的车用燃料；禁止向汽车和摩托车销售普通柴油以及其他非机动车用燃料；禁止向非道路移动机械销售渣油和重油。

第三章　排放与治理

第十七条　在本省使用的机动车和非道路移动机械应当达标排放，不得排放黑烟或者其他明显可视污染物。

在用机动车和非道路移动机械所有人或者使用人应当保证装配的污染控制装置、车载排放诊断系统、远程排放管理车载终端等设备正常使用，车载排放诊断系统报警后应当及时维修。

第二十条　建设单位、施工单位和其他生产经营单位应当使用达标排放的非道路移动机械。对超标排放的，非道路移动机械所有人或者使用人应当进行维修或者加装、更换符合要求的污染控制装置。

第二十一条　非道路移动机械进、出作业现场，其所有人或者使用人应当核实统一编码，使用登记信息与实际信息一致的机械，并在非道路移动机械排放监督管理平台上做好进出场登记、燃料和氮氧化物还原剂使用等台账管理记录。

第四章　监督管理

第二十六条　生态环境主管部门和相关部门应当共享基础数据、排放检验、监督抽测、超标处罚、维修治理等机动车和非道路移动机械的排气污染防治信息，实现资源整合、实时更新。

第二十七条　县级以上地方人民政府交通运输、自然资源、住房和城乡建设、农业农村、林草、水利等主管部门应当组织、督促本行业使用的非道路移动机械开展信息登记和台账管理等工作。

生态环境主管部门应当会同前款部门建立非道路移动机械排放监督管理平台并实施管理，对非道路移动机械的大气污染物排放状况进行监督检查。

第二十八条　省人民政府生态环境主管部门可以通过现场检查、抽样检查等方式，加强对新生产、销售机动车和非道路移动机械大气污染物排放状况的监督管理。经济和信息化、市场监管等有关部门应当予以配合。

第三十条　生态环境主管部门可以通过电子监控、视频录像、拍照、遥感监测、监督抽测等方式，对机动车和非道路移动机械大气污染物排放污染状况进行取证。

（第二款略）

第五章　区域协同

第三十六条　省人民政府根据国家有关规定，可以与周边相邻省、自治区、直辖市人民政府建立跨区域的沟通协调机制，开展机动车和非道路移动机械排气污染的联合防治工作，促进区域大气环境质量改善。

第三十七条　本省与重庆市建立机动车和非道路移动机械排气污染联合防治机制，推动制定联合防治措施，落实机动车和非道路移动机械排气污染防治目标责任。

第三十八条　本省与重庆市建立信息共享机制，实现新生产机动车和非道路移动机械现场抽检、机动车排放数据、异地年检数量较多的检验机构、非道路移动机械使用管理等相关信息的区域共享。

第三十九条　本省与重庆市建立联合执法检查机制，加强机动车和非道路移动机械排气污染防治的区域协同监督管理。

第四十条　本省与重庆市建立区域重污染天气应急联动机制，及时通报预警和应急响应的有关信息，协商并共同采取防治机动车和非道路移动机械排气污染的应对措施。

第四十一条　鼓励有条件的市（州）人民政府参照区域协同有关规定，建立跨区域的机动车和非道路移动机械排气污染联合防治机制。

第六章　法律责任

第四十三条　违反本办法第十五条第二款、第二十一条规定，拒绝进行信息登记或者提供虚假登记信息的、使用信息登记与实际信息不符的非道路移动机械或者未对作业现场的非道路移动机械进行台账管理的，由生态环境主管部门责令限期改正；拒不改正的，处五百元以上三千元以下罚款。

成都市城乡建设委员会　成都市环境保护局关于印发《成都市施工现场非道路移动机械排气污染防治实施办法》的通知

（成建委〔2018〕187号）

成都天府新区、成都高新区管委会，各区（市）县人民政府，市经信委、市公安局、市房管局、市城管委、市交委、市水务局、市林业园林局、市工商局、市质监局、市安监局，各相关单位：

《成都市施工现场非道路移动机械排气污染防治实施办法》已经2018年2月22日市政府第184次常务会议讨论通过，按照《成都市人民政府第184次常务会纪要》要求，现印发给你们，请遵照执行。

成都市城乡建设委员会　成都市环境保护局
2018年4月3日

成都市施工现场非道路移动机械排气污染防治实施办法

第一条　制定目的

为规范施工现场非道路移动机械排气污染防治工作，保护和改善大气环境，根据《中华人民共和国大气污染防治法》《成都市机动车和非道路移动机械排气污染防治办法》等相关规定，结合成都市实际，制定本办法。

第二条　适用范围

本市行政区域内施工现场非道路移动机械排气污染防治，适用本办法。

本办法所称施工现场非道路移动机械，是指施工现场作业的装配有发动机的移动机械和可运输工业设备。主要包括工程机械（挖掘机、推土机、装载机、履带吊车、压路机、平地机、沥青摊铺机、旋挖机、内燃桩工机械等）、材料装卸机械等。

第三条　防治原则

本市行政区域内施工现场非道路移动机械排气污染防治坚持源头治理原则和防控结合、分类管理、社会共治、排污担责的原则。

第四条　环境准入制度

本市施工现场非道路移动机械应符合本市执行的国家阶段性排放标准，不得超过标准排放大气污染物。

第五条　标志和登记管理制度

本市实行非道路移动机械排放标志管理制度。市环境保护主管部门制定本市非道路移动机械标志管理规定，对非道路移动机械装用的发动机，根据其所能达到的排放阶段标准进行标志、核发，标志应粘贴于显著位置。

本市新增的非道路移动机械，其所有人应当在申办非道路移动机械排放标志的同时，向所在地县级以上地方人民政府环境保护主管部门登记报送非道路移动机械的排气污染相关信息；现有非道路移动机械的所有人应按照本市新增非道路移动机械的报送程序进行登记报送。

第六条　机械用油管理

非道路移动机械使用油品参照本市执行的机动车油品标准执行，不得低于本市执行的国家阶段性排放标准。非道路移动机械所有人或使用人应从正规渠道购买非道路移动机械用油，并留存进货凭证和建立台账。经济和信息化、安全生产监督、质量技术监督、环境保护、工商行政、交通运输、城市管理、公安、建设、水务、房管、林园等相关行政管理部门要分工合作，按照各自职责建立长效机制，落实责任，坚持源头治理，做好施工现场非道路移动机械排气污染防治工作，遏制施工现场伪劣油品使用对大气环境的不利影响。

第七条　主体责任

施工单位、监理单位、业主单位应当按相关规定落实施工现场非道路移动机械排气污染防治主体责任。施工单位应当履行下列职责：

（一）制定施工现场非道路移动机械管理制度，建立进入施工现场非道路移动机械台账，确定管理部门和人员；

（二）对施工现场非道路移动机械进行检查核实，确保进入施工现场的非道路移动机械取得排放标志；

（三）督促非道路移动机械产权单位（个人）定期进行维护保养，确保非道路移动机械使用过程中尾气排放符合排放标准；

（四）督促非道路移动机械产权单位（个人）从正规渠道购买非道路移动机械用油，并留存进货凭证和建立台账；

（五）接受相关行政管理部门的监督检查。

监理单位应对所有进入施工现场的非道路移动机械进行严格把关，并有相关进场验收记录，未取得排放标志的不得进入施工现场。加强对非道路移动机械用油进货凭证和台账的检查。

业主单位（含代理业主）应在施工承包合同和监理合同中明确施工单位、监理单位非道路移动机械排气污染防治责任，加强对施工单位、监理单位履职情况的监督管理。

第八条　部门职责

县级以上人民政府环境保护主管部门对本行政区域非道路移动机械排气污染防治实施统一监督管理。其他各行政管理部门应根据相关法律、法规和规定要求，按照各自职责，积极做好非道路移动机械排气污染防治工作，禁止未取得排放标志的非道路移动机械进入施工现场。

环境保护主管部门负责对非道路移动机械装用的发动机进行检测，印制、核发全市统一的非道路移动机械排放标志；向社会公开非道路移动机械排气污染及防治信息；所属的市机动车排气污染监督管理机构具体负责全市非道路移动机械排气污染防治的日常监督管理和业务指导。

经济和信息化主管部门负责加强对全市加油站油品来源的检查力度，定期对企业油品购买合同、购买发票进行抽查，发现成品油采购渠道不正当等违反《成品油市场管理办法》的行为，视情节依法给予警告、责令停业整顿、罚款的处罚。对经整改仍不合格或拒不整改的企业，由区（市）县成品油行业主管部门上报市经信委，由发证机关撤销其成品油经营资质。

工商行政主管部门负责我市流通领域成品油质量的监督管理，依法查处销售不合格油品的违法行为。

质量技术监督管理部门负责配合相关部门对查处的非法销售油品协调有资质的检验机构按国家油品质量有关标准鉴定。

安全生产监督管理部门负责加强行政许可审查，从事成品油经营企业必须取得成品油批发（零售）许可证后，方可核发《危险化学品经营许可证》。

公安部门负责严厉打击成品油市场的各类违法犯罪行为，对经营假冒伪劣油品或无成品油经营资质的企业，其违法经营行为达到刑事追究标准的要坚决依法查处。

交通运输、城市管理、房管、建设、水务、林园等行政管理部门按职责负责配合相关部门加强对本部门主管工作范围内非道路移动机械排放标志和用油来源的检查，定期检查施工现场非道路移动机械用油购置凭证和购置使用台账，督促企业从正规渠道购买油品，确保油品来源渠道正当。

第九条　征信制度

各行政管理部门应将非道路移动机械排气污染防治工作纳入征信管理，对责任主体单位非道路移动机械排气污染防治工作不力，非道路移动机械油品来源不当等违法违规行为进行企业信用评价管理。

第十条　禁用管理责任

违反本办法规定，在禁止使用高排放非道路移动机械的区域使用高排放非道路移动机械的，按照《中华人民共和国大气污染防治法》《成都市机动车和非道路移动机械排气污染防治办法》等相关规定，由环境保护等部门依法予以处罚。

第十一条　非道路移动机械违法责任

违反本办法规定，拒绝排气污染监督检查；未登记或使用机械与登记信息不符；不按排放标志管理规定作业；擅自拆除、闲置、更改、租借、破坏非道路移动机械电子标签、电子围栏、排气监控等监管设备；使用排放不合格的非道路移动机械，或者擅自拆除、闲置、更改、租借、毁坏破坏排气污染控制装置的，由县级以上人民政府环境保护等主管部门对非道路移动机械的所有人或使用人（单位）责令改正，并依法予以处罚。

第十二条　办法解释

本办法由成都市环境保护局和成都市城乡建设委员会负责解释。

第十三条　办法实施

本办法自 2018 年 6 月 1 日起施行，有效期 2 年。

绵阳市人民政府关于印发《绵阳市机动车和非道路移动机械排气污染防治管理办法（试行）》的通知

（绵府发〔2018〕16 号）

科技城管委会，各县市区人民政府，各园区管委会，科学城办事处，市级各部门：

《绵阳市机动车和非道路移动机械排气污染防治管理办法（试行）》已经市七届政府第 52 次常务会审议通过，现予印发，请认真贯彻执行。

绵阳市人民政府

2018 年 10 月 18

绵阳市机动车和非道路移动机械排气污染防治管理办法（试行）（摘选）

第一章　总则

第一条　为防治机动车和非道路移动机械排气污染，保护和改善大气环境，保障公众健康，根据《中华人民共和国环境保护法》《中华人民共和国大气污染防治法》《四川省环境保护条例》《四川省机动车排气污染防治办法》等法律法规和规章，结合绵阳实际，制定本办法。

第二条　绵阳市行政区域内的机动车和非道路移动机械的排气污染防治适用本办法。

第三条　县级以上地方人民政府（园区管委会）应当将机动车和非道路移动机械排气污染防治纳入城市发展总体规划和污染防治规划，加强人员、装备和设施配备，建设"天地车人"一体化的机动车排放监控系统，完善机动车遥感监测网络，健全监督管理体系，将保障经费纳入财政预算，增强机构履职能力，并将污染防治工作纳入年度目标考核。乡镇人民政府（街道办事处）按照属地管理原则，做好本区域的机动车和非道路移动机械排气污染防治工作。

第四条　县级以上地方人民政府（园区管委会）应当优化道路建设和管理，改善道路通行条件，优先发展公共交通，引导公众降低非公交类机动车使用强度。采取财政补贴、财政奖励、政府采购等措施，推动机动车、非道路移动机械的清洁节能和新能源使用。鼓励淘汰老旧机动车和非道路移动机械，鼓励机动车和非道路移动机械排气污染防治相关理论技术研究和创新，促进科技成果转化与利用。

第五条　县级以上地方人民政府（园区管委会）环境保护主管部门负责对本行政区域机动车和非道路移动机械排气污染防治实施统一监督管理，会同公安、住建、交通运输、工商、质监、农业、水务等行政主管部门建立机动车和非道路移动机械排气污染防治数据信息综合管理系统，加强部间和区域间的信息互通及资源共享。

县级以上地方人民政府（园区管委会）发改、经信、公安、安监、住建、交通运输、水务、城管、农业、林业、国土资源、工商、商务、质监、教育等行政部门应当按照各自职责和本办法规定，做好机动车和非道路移动机械排气污染防治工作。

第六条　县级以上地方人民政府（园区管委会）环境保护主管部门应当依法向社会公开机动车、非道路移动机械排气污染及防治信息。

第七条　县级以上地方人民政府（园区管委会）应当将机动车和非道路移动机械排气污染防治作为环保宣传教育的重要内容，引导公众遵循低碳、环保、绿色的行动准则。

第四章　非道路移动机械排气污染防治

第二十一条　市人民政府可以根据大气环境质量状况，划定并公布禁止使用高排放非道路移动机械的区域。环境保护主管部门会同行业行政主管部门可以采用电子标签、电子围栏、排气监控等技术手段对禁止区域进行实时监控。

第二十二条　在本市作业的非道路移动机械不得超过标准排放大气污染物，不得排放黑烟等可视污染物。非道路移动机械所有人和使用人应定期对非道路移动机械进行维护保养，使非道路移动机械排气达到国家规定的排放限值要求。

第二十三条　县级以上地方人民政府（园区管委会）环境保护主管部门可以会同交通运输、住建、农业、水务、城管等行政主管部门对非道路移动机械的大气污染物排放状况进行监督检查，非道路移动机械所有人或使用人应予配合。

第五章　法律责任

第二十六条　违反本办法规定，非道路移动机械的所有人或使用人（单位）拒绝排气污染监督检查的，由县级以上地方人民政府（园区管委会）环境保护主管部门或者其他负有大气环境保护监督管理职责的部门责令改正并依法处理；构成违反治安管理行为的，由公安机关依法处理。

违反本办法规定，擅自拆除、闲置、更改、租借、破坏非道路移动机械电子标签、电子围栏、排气监控等监管设备的；使用排放不合格的非道路移动机械，或者未按照规定加装、更换污染控制装置的，由县级以上地方人民政府（园区管委会）环境保护主管部门依法处理。

关于印发《攀枝花市施工现场非道路移动机械排放监督管理规定》的通知

（攀三大战役办〔2019〕72号）

各县（区）政府，钒钛园区管委会，市经济和信息化局，市公安局，市自然资源和规划局，市生态环境局，市住房和城乡建设局，市交通运输局，市水利局，市农业农村局，市应急管理局，市市场监督管理局，各有关单位：

我办制定了《攀枝花市施工现场非道路移动机械排放监督管理规定》，现印发你们，请认真贯彻执行。

　　附件：1. 攀枝花市施工现场非道路移动机械排放监督管理规定

　　　　　2. 攀枝花市非道路移动机械备案登记表（略）

　　　　　3. 攀枝花市非道路移动机械备案登记汇总表（略）

　　　　　4. 攀枝花市非道路移动机械编码登记备案管理系统操作指南（略）

攀枝花市"三大战役"领导小组办公室

攀枝花市生态环境局（代章）

2019 年 10 月 18 日

攀枝花市施工现场非道路移动机械排放监督管理规定

第一条　制定目的

为规范施工现场非道路移动机械排气污染防治工作，加强对我市高排放非道路移动机械禁止使用区精细化管控，保护和改善大气环境，根据《中华人民共和国大气污染防治法》《四川省〈中华人民共和国大气污染防治法〉实施办法（修订）》、攀枝花市人民政府《关于划定高排放非道路移动机械禁止使用区的通告》等相关规定，结合《非道路移动柴油机械排气烟度限值及测量方法》（GB 36886—2018）、《生态环境部办公厅关于加快推进非道路移动机械摸底调查和编码登记工作的通知》（环办大气函〔2019〕655 号）、《关于印发〈柴油货车污染治理攻坚战行动计划〉的通知》（环大气〔2018〕179 号）和攀枝花市实际，制定本规定。

第二条　适用范围

本市行政区域内施工现场非道路移动机械排气污染防治，适用本规定。

本规定所称施工现场非道路移动机械，是以城市建成区内施工工地、物流园区、大型工矿企业以及港口、码头、机场、铁路货场使用的非道路移动机械（包括重型柴油货车）为重点，主要包括挖掘机、起重机、推土机、装载机、压路机、摊铺机、平地机、叉车、桩工机械、堆高机、牵引车、摆渡车、场内车辆、应急救援、农用机械等机械类型。

第三条　防治原则

本市行政区域内施工现场非道路移动机械排气污染防治坚持源头治理、防控结合、分类管理、社会共治、排污担责的原则。

第四条　部门职责

生态环境主管部门负责探索建立非道路移动机械排放编码登记及定位跟踪监控系统，实现与各有关单位及部门之间的信息共享；负责组织开展非道路移动机械排放编码登记工作；负责组织进入高排放禁止区使用的非道路移动机械试点印制识别编码和安装定位监控终端；会同各有关单位及部门组织开展非道路移动机械排放监督检查，对涉嫌环境违法的行为依法处理。

市级生态环境部门所属的机动车排气污染监督管理机构具体负责全市非道路移动机械排气污染防治的业务指导。

经济和信息化主管部门负责加强对全市加油站油品来源的检查力度，定期对加油站油品购买合同、购买发票进行抽查，并上报相关主管部门备案，发现成品油采购渠道不正当等违反《成品油市场管理办法》的行为，视情节依法给予警告、责令停业整顿、罚款的处罚。对经整改仍不合格或拒不整改的企业，由县（区）成品油行业主管部门上报市级经信部门，由发证机关撤销其成品油经营资质。

市场监督管理部门负责依法对我市流通领域成品油经营者销售的成品油进行抽样检验，对认定为销售不合格成品油的违法行为，应当依据相关法律、法规和规章进行查处。

公安部门负责依法打击扰乱成品油市场的各类违法犯罪行为，对经营假冒伪劣油品或无成品油经营资质的企业，其违法经营行为达到刑事案件追究标准的要坚决依法追究刑事责任。

各施工行为所属行业主管部门，按职责负责配合相关部门加强对本部门主管工作范围内非道路移动机械排放和用油来源的检查，汇总建立非道路移动使用台账，定期检查施工现场非道路移动机械用油购置凭证和购置使用台账，杜绝使用人从非法渠道购买劣质油，督促使用人从正规渠道购买油品，确保油品来源渠道正当。

第五条　环境准入制度

本市使用的非道路移动机械不得超过标准排放大气污染物，实施使用中监督抽测、超标后处罚撤场的制度。

第六条　编码登记管理

本市实行非道路移动机械排放编码登记管理制度。非道路移动机械使用人或所有人应当向所属生态环境部门报送非道路移动机械的排放相关信息，通过备案 App 实施非道路移动机械在线备案，抄送生态环境部门备案并统一编码登记。禁止未进行编码登记的非道路移动机械进入施工现场、物流园区、大型工矿企业以及港口、码头、机场、铁路货场使用。

第七条　机械用油管理

非道路移动机械使用油品不得低于国家阶段性标准。非道路移动机械所有人或使用人应从正规渠道购买非道路移动机械用油，并留存进货凭证和建立台账备查。

第八条　禁止区管理

本市实行高排放禁止使用区非道路移动机械定位跟踪管理制度。在高排放禁止使用区使用的非道路移动机械应满足攀枝花市人民政府《关于划定高排放非道路移动机械禁止使用区的通告》的要求（2009 年 10 月 1 日以后生产），其使用人或所有人在报送非道路移动机械的排放相关信息，由生态环境部门进行统一编码登记的基础上，试点喷绘识别编码，免费安装非道路移动机械定位监控终端，并与生态环境部门联网，纳入排放监控系统管理。高排放非道路移动机械禁止区范围内的施工现场禁止使用未安装定位监控终端并与生态环境部门联网的非道路移动机械。

第九条　主体责任

施工单位、监理单位、业主单位应当按相关规定落实施工现场非道路移动机械排气污染防治主体责任。施工单位应当履行下列职责：

（一）制定施工现场非道路移动机械管理制度，建立进入施工现场非道路移动机械台账，确定管理部门和人员。

（二）对施工现场非道路移动机械进行检查核实。施工现场不得使用未经备案并统一编码登记的非道路移动机械，在高排放非道路移动机械禁止区范围内的施工现场不得使用未安装定位监控终端并与生态环境部门联网的非道路移动机械。

（三）督促非道路移动机械产权单位（个人）定期进行维护保养，确保非道路移动机械使用过程中尾气排放符合排放限值要求。

（四）督促非道路移动机械产权单位（个人）从正规渠道购买非道路移动机械用油，并留存进货凭证和建立台账。

（五）接受相关行政管理部门的监督检查。

监理单位应对所有进入施工现场的非道路移动机械进行严格把关，并有相关进场验收记录，加强对非道路移动机械用油进货凭证和台账的检查。

业主单位（含代理业主）应在施工承包合同和监理合同中明确施工单位、监理单位非道路移动机械排气污染防治责任，加强对施工单位、监理单位履职情况的监督管理。

第十条　征信制度

各行政管理部门应将非道路移动机械排气污染防治工作纳入征信管理系统，对非道路移动机械排气污染防治工作不力和油品来源不当的责任主体单位进行企业信用评价管理。

第十一条　非道路移动机械违法责任

违反本办法规定，拒绝排气污染监督检查；擅自拆除、闲置、更改、租借、破坏非道路移动机械电子标签、电子围栏、定位终端、排气监控等监管设备；使用排放不合格的非道路移动机械的，由生态环境等主管部门对非道路移动机械的所有人或使用人（单位）责令改正，并依法予以处罚。

违反本办法规定，在禁止使用高排放非道路移动机械的区域使用高排放非道路移动机械的，由生态环境等部门依法予以处罚。

第十二条　工作时限

2019 年 12 月 31 日前，完成全市现有非道路移动机械的登记备案工作，新购置或转入的非道路移动机械，应在购置或转入之日起 30 日内完成编码登记。

第十三条 解释

其他非道路移动机械作业参照执行，本规定由攀枝花市生态环境局负责解释。

第十四条 实施

本规定自 2019 年 10 月 18 日起施行。

宜宾市生态环境局等十一部门关于印发《宜宾市非道路移动机械排气污染防治实施办法（试行）》的通知

（宜环函〔2019〕50 号）

各县（区）人民政府、临港经开区管委会，各相关市级部门：

为深入贯彻落实《中华人民共和国大气污染防治法》，切实加强非道路移动机械排气污染防治，打赢"蓝天保卫战"，根据市政府工作安排，现将《宜宾市非道路移动机械排气污染防治实施办法（试行）》印发你们，请认真贯彻执行。本办法自 2019 年 7 月 1 日起实施。

宜宾市生态环境局　宜宾市工业和军民融合局

宜宾市公安局　宜宾市市场监督管理局

宜宾市应急管理局　宜宾市住房和城乡建设局

宜宾市水利局　宜宾市自然资源和规划局

宜宾市交通运输局　宜宾市农业农村局

宜宾市林业和竹业局

2019 年 5 月 21 日

宜宾市非道路移动机械排气污染防治实施办法（试行）

第一条 为加强宜宾市非道路移动机械排气污染防治，改善环境空气质量，保障人民健康，根据《中华人民共和国大气污染防治法》《四川省〈中华人民共和国大气污染防治法）实施办法》《非道路移动机械排气烟度限值及测量方法》（GB 36886—2018）、生态环境部《非道路移动机械污染防治技术政策》等相关规定，结合我市实际，制定本办法。

第二条　在本市行政区域内使用或计划使用的非道路移动机械排气污染防治适用于本办法。

第三条　本办法所指非道路移动机械，分为工程机械（包括但不限于装载机、挖掘机、推土机、压路机、沥青摊铺机、叉车、非公路用卡车、起重机、强夯机、履带吊车、内燃桩工机械、柴油发电机、铣刨机、柴油打桩锤、凿岩台车等）、农业机械、林业机械、材料装卸机械、工业钻探设备、雪犁装备、机场地勤设备、空气压缩机、发电机组、渔业机械、水泵等。对于本办法的规定，不同种类的非道路移动机械分批次实施，具体实施时间以通告为准。

第四条　本市非道路移动机械排气污染防治实施备案登记、排放标志、使用登记、燃油台账、高排放禁用区管控、监督抽测六项管理制度，该六项管理制度均通过《宜宾市非道路移动机械信息化管理平台》以信息化方式实现。

第五条　备案登记制度。非道路移动机械所有人（自然人或法人）应根据通告规定的时间和机械类别，通过网络平台，按平台设定的流程，以提供电子资料的形式向宜宾市生态环境局直属事业单位宜宾市机动车排污监控中心提交备案申请，并按照受理机构的要求如实提供材料。

申请材料符合要求的，予以备案；不符合要求的，不予备案，退回修正后提交。

非道路移动机械所有人或联系方式发生变动的，应及时申请变更备案登记信息。

通过提供虚假材料取得备案登记、排放标志的，由受理机构予以撤销，并依法追究申领人责任。

备案登记不具有所有权登记的性质。

第六条　排放标志制度。根据非道路移动机械所有人备案登记所提供的材料、国家排放标准实施时间或机械出厂时标明的排放阶段，认定排放阶段，核发相应的排放标志和环保识别号。

排放标志为印有排放阶段和环保识别号的二维码，通过扫描二维码，可获取该机械的所有备案登记信息和排放阶段信息。环保识别号为备案人通过《宜宾市非道路移动机械信息化管理平台》选取的对应该机械的编号，编号规则为：F·川Q·×·×××××。"F"代表非道路移动机械；"川 Q"代表宜宾市；第一个数字代表排放阶段；后五位数字为该机械在系统内的编号。

备案人对核发的排放标志有异议的，可持备案人身份证原件、机械相关信息资料原件到宜宾市机动车排污监控中心申请复核。

核发的排放标志二维码应规范张贴于机械驾驶室挡风玻璃右上角内侧；选取的环保识别号应自行喷涂于机械车身显著位置，字体大小和颜色不作统一规定，以便于第三人在较远处能清晰观察和美观为宜。

排放标志二维码损坏或遗失的，备案人应及时重新申领并规范张贴。

机械备案和排放标志二维码免费，如需采取邮寄方式申领，自行交纳快递费到第三方快递机构。

第七条 使用登记制度。使用过程中应当进行出入场登记。未备案登记和规范张贴排放标志的非道路移动机械禁止投入使用。

非道路移动机械投入使用前，使用人应按《宜宾市非道路移动机械信息化管理平台》设定的程序，逐项核实机械实际信息和平台备案信息的一致性，进行入场登记。凡实际信息与备案信息不一致的，禁止入场使用。若强行使用，由使用人承担相应责任。

非道路移动机械停止使用出场时，使用人应按《宜宾市非道路移动机械信息化管理平台》设定的程序，进行出场登记。

工业企业、矿山、机场等机构在固定场所使用非道路移动机械作业亦应当进行进出场登记。

完成进出场登记后，平台系统会自动生成特定使用人的机械使用台账及特定机械的历史使用记录。

禁止使用根据《非道路移动机械排气烟度限值及测量方法》（GB 36886—2018）检测排放不达标的机械。禁止使用排放黑烟或其他明显可视污染物的非道路移动机械。

在高排放非道路移动机械禁用区内，禁止高排放非道路移动机械进行进场操作。

第八条 燃油台账制度。非道路移动机械使用的燃油质量应当达到本市执行的国家阶段性燃油质量标准。鼓励非道路移动机械使用达到相应阶段质量标准的车用燃油。

所有人或使用人应当从合法渠道购买燃油并留存相关凭证，按照《宜宾市非道路移动机械信息化管理平台》设定的流程和信息要求，进行燃油出入库操作，系统自动生成燃油台账。

使用人应当与供应商签订燃油采购合同，合同应当注明燃油质量标准，禁止采购未达到本市执行的国家阶段性质量标准的燃油。鼓励具备条件的非道路移动机械使用人，建立批次燃油留样制度。

燃油采购人应当采购符合质量标准的燃油。燃油供应商对燃油质量负责，凡供应不符合质量标准燃油的，由相关职能部门依法查处。

第九条 高排放非道路移动机械禁用区制度。根据《大气污染防治法》，本市部分行政区域划定为高排放非道路移动机械禁用区。禁用区范围和实施时间按有关通告规定执行。

禁止在高排放非道路移动机械禁用区内使用高排放非道路移动机械。使用高排放非道路移动机械是指高排放非道路移动机械进入作业区。高排放非道路移动机械的定义按有关通告规定执行。

作业区是否在高排放非道路移动机械禁用区范围内，由使用者通过《宜宾市非道路移动机械信息化管理平台》提供的确认功能自行确认。作业区任何位置处于高排放非道路移动机械禁用区范围内，视同整个作业区在禁用区内。道路工程按标段进行区分。

第十条　监督抽测制度。市、县（区）生态环境部门应当开展非道路移动机械的监督性抽测，具体抽测任务按年度下达。监督抽测对象为停放于作业区内的非道路移动机械。凡排放不达标的非道路移动机械，由生态环境部门责令立即停止使用并限期整改，对使用人按法律规定处罚。

所有机械抽检次日起 15 日内免于抽检。抽检合格或 15 日内复检合格的机械，自抽检次日起，三个月内免于抽检。抽检不合格机械 15 日内，经维修保养后，机械使用人可向原抽检机构或其委托的机构申请进行复检。收到使用人的复检申请后，生态环境部门应及时派人进行复检。

监督抽测不合格机械，整改期间不得投入使用，凡投入使用被抽测到不合格的，视同使用排放不合格机械处罚。15 日后未申请复检或复检不合格投入使用被抽测的，视同使用排放不合格机械处罚。

监督性抽测不得向任何机构和个人收取任何费用。鼓励机械使用人聘请有资质的检测机构对使用的机械进行排放检测。当检测烟度值合格但临近排放限值时，鼓励该机械责任人进行维护保养。

第十一条　使用单位、监理单位、业主单位应当按相关规定落实作业现场非道路移动机械排气污染防治主体责任。使用单位应当履行下列职责：

（一）严格落实非道路移动机械六项管理制度，确定管理部门和人员，按规定进行出入场登记，燃油出入库登记。

（二）对作业现场非道路移动机械进行信息核查，确保进入作业现场的机械取得排放标志且备案信息与机械实际信息一致，未取得排放标志或备案信息与机械实际信息不一致的禁止入场使用。

（三）自行通过《宜宾市非道路移动机械信息化管理平台》对作业区是否处于高排放非道路移动机械禁用区进行确认并严格执行禁用区管理规定。

（四）督促责任人定期对机械进行维护保养，确保机械尾气排放符合《非道路移动机械排气烟度限值及测量方法》（GB 36886—2018）规定的限值。维护保养内容应当通过《宜宾市非道路移动机械信息化管理平台》记录。

（五）督促责任人从合法渠道购买符合质量标准的燃油，签订燃油采购合同并在合同中明确标明油品种类及质量标准，留存进货相关凭证，按《宜宾市非道路移动机械信息化管理平台》设定程序进行出入库操作，自动生成燃油台账。

（六）主动接受相关部门的监督检查并如实提供相关资料。

（七）其他应由使用单位承担的非道路移动机械排气污染防治责任。

监理单位应对所有进入施工现场的非道路移动机械进行严格把关，并有相关进场验收记录。加强对非道路移动机械用油进货凭证和台账的检查。全面检查作业现场是否有排放黑烟或其他明显可视污染物的机械并提出撤场处理意见，施工方拒不接受的，及时向相关主管部门汇报处理。

业主方（含代理业主）应在承包合同和监理合同中明确施工单位、监理单位非道路移动机械排气污染防治责任，明确燃油质量标准，非道路移动机械排放阶段要求，加强对施工单位、监理单位履职情况的监督管理并作好记录备查。

第十二条　县级以上人民政府生态环境主管部门对本行政区域非道路移动机械污染防治实施统一监督管理。其他各行政管理部门应根据相关法律、法规和本办法规定，按照各自职责，积极做好非道路移动机械污染防治工作。

生态环境主管部门负责建设、维护《宜宾市非道路移动机械信息化管理平台》，进行业务指导，保证其正常运行；负责向使用本平台的职能部门、企业、个人分发账号；负责审核备案注册账号、使用注册账号，审核备案机械信息，认定排放阶段，印制核发环保标识二维码；负责监督性抽测并依法处罚；负责受理和分发处理公众对排放黑烟机械的投诉和处理情况反馈；负责向社会公众宣传非道路移动机械排气污染防治政策和管理制度；负责将使用人违法使用非道路移动机械处罚情况及时反馈给行业主管部门。

住房和城乡建设、交通运输、自然资源和规划、应急管理、林业和竹业、农业农村、水利等涉及非道路移动机械使用的行业主管部门负责督促检查本行业非道路移动机械所有人、使用人严格落实备案登记、排放标志、使用登记、燃油台账、高排放非道路移动机械禁用区管控、监督抽测各项制度并将相关督促检查情况及结果在《宜宾市非道路移动机械信息化管理平台》及时记录；负责对本行业从业人员宣传非道路移动机械排气污染防治政策和管理制度；负责将本行业可能的非道路移动机械作业点位及时通报给生态环境主管部门；负责配合生态环境部门对本行业排放黑烟机械投诉的核实、调查、处理；负责将行业非道路移动机械排气污染防治纳入征信管理；负责配合生态环境主管部门实施监督性抽测；负责建立本行业相应的非道路移动机械排气污染防治行业管理制度。

工业和军民融合主管部门加强对全市加油站油品来源渠道的检查力度，保证油品采购渠道正规合法，发现违反《成品油市场管理办法》的行为，依法严肃处理。

市场监督管理主管部门负责流通领域成品油质量监督管理，油品质量鉴定，依法查处销售不合格油品的违法行为；负责牵头全面核查有关违法销售和销售不合格油品的举报线索；负责查处非道路移动机械销售企业销售不合格产品的行为。

公安部门负责严厉打击成品油市场各类违法犯罪行为，对经营假冒伪劣油品或无成品油经营资质的企业，其违法经营行为达到刑事追究标准的要坚决依法查处。

非道路移动机械销售企业、成品油经营企业及用户、非道路移动机械的所有者及使用者、社会公众应当积极向有关行政管理部门举报销售排放不达标非道路移动机械、未达到相应质量阶段成品油，使用排放黑烟非道路移动机械的企业和个人，为相关主管部门查处违法行为提供协助，应当积极学习、宣传、贯彻有关非道路移动机械的防治政策和管理制度。

第十三条 违反本办法规定，拒绝排气污染监督检查；使用未备案登记或备案登记信息与机械实际信息不符的机械；使用排放超标机械；违反禁用区管理规定；未按要求落实非道路移动机械六项管理制度的，由县级以上人民政府生态环境主管部门对非道路移动机械的使用人责令限期改正，并依据《中华人民共和国大气污染防治法》《四川省〈中华人民共和国大气污染防治法〉实施办法》规定予以处罚。

第十四条 本办法所称的非道路移动机械指装配有发动机的移动机械和可运输工业设备。

第十五条 本办法适用中的具体问题由生态环境主管部门会同相关部门负责解释。

第十六条 本办法自 2019 年 7 月 1 日起施行。

第六部分 标准

非道路移动机械用柴油机排气污染物排放限值及测量方法（中国第三、四阶段）（GB 20891—2014）

前 言

为贯彻《中华人民共和国环境保护法》和《中华人民共和国大气污染防治法》，防治非道路移动机械用柴油机污染物排放对环境的污染，改善环境空气质量，制定本标准。

本标准规定了第三阶段非道路移动机械用柴油机排气污染物排放限值和测量方法，并提出了第四阶段的预告性要求。

本标准修改采用欧盟（EU）指令 97/68/EC（截至 2004/26/EC 修订版）《关于协调各成员国采取措施防治非道路移动机械用发动机气态污染物和颗粒物排放的法律》中有关非道路移动机械用柴油机的技术内容。

本标准与 2004/26/EC 指令有关非道路移动机械用柴油机的部分相比，主要修改内容如下：

——增加了 ISO 8178 中的 G2 测试循环；

——不包含欧Ⅳ阶段的技术要求；

——增加了 19 kW 以下柴油机控制要求；

——增加了 560 kW 以上柴油机的控制要求；

——简化了一致性检查的判定方法；

——增加了催化转化器载体体积和贵金属含量的试验要求；

——试验用基准柴油的部分技术参数。

本标准是对《非道路移动机械用柴油机排气污染物排放限值及测量方法（中国Ⅰ、Ⅱ阶段）》（GB 20891—2007）的修订。修订的主要内容如下：

——加严了污染物排放限值；

——增加了瞬态试验循环（NRTC）；

——增加了 560 kW 以上柴油机的控制要求；

——优化了一致性检查的判定方法；

——增加了排放控制耐久性要求；

——增加了催化转化器载体体积和贵金属含量的试验要求；

——修订了试验用基准柴油的技术要求。

本标准的附录 A、附录 B、附录 C、附录 D、附录 E、附录 F 和附录 G 为规范性附录，附录 H 为资料性附录。

第四阶段非道路移动机械用柴油机排气污染物排放控制要求在全国范围的实施时间另行规定，鼓励有条件的地区提前实施。

本标准由环境保护部科技标准司组织制订。

本标准起草单位：济南汽车检测中心、中国环境科学研究院、玉柴机器股份有限公司。

本标准环境保护部 2014 年 4 月 28 日批准。

自本标准发布之日起，即可依据本标准进行型式核准。自 2014 年 10 月 1 日起，凡进行排气污染物排放型式核准的非道路移动机械用柴油机都必须符合本标准第三阶段要求。《非道路移动机械用柴油机排气污染物排放限值及测量方法（中国 I 、 II 阶段）》（GB 20891—2007）自 2016 年 4 月 1 日废止。

本标准由环境保护部解释。

1　适用范围

本标准规定了非道路移动机械用柴油机（含额定净功率不超过 37 kW 的船用柴油机）和在道路上用于载人（货）的车辆装用的第二台柴油机排气污染物排放限值及测量方法。

本标准适用于以下（包括但不限于）非道路移动机械装用，在非恒定转速下工作的柴油机的型式核准、生产一致性检查和耐久性要求，如：

——工业钻探设备；

——工程机械（包括装载机、推土机、压路机、沥青摊铺机、非公路用卡车、挖掘机、叉车等）；

——农业机械（包括大型拖拉机、联合收割机等）；

——林业机械；

——材料装卸机械；

——雪犁装备；

——机场地勤设备。

本标准适用于以下（包括但不限于）非道路移动机械装用，在恒定转速下工作的柴油机的型式核准、生产一致性检查和耐久性要求，如：

——空气压缩机；

——发电机组；

——渔业机械（增氧机、池塘挖掘机等）；

——水泵。

2　规范性引用文件

本标准内容引用了下列文件或其中的条款，凡是未注明日期的引用文件，其最新版本适用于本标准。

GB 252　普通柴油

GB/T 6072　往复式内燃机　性能

GB/T 6379.2—2004　测量方法与结果的准确度（正确度与精密度）　第 2 部分：确定标准测量方法重复性与再现性的基本方法

GB 17691—2005　车用压燃式、气体燃料点燃式发动机与汽车排气污染物排放限值及测量方法（中国Ⅲ、Ⅳ、Ⅴ阶段）

GB/T 17692—1999　汽车用发动机净功率测试方法

HJ 509—2009　车用陶瓷催化转化器中铂、钯、铑的测定　电感耦合等离子体发射光谱法和电感耦合等离子体质谱法

3　术语和定义

3.1

非道路移动机械 non-road mobile machinery

指用于非道路上的，如"适用范围"中提到的各类机械，即：

（1）自驱动或具有双重功能：既能自驱动又能进行其他功能操作的机械；

（2）不能自驱动，但被设计成能够从一个地方移动或被移动到另一个地方的机械。

3.2

第二台柴油机 secondary engine

指道路车辆装用的、不为车辆提供行驶驱动力而为车载专用设施提供动力的柴油机。

3.3

试验循环 test cycle

指柴油机在稳态工况或瞬态工况（NRTC 试验）下按照规定的转速和扭矩进行试验的

程序。

3.4

NRTC 试验 non-road transient cycle

指按照本标准附件 BE 规定，包含 1 238 个逐秒变换工况的试验循环。

3.5

基准转速（n_{ref}） reference speed

指按照 GB 17691—2005 标准附件 BB 中所述的，NRTC 试验相对转速 100%点所对应的实际转速值。

3.6

柴油机型式核准 diesel engine type-approval

指就柴油机排气污染物的排放水平核准一种柴油机机型。

3.7

柴油机机型 diesel engine type

指在本标准附件 AA 中列出的柴油机基本特性参数无差异的同一类柴油机。

3.8

柴油机系族 diesel engine family

指制造企业按本标准附件 AB 规定所设计的一组柴油机，这些柴油机具有类似的排气排放特性；同一系族中所有柴油机都必须满足相应的排放限值。

3.9

源机 parent engine

指从柴油机系族中选出的，能代表这一柴油机系族排放特性的柴油机。

3.10

排气污染物 emission pollutants

指柴油机排气管排出的气态污染物和颗粒物。

3.11

气态污染物 gaseous pollutants

指排气污染物中的一氧化碳（CO）、碳氢化合物（HC）和氮氧化物（NO_x）。碳氢化合物（HC）以 C_1 当量表示（假定碳氢比为 1∶1.88），氮氧化物（NO_x）以二氧化氮（NO_2）当量表示。

3.12

颗粒物（PM） particulate matter

指按本标准附录 B 所描述的试验方法，在温度不超过 325 K（52℃）的稀释排气中，由规定的过滤介质收集到的排气中所有物质。

3.13

净功率（P）net power

指在柴油机试验台架上，按照 GB/T 17692—1999 规定的净功率测量方法，在本标准规定的试验条件下，在柴油机曲轴末端或其等效部件上测得的功率。

注：净功率试验时，柴油机上所安装的装备和辅件见附录 E，使用的基准燃料技术参数见附录 D。

3.14

额定净功率（P_{max}）rated net power

指制造企业为柴油机型式核准时标明的净功率。

3.15

额定转速 rated speed

指制造企业使用说明书中规定的、调速器所允许的全负荷最高转速；如果柴油机不带调速器，则指制造企业在使用说明书中规定的柴油机最大功率时的转速。

3.16

负荷百分比 percent load

指在柴油机某一转速下可得到的最大扭矩的百分数。

3.17

中间转速 intermediate speed

指设计在非恒定转速下工作的柴油机，按全负荷扭矩曲线运行时，符合下列条件之一的转速：

——如果标定的最大扭矩转速在额定转速的 60%～75%，则中间转速取标定的最大扭矩转速；

——如果标定的最大扭矩转速低于额定转速的 60%，则中间转速取额定转速的 60%；

——如果标定的最大扭矩转速高于额定转速的 75%，则中间转速取额定转速的 75%。

3.18

有效寿命 useful life

由本标准第 5.2.2 条规定的，保证非道路移动机械用柴油机及其排放控制系统（如有）的正常运转并符合有关气态污染物和颗粒物排放限值，且已在型式核准时给予确认的使用时间。

3.19

替换用柴油机 replacement diesel engine

指仅以更换部件为用途的非道路移动机械用新柴油机。

3.20　缩写、符号及单位

3.20.1　试验参数符号

所有的体积和体积流量都必须折算到 273.15 K（0℃）和 101.325 kPa 的基准状态。

符号	单位	定义
A_P	m^2	等动态取样探头的横截面积
A_T	m^2	排气管的横截面积
A_{ver}		加权平均值
	m^3/h	——体积流量
	kg/h	——质量流量
C_1	—	碳氢化合物，以 C_1 当量表示
conc	ppm（或体积分数，%）	某组分的浓度（用下标表示），这里的"浓度"，指"体积分数"，$1\ ppm=10^{-6}$
$conc_c$	ppm（或体积分数，%）	背景校正后的某组分浓度（用下标表示），这里的"浓度"，指"体积分数"，$1\ ppm=10^{-6}$
$conc_d$	ppm（或体积分数，%）	稀释空气的某组分浓度（用下标表示），这里的"浓度"，指"体积分数"，$1\ ppm=10^{-6}$
DF	—	稀释系数
f_a	—	实验室大气因子
F_{FH}	—	燃油特性系数，用来根据氢碳比从干基浓度转化为湿基浓度
G_{AIRW}	kg/h	湿基进气质量流量
G_{AIRD}	kg/h	干基进气质量流量
G_{DILW}	kg/h	湿基稀释空气质量流量
G_{EDFW}	kg/h	湿基当量稀释排气质量流量
G_{EXHW}	kg/h	湿基排气质量流量
G_{FUEL}	kg/h	燃油质量流量
G_{TOTW}	kg/h	湿基稀释排气质量流量
H_{REF}	g/kg	绝对湿度基准值 10.71 g/kg，用于计算 NO_x 和颗粒物的湿度校正系数
H_a	g/kg	进气绝对湿度
H_d	g/kg	稀释空气绝对湿度
I	—	表示某一工况的下标
K_H	—	NO_x 湿度校正系数
K_p	—	颗粒物湿度校正系数
$K_{w,a}$	—	进气干-湿基校正系数
$K_{w,d}$	—	稀释空气干-湿基校正系数
$K_{w,e}$	—	稀释排气干-湿基校正系数
$K_{w,r}$	—	原排气干-湿基校正系数
L	%	试验转速下的扭矩相对最大扭矩的百分数
Mass	g/h	排气污染物质量流量的下标
M_{DIL}	kg	通过颗粒物取样滤纸的稀释空气质量

M_{SAM}	kg	通过颗粒物取样滤纸的稀释排气质量
M_d	mg	从稀释空气中收集到的颗粒物质量
M_f	mg	收集到的颗粒物质量
p_a	kPa	进气饱和蒸气压（GB/T 6072：p_{sy}=PSY 测试环境）
p_B	kPa	总大气压（GB/T 6072：p_x=PX 现场环境总压力；p_y=PY 试验环境总压力）
p_d	kPa	稀释空气的饱和蒸气压
p_s	kPa	干空气压
$P_{(n)}$	kW	试验转速下测量的最大功率（安装本标准附录 E 的装备和辅件）
$P_{(a)}$	kW	试验时应安装的柴油机辅件所吸收的功率
$P_{(b)}$	kW	试验时应拆除的柴油机辅件所吸收的功率
$P_{(m)}$	kW	试验台上测得的功率
Q	—	稀释比
R	—	等动态取样探头与排气管横截面面积比
R_a	%	进气相对湿度
R_d	%	稀释空气相对湿度
R_f	—	FID 响应系数
S	kW	测功机设定值
T_a	K	进气热力学温度
T_D	K	露点热力学温度
T_{ref}	K	基准热力学温度（进气：298 K）
V_{AIRD}	m^3/h	干基进气体积流量
V_{AIRW}	m^3/h	湿基进气体积流量
V_{DIL}	m^3	通过颗粒物取样滤纸的稀释空气体积
V_{DILW}	m^3/h	湿基稀释空气体积流量
V_{EDFW}	m^3/h	湿基当量稀释排气体积流量
V_{EXHD}	m^3/h	干基排气体积流量
V_{EXHW}	m^3/h	湿基排气体积流量
V_{SAM}	m^3	通过颗粒物取样滤纸的稀释排气体积
V_{TOTW}	m^3/h	湿基稀释排气体积流量
WF	—	加权系数
WF_E	—	有效加权系数
DF_i	—	劣化系数或劣化修正值
EDP	—	排放耐久周期
N_{ref}	r/min	NRTC 试验时柴油机的基准转速
W_{act}	kW·h	NRTC 的实际循环功
W_{ref}	kW·h	NRTC 的基准循环功

3.20.2 化学组分符号

CO	一氧化碳
CO_2	二氧化碳
HC	碳氢化合物
NMHC	非甲烷碳氢化合物
NO_x	氮氧化物
NO	一氧化氮
NO_2	二氧化氮
O_2	氧气
PM	颗粒物
DOP	邻苯二甲酸二辛酯
CH_4	甲烷
C_3H_8	丙烷
H_2O	水
PTFE	聚四氟乙烯

3.20.3 缩写

FID	氢火焰离子化检测器
HFID	加热型氢火焰离子化检测器
NDIR	不分光红外线分析仪
CLD	化学发光检测器
HCLD	加热型化学发光检测器
PDP	容积式泵
CFV	临界流量文丘里管

4 型式核准的申请与批准

4.1 型式核准的申请

非道路移动机械用柴油机的型式核准的申请由其制造企业或制造企业授权的代理人向型式核准主管部门提出，并完成本标准所要求的检验内容。

4.1.1 应按本标准附录 A 和附件 BD 的要求，提交型式核准有关技术资料及相关的耐久性试验方法和试验结果的资料。

4.1.2 应按本标准附录 G 的要求提交生产一致性保证计划。

4.1.3 应向负责进行型式核准试验的检验机构，提交一台符合附录 A 所描述的"柴油机机型"（或"源机"）特性的柴油机，完成本标准规定的检验内容。

4.1.4   如果检验机构认为申请者提供的源机不能完全代表附件 AB 中定义的柴油机系族，应由制造企业提供另一台源机，按照第 4.1.1 条和第 4.1.3 条的要求提交型式核准。

4.1.5   装有含贵金属材料后处理系统的柴油机，进行耐久性试验时还需提供两套相同的后处理系统。

4.2   型式核准的批准

4.2.1   型式核准主管部门对于满足本标准第 5 条和附录 G 要求的柴油机机型（或系族）批准型式核准，并颁发附录 F 规定的型式核准证书。

4.2.2   当柴油机只有与非道路移动机械的其他部件联合工作才能完成其功能或提供一种工作特性时，型式核准必须核实柴油机与非道路移动机械的其他部件联合工作时（不管是真实的还是模拟的）的一种或更多的要求是否得到满足。柴油机型式核准的范围应根据这些条件进行限制，柴油机机型或系族的型式核准证书中应该包括使用限制条件和安装说明。

4.3   型式核准的豁免

对于出口、展览、救援、应急、匹配试验、替换用柴油机等特殊用途的柴油机，可向型式核准主管部门提出申请，免予型式核准。向型式核准主管部门提交的资料应包括型号、功率、生产厂、用途、所达到的排放标准阶段、数量和生产日期等内容。

5   技术要求和试验

5.1   总则

制造企业采取的技术措施必须确保柴油机在正常的工作条件下，在本标准第 5.2.2 条规定的有效寿命期内，排放符合本标准的要求。

耐久性试验应按照本标准附件 BD 的技术要求，通过技术成熟的工程方法来完成。耐久性试验过程中，可以定期更换柴油滤芯、机油滤芯等部件或系统，这些工作必须在技术允许的范围内进行。系统维护的要求必须包括在用户使用手册中（其中包括制造企业对排气后处理装置耐久性的保证书）。制造企业在型式核准申请时，使用说明书中与后处理装置维修、更换有关的内容摘要必须包含在附录 A 所描述的型式核准申报材料中。

5.2   排气污染物的规定

5.2.1   试验规程及取样系统

柴油机排气污染物的测量与取样规程按附录 B 附件 BA 的规定进行，试验循环按附录

B 中表 B.1，或表 B.2，或表 B.3 规定的稳态试验循环进行；第四阶段小于 560 kW 的非恒速柴油机还需按照附件 BE 规定的 NRTC 瞬态试验循环进行试验。柴油机的排气污染物应使用附录 C 描述的系统测定。

如果其他系统或分析仪能得到和下述基准系统等效的结果，则型式核准主管部门可以对其认可：

——在原始排气中测量气态污染物所应用的系统（见附录 C 图 C.1）；

——在全流稀释系统中测量气态污染物所应用的系统（见附录 C 图 C.2）；

——在全流稀释系统中测量颗粒物，使用单滤纸（在整个试验循环中使用一对滤纸）方法或多滤纸（每工况使用一对滤纸）方法取样所应用的系统（见附录 C 图 C.12）。

其他系统或分析仪与本标准的某一个或几个基准系统之间的等效性，应在至少 7 对样本的相关性研究基础上加以确认。

判定等效性的准则定义为配对样本均值的一致性在±5%内。对于引入本标准的新系统，其等效性应根据 GB/T 6379.2—2004 所述的再现性和重复性计算作为根据。

5.2.2 有效寿命

应保证柴油机的排放控制装置在表 1 规定的有效寿命期内正常运转，且污染物排放符合 5.2.3 规定的限值要求。

柴油机耐久性运行试验应按照附件 BD 的要求，完成表 1 规定的耐久性试验，柴油机排放耐久性的最短运行时间或者等效运行时间不低于表 2 规定的柴油机有效寿命的 25%，并确定劣化系数或劣化修正值。对于装用含有贵金属的催化转化器的柴油机，试验前，制造厂还应单独提供两套相同的催化转化器，型式核准主管部门应任选一套进行耐久性试验；另一套按 HJ 509—2009 的规定检测其载体体积及各贵金属含量，测量值应不高于制造厂申报值的 1.1 倍。

表 1　耐久性时间要求

柴油机功率段/kW	转速/（r/min）	有效寿命/h	允许最短试验时间/h
$P_{max} \geq 37$	任何转速	8 000	2 000
$19 \leq P_{max} < 37$	非恒速	5 000	1 250
	恒速<3 000		
	恒速≥3 000	3 000	750
$P_{max} < 19$	任何转速		

5.2.3 限值

非道路移动机械用柴油机排气污染物中的一氧化碳（CO）、碳氢化合物（HC）和氮氧化物（NO_x）、颗粒物（PM）的比排放量，乘以按照本标准附件 BD.2.9 条所确定的劣化系数（安装排气后处理系统的柴油机），或加上按照本标准附件 BD.2.10 条所确定的劣化修正值（未安装排气后处理系统的柴油机），结果都不应超出表 2 规定的限值。

表 2　非道路移动机械用柴油机排气污染物排放限值

阶段	额定净功率（P_{max}）/ kW	CO/ [g/（kW·h）]	HC/ [g/（kW·h）]	NO_x/ [g/（kW·h）]	HC+NO_x/ [g/（kW·h）]	PM/ [g/（kW·h）]
第三阶段	$P_{max}>560$	3.5	—	—	6.4	0.20
	$130{\leqslant}P_{max}{\leqslant}560$	3.5	—	—	4.0	0.20
	$75{\leqslant}P_{max}<130$	5.0	—	—	4.0	0.30
	$37{\leqslant}P_{max}<75$	5.0	—	—	4.7	0.40
	$P_{max}<37$	5.5	—	—	7.5	0.60
第四阶段	$P_{max}>560$	3.5	0.40	3.5，0.67 [a]	—	0.10
	$130{\leqslant}P_{max}{\leqslant}560$	3.5	0.19	2.0	—	0.025
	$75{\leqslant}P_{max}<130$	5.0	0.19	3.3	—	0.025
	$56{\leqslant}P_{max}<75$	5.0	0.19	3.3	—	0.025
	$37{\leqslant}P_{max}<56$	5.0	—	—	4.7	0.025
	$P_{max}<37$	5.5	—	—	7.5	0.60
[a] 适用于可移动式发电机组用 $P_{max}>900$ kW 的柴油机。						

5.2.4　根据本标准附录 A 附件 AB 的定义，若一个柴油机系族中有多个功率段的柴油机，则源机和该系族内柴油机的排气污染物结果都必须满足相应的高功率段更加严格的排放要求。制造企业可选择将柴油机系族限制在一个功率段内，并进行该功率段的柴油机系族的型式核准申请。

5.2.5　替换用柴油机应满足被替换柴油机制造当时的排放要求。

5.3　柴油机安装在非道路移动机械上的要求

安装在非道路移动机械上的柴油机应满足该柴油机型式核准的下列特征：

5.3.1　进气压力降不应超过附件 AA.1.18 对已经型式核准的柴油机规定的压力降。

5.3.2　排气背压不应超过附件 AA.1.19 对已经型式核准的柴油机规定的背压。

6　生产一致性检查

制造企业应按照本标准附录 G 的要求采取措施，来保证生产一致性。

6.1　一般要求

6.1.1　对已通过型式核准而批量生产的非道路移动机械用柴油机机型（或系族），制造企业必须采取措施确保柴油机机型（或系族）与该柴油机机型（或系族）排放申报材料一致。

6.1.2　型式核准主管部门应以非道路移动机械用柴油机机型（或系族）排放申报材料的内

容为基础进行生产一致性检查。

6.1.3 型式核准主管部门可以根据监督管理的需要，在制造企业内按第 6.2 条的要求抽取样机。

6.1.4 如果某一柴油机机型（或系族）不能满足本标准第 5 条的要求，则制造企业应积极采取措施恢复生产一致性保证体系。在该柴油机机型（或系族）的生产一致性保证体系未得到恢复之前，型式核准主管部门可以暂时撤销该柴油机机型（或系族）的型式核准证书。

6.1.5 生产一致性检查使用符合 GB 252 规定的市售柴油；在制造企业的要求下，可以使用本标准附录 D 中描述的基准柴油。

6.2 发动机排放试验的生产一致性检查

6.2.1 从批量生产的柴油机中随机抽取一台样机。制造厂不得对抽样后用于检验的柴油机进行任何调整，但可以按照制造厂的技术规范进行磨合。

6.2.2 抽取的柴油机的气态污染物及颗粒物的比排放量，按照型式核准时确定的劣化系数或劣化修正值进行校正，若均不超过本标准第 5 条规定的限值要求，则该批产品的生产一致性合格。

6.2.3 如果从批量生产的产品中随机抽取的一台柴油机不能满足本标准第 5 条规定的限值要求，则制造厂可以要求从批量产品中抽取若干台柴油机进行生产一致性检查。制造厂应确定抽检样机的数量 n（包括原来抽检的一台）。除原来抽检的那台柴油机以外，其余的柴油机也都需进行试验。然后，根据抽检的 n 台样机上测得的每一种污染物的比排放量，求出算术平均值（$\bar{x}$）。如能满足下列条件，则该批产品的生产一致性合格，否则为不合格。

$$\bar{x} + k \cdot S \leqslant L_i$$

$$S^2 = \sum_{i=1}^{n} \frac{(x_i - \bar{x})^2}{n-1}$$

式中：L_i——表 1 中规定的某种污染物的限值；

　　　k——根据抽检样机数 n 确定的统计因数，其数值见表 3；

　　　x_i——n 台样机中第 i 台的试验结果；

　　　$\bar{x}$——n 台样机测试结果的算术平均值。

表 3 统计因数

n	2	3	4	5	6	7	8	9	10
k	0.973	0.613	0.489	0.421	0.376	0.342	0.317	0.296	0.279
n	11	12	13	14	15	16	17	18	19
k	0.265	0.253	0.242	0.233	0.224	0.216	0.210	0.203	0.198

如果 $n \geqslant 20$，则 $\qquad\qquad k = \dfrac{0.860}{\sqrt{n}}$

6.2.4 尽管有 6.2.1 至 6.2.3 的要求，型式核准主管部门在生产一致性抽查时可以选择如下方法和判定准则：

——从批量生产的柴油机中随机抽取 3 台样机。制造企业不得对抽样后用于检验的柴油机进行任何调整，但可以按照制造企业的技术规范进行磨合。

——若抽取的上述 3 台柴油机的各种污染物比排放量结果均不超过本标准第 5 条规定限值的 1.1 倍，且其平均值不超过限值，则判定环保一致性检查合格。

——若 3 台样机中有任一台样机的某种污染物比排放量超过限值的 1.1 倍，或其平均值超过限值，则判定环保一致性检查不合格。

6.3　催化转化器的生产一致性检查

6.3.1　从装配线上或批量产品中随机抽取三套催化转化器，按照 HJ 509—2009 的规定，对抽取的催化转化器检测其载体体积及各贵金属含量。

6.3.2　催化转化器生产一致性的判定准则：

——若被测的三套催化转化器的载体体积及各贵金属含量的测量结果均不低于申报值的 0.85 倍，且其平均值不低于申报值的 0.9 倍，则判定催化转化器的生产一致性检查合格。

——若被测的三套催化转化器中有任一套的载体体积或某一贵金属含量的测量结果低于申报值的 0.85 倍，或其平均值低于申报值的 0.9 倍，则判定催化转化器的生产一致性检查不合格。

7　柴油机标签

7.1　发动机制造企业在生产时应给每台发动机固定一个标签，标签应符合下列要求：

a）如果不毁坏标签或损伤发动机外观则无法将标签取下；

b）在整个发动机使用寿命期间保持清楚易读；

c）固定在发动机正常运转所需零件上，该零件应是整个发动机使用寿命期内一般不需要更换的；

d）发动机安装到移动机械上，标签的位置应明显可见。

7.2　如果发动机安装到移动机械上以后，因机械遮盖而使发动机标签变得不明显易见，则发动机制造企业应向移动机械制造企业提供一个附加的标签。附加的标签应符合下列要求：

a）如果不毁坏标签或损伤移动机械外观则无法将标签取下；

b）应固定在移动机械正常运转所必需的机械零件上，该零件应是整个移动机械使用寿命期内一般不需要更换的。

7.3 标签应包含下列信息：

a）第 5.2.3 条描述的型式核准批准的对应功率段及限值阶段、本标准附录 F 描述的型式核准号；

b）柴油机的型号、系族名称、功率参数；

c）发动机生产日期： 年 月 日（"日"可选。如在发动机其他部位已经标注生产日期，则标签中可不必重复标注）；

d）发动机制造企业的全称；

e）带后处理装置的应注明后处理装置的类型（如选择性催化还原装置、颗粒物捕集器等）；

f）制造企业认为重要的其他信息。

7.4 对于按照 4.3 条获得型式核准豁免的柴油机，其标签除满足 7.1～7.3 条的要求外，还应注明其用途及豁免理由。

7.5 发动机完成最终检查离开生产线之前应带有标签。

7.6 发动机标签的位置应在本标准附录 A 中申报，经型式核准主管部门核准并在本标准附录 F 型式核准证书中说明。

8 确定柴油机系族的参数

柴油机系族根据系族内柴油机必须共有的基本设计参数确定。在某些条件下有些设计参数可能会相互影响，这些影响也必须被考虑进去，以确保只有具有相似排放特性的柴油机包含在一个柴油机系族内。

同一系族的柴油机必须共有下列基本参数和型号：

8.1 工作循环

——2 冲程

——4 冲程

8.2 冷却介质

——空气

——水

——油

8.3 单缸排量

——系族内柴油机间相差不超过 15%

——气缸数（对于带后处理装置的柴油机）

8.4 进气方式

——自然吸气

——增压

——增压中冷

8.5 燃烧室型式/结构

——预燃式燃烧室

——涡流式燃烧室

——开式燃烧室

8.6 气阀和气口——结构、尺寸和数量

——气缸盖

——气缸壁

——曲轴箱

8.7 燃料喷射系统

——泵—管—嘴

——直列泵

——分配泵

——单体泵

——泵喷嘴

8.8 其他特性

——废气再循环

——喷水/乳化

——空气喷射

——增压中冷系统

8.9 排气后处理

——氧化催化器

——还原催化器

——热反应器

——颗粒物捕集器

9 源机的选择

9.1 柴油机系族源机的选取，应根据最大扭矩转速时，每冲程最高燃油供油量作为首选原则；若有两台或更多的柴油机符合首选原则，则应根据额定转速时，每冲程最大燃油供油量作为次选原则。在第 5.2.4 条或某些情况下，可以另选一台（或几台）柴油机进行试

验以确定系族中的最差排放率。因此，可以增选一台（或几台）柴油机进行试验，选取的柴油机具有本系族中的最差排放水平。

9.2 如果系族内的柴油机还有其他能够影响排放的可变特性，那么选择源机时，这些特性也被确定并考虑在内。

10 标准的实施

自 2014 年 10 月 1 日起，凡进行排气污染物排放型式核准的非道路移动机械用柴油机都必须符合本标准第三阶段要求。在该规定执行日期之前，可以按照本标准的相应要求进行型式核准的申请和批准。

对于按本标准批准型式核准的非道路移动机械用柴油机，其生产一致性检查，自批准之日起执行。

自 2015 年 10 月 1 日起，停止制造和销售第二阶段非道路移动机械用柴油机，所有制造和销售的非道路移动机械用柴油机，其排气污染物排放必须符合本标准第三阶段要求。自 2016 年 4 月 1 日起，停止制造、进口和销售装用第二阶段柴油机的非道路移动机械，所有制造、进口和销售的非道路移动机械应装用符合本标准第三阶段要求的柴油机。

鼓励有条件的地区提前实施本标准。

附录（略）

《非道路移动机械用柴油机排气污染物排放限值及测量方法（中国第三、四阶段）》
（GB 20891—2014）修改单

1. 将前言第二段修改为：本标准规定了第三、四阶段非道路移动机械用柴油机排气污染物排放限值和测量方法，并规定了第四阶段非道路移动机械污染物排放控制技术要求。

2. 将前言第七段修改为：第四阶段非道路移动机械及其装用的柴油机排放控制要求还应满足《非道路柴油移动机械污染物排放控制技术要求》（HJ 1014—2020）。

3. 在前言第十一段后面增加：自 2020 年 12 月 28 日起，即可依据本标准第四阶段技术要求进行信息公开。自 2022 年 12 月 1 日起，所有生产、进口和销售的 560 kW 以下（含560 kW）非道路移动机械及其装用的柴油机应符合本标准第四阶段要求。560 kW 以上非道路移动机械及其装用的柴油机第四阶段实施时间另行公告。自 2020 年 12 月 28 日起，各相关地方标准停止执行。

4. 在"1 适用范围"第一段后面增加：并规定了第四阶段非道路移动机械污染物排

放限值及测量方法。

5. 将"1 适用范围"第二段"本标准适用于以下（包括但不限于）非道路移动机械装用"修改为"本标准适用于以下（包括但不限于） 非道路移动机械及其装用的"。

6. 在"1 适用范围"后面增加一段：三轮汽车及其装用的柴油机执行本标准第四阶段要求。

7. 在"2 规范性引用文件"中增加：HJ 1014—2020 非道路柴油移动机械污染物排放控制技术要求。

8. 将 3.1 修改为：非道路移动机械 non-road mobile machinery 指用于非道路上的、如"范围"中提到的各类机械，即：（1）自驱动或具有双重功能：既能自驱动又能进行其他功能操作的机械；（2）不能自驱动，但被设计成能够从一个地方移动或被移动到另一个地方，且一年内移动次数大于 1 次的机械。

9. 在 5.1 第二段后面增加：第四阶段非道路移动机械及其装用的柴油机技术要求和试验应满足第 5.2.3 条及 HJ 1014—2020 第 5 章要求。

10. 将 5.2.3 修改为：按照附录 B 及 HJ 1014—2020 附录 B 的试验规程进行试验，气态污染物及颗粒物排放结果加上按照 HJ 1014—2020 第 5.5 条确定的劣化修正值，或乘以按照 HJ 1014—2020 第 5.5 条确定的劣化系数，结果都不应超出表 2 规定的限值。

表 2 非道路移动机械用柴油机排气污染物排放限值

阶段	额定净功率/kW	CO/（g/kWh）	HC/（g/kWh）	NO$_x$/（g/kWh）	HC+NO$_x$/（g/kWh）	PM/（g/kWh）	NH$_3$/ppm	PN/（#/kWh）
第三阶段	$P_{max} > 560$	3.5	—	—	6.4	0.20	—	—
	$130 \leqslant P_{max} \leqslant 560$	3.5	—	—	4.0	0.20	—	—
	$75 \leqslant P_{max} < 130$	5.0	—	—	4.0	0.30	—	—
	$37 \leqslant P_{max} < 75$	5.0	—	—	4.7	0.40	—	—
	$P_{max} < 37$	5.5	—	—	7.5	0.60	—	—
第四阶段	$P_{max} > 560$	3.5	0.40	3.5，0.67[a]	—	0.10	25[b]	5×10^{12}
	$130 \leqslant P_{max} \leqslant 560$	3.5	0.19	2.0	—	0.025		
	$75 \leqslant P_{max} < 130$	5.0	0.19	3.3	—	0.025		
	$37 \leqslant P_{max} < 75$	5.0	—	—	4.7	0.025		
	$P_{max} < 37$	5.5	—	—	7.5	0.60		

[a] 适用于可移动式发电机组用 $P_{max} > 900$ kW 的柴油机。
[b] 适用于使用反应剂的柴油机。

11. 将"6 生产一致性检查"中第一段修改为：制造企业应按照附录 G 的要求采取措施，来保证生产一致性，第四阶段非道路移动机械及其装用的柴油机还应满足 HJ 1014—2020 第 7 章的要求。

12. 将"7 柴油机标签"修改为"7 柴油机和机械环保信息标签"。

13．增加第 7.7 条：7.7 机械环保信息标签满足 HJ 1014—2020 第 9 章要求。

14．将"8　确定柴油机系族的参数"修改为"8　确定柴油机系族和机械系族的参数"。

15．在"8　确定柴油机系族和机械系族的参数"第一段后面增加：机械系族按照 HJ 1014—2020 第 10.1 条划分。

16．将"8　确定柴油机系族和机械系族的参数"中的"确定柴油机系族和机械系族的参数和型号："修改为"同一系族的柴油机必须共有下列基本参数和型号，并满足 HJ 1014—2020 第 10.2 条要求。"

17．将"10　标准的实施"第四段修改为：自 2020 年 12 月 28 日起，即可依据本标准第四阶段技术要求进行信息公开。自 2022 年 12 月 1 日起，所有生产、进口和销售的 560 kW 以下（含 560 kW）非道路移动机械及其装用的柴油机应符合本标准第四阶段要求。560 kW 以上非道路移动机械及其装用的柴油机第四阶段实施时间另行公告。

18．将 B.2.7 第一段修改为：试验时应使用附录 D 表 D.1 及 GB 17691—2018 表 D.1 规定的基准燃油。

非道路柴油移动机械污染物排放控制技术要求（HJ 1014—2020）

前　言

为贯彻《中华人民共和国环境保护法》和《中华人民共和国大气污染防治法》，防治非道路柴油移动机械排气污染物对环境的污染，改善环境空气质量，制定本标准。

本标准规定了第四阶段非道路柴油移动机械及其装用的柴油机污染物排放控制技术要求。本标准是对《非道路移动机械用柴油机排气污染物排放限值及测量方法（中国第三、四阶段）》（GB 20891—2014）中第四阶段内容的补充。

本标准修改采用欧盟（EU）指令 97/68/EC（截至修订版 2012/46/EU）《关于协调各成员国采取措施防治非道路移动机械用柴油机气态污染物和颗粒物排放的法律》中有关非道路移动机械用柴油机的技术内容及欧洲非道路第五阶段法规（EU）2016/1628《非道路移动机械用发动机排气污染物排放限值要求，以及对（EU）1024/2012 和（EU）167/2013 的修订和对 97/68/EC 的修订和替代》中的部分技术内容。

本标准附录 A～附录 K 为规范性附录。

本标准为首次发布。

本标准由生态环境部大气环境司、法规与标准司组织制订。

本标准主要起草单位：济南汽车检测中心有限公司、中国环境科学研究院、潍柴动力股份有限公司。

本标准由生态环境部 2020 年 12 月 28 日批准。

自发布之日起，即可依据本标准第四阶段技术要求进行信息公开。

自 2022 年 12 月 1 日起，所有生产、进口和销售的 560 kW 以下（含 560 kW）非道路移动机械及其装用的柴油机应符合本标准要求。

560 kW 以上非道路移动机械及其装用的柴油机第四阶段实施时间另行公告。

本标准由生态环境部解释。

1　适用范围

本标准规定了第四阶段非道路柴油移动机械（以下简称机械）及其装用的柴油机和在道路上用于载人（货）的车辆装用的第二台柴油机的污染物排放控制技术要求。

本标准适用于以下（包括但不限于）机械及其装用的在非恒定转速下工作的柴油机的型式检验、生产一致性检查、排放达标检查、在用符合性检查和耐久性要求，如：

——工程机械（包括挖掘机械、铲土运输机械、起重机械、叉车、压实机械、路面施工与养护机械、混凝土机械、掘进机械、桩工机械、高空作业机械、凿岩机械等）；

——农业机械（包括拖拉机、联合收割机等）；

——林业机械；

——机场地勤设备；

——材料装卸机械；

——雪犁装备；

——工业钻探设备。

本标准适用于以下（包括但不限于）机械及其装用的在恒定转速下工作的柴油机的型式检验、生产一致性检查、排放达标检查、在用符合性检查和耐久性要求，如：

——空气压缩机；

——发电机组；

——渔业机械（增氧机、池塘挖掘机等）；

——水泵。

三轮汽车及其装用的柴油机、额定净功率小于 37 kW 的船舶及其装用的柴油机执行本标准。

2 规范性引用文件

本标准引用了下列文件或其中的条款。凡是未注明日期的引用文件，其最新版本适用于本标准。

GB 7258 机动车运行安全技术条件

GB 17691—2005 车用压燃式、气体燃料点燃式发动机与汽车排气污染物排放限值及测量方法（中国Ⅲ、Ⅳ、Ⅴ阶段）

GB 17691—2018 重型柴油车污染物排放限值及测量方法（中国第六阶段）

GB 20891—2014 非道路移动机械用柴油机排气污染物排放限值及测量方法（中国第三、四阶段）

GB 29518—2013 柴油发动机氮氧化物还原剂 尿素水溶液（AUS 32）

GB 36886—2018 非道路移动柴油机械排气烟度限值及测量方法

GB/T 1147.1 中小功率内燃机 第1部分：通用技术条件

GB/T 25606 土方机械 产品识别代码系统

HJ 437—2008 车用压燃式、气体燃料点燃式发动机与汽车车载诊断（OBD）系统技术要求

ISO 13400 道路车辆——基于互联网协议（DoIP）的诊断通信

ISO 15031 道路车辆 车辆与排放诊断相关装置通信

ISO 15765—4 道路车辆 控制器区域网的诊断通信（DoCAN） 第4部分：与排放有关系统的要求

ISO 27145 道路车辆 实现全球范围内统一的车载诊断系统（WWH-OBD）通信要求

SAE J1939 商用车控制系统局域网络（CAN 总线）通信协议

SAE J1939-73 应用层——诊断

ASTM E 29-06B 使用试验数据中重要数字以确定对规范的适应性

3 术语和定义

GB 20891—2014 界定的以及下列术语和定义适用于本标准。

3.1

排放控制策略 emission control strategy
与柴油机系统或机械整体设计结合到一起的用于控制污染物排放的一个或一组设计元素，包括基础排放控制策略（BECS）和辅助排放控制策略（AECS）。

3.2

基础排放控制策略（BECS）base emission control strategy

辅助排放控制策略未激活的条件下，在整个柴油机转速及负荷范围内都起作用的排放控制策略。如柴油机正时特性图（engine timing map）、EGR 流量特性图（EGR map）、SCR 系统反应剂供给特性图（SCR catalyst reagent dosing map）等。

3.3

辅助排放控制策略（AECS）auxiliary emission control strategy

为了一个或多个特定目的，并在特定环境条件和（或）运行工况（如车速、柴油机转速、挡位、进气温度或进气压力等）下起作用的，对基础排放控制策略进行临时替代或修改的排放控制策略。

3.4

失效策略 defeat strategy

不满足本标准规定的基础排放策略或辅助排放策略性能要求的排放策略。

3.5

反应剂 reagent

储存在机械使用的储存罐内，根据排气控制系统的需要提供给排气后处理系统的一种介质。

3.6

降氮氧化物系统 deNO$_x$ system

设计用来降低氮氧化物（NO$_x$）的排气后处理系统［如主动和被动的稀燃式柴油机的 NO$_x$ 催化器，吸附型 NO$_x$ 催化器以及选择性催化还原（SCR）系统］。

3.7

组合式降氮氧化物-颗粒物系统 combined deNO$_x$-particulate filter

设计用来同时减少 NO$_x$ 和颗粒物（PM）的排气后处理系统。

3.8

排气后处理系统 exhaust aftertreatment system

催化器［氧化型催化器（DOC）、三元催化器以及任何气体催化器］、颗粒物后处理系统、降氮氧化物系统、组合式降氮氧化物—颗粒物系统，以及其他各种安装在柴油机下游的削减污染物的装置。

3.9

粒子数量（PN） particle number

按照附件 BB 中描述的方法，在去除了挥发性物质的稀释排气中，所有粒径超过 23 nm 的粒子总数。

3.10

排放控制系统 emission control system

用于控制排放而开发或标定的技术要点或排放策略的系统。

3.11

NO$_x$控制诊断系统（NCD） NO$_x$ control diagnostic system

柴油机上安装的计算机信息系统，属于污染控制装置，具有以下功能：

a) 诊断 NO$_x$ 控制故障（NCM）；

b) 通过存储器内存的信息和（或）外部通信信息，发现可能造成 NO$_x$ 控制故障的原因。

3.12

NO$_x$控制故障（NCM） NO$_x$ control malfunction

对柴油机的 NO$_x$ 控制系统的篡改企图或因这种企图引起的对 NO$_x$ 控制系统造成影响的故障。在本标准中，一旦检测到这种情况，需触发驾驶员报警或驾驶性能限制系统。

3.13

柴油机系族 engine family

生产企业按 GB 20891—2014 第 8 章及本标准10.2的要求所设计的一组柴油机，这些柴油机具有类似的排气排放特性；同一系族中所有柴油机都必须满足相同的排放限值。

3.14

NCD 柴油机系族 NCD engine family

具有相同的 NCM 监控和诊断方法的一组柴油机。

3.15

颗粒物控制诊断系统（PCD） particulate control diagnostic system

柴油机上安装计算机信息系统，属于污染控制装置，具有以下功能：

a) 诊断颗粒物控制故障（PCM）；

b) 通过存储器内存储的信息和（或）外部通信信息，发现可能造成颗粒物控制故障的原因。

3.16

颗粒物控制故障（PCM） particulate control malfunction

对柴油机颗粒物控制系统的篡改企图或因这种企图引起的对颗粒物控制系统造成影响的故障。在本标准中，一旦检测到这种情况，需触发驾驶员报警或者驾驶性能限制系统。

3.17

PCD 柴油机系族 PCD engine family

具有相同的 PCM 监控和诊断方法的一组柴油机。

3.18

诊断故障码（DTC） diagnostic trouble code

能够代表或标示出故障的一组数字或字母数字组合。

3.19

确认并激活的故障码 confirmed and active DTC

NCD 和 PCD 确认存在故障时存储下来的 DTC。

3.20

访问 access

通过标准的诊断串行接口，获取所有与排放相关的数据。该数据包括与机械排放有关的零部件检查、诊断、维护或修理时的所有故障代码。

3.21

无限制 unrestricted

不依靠从机械生产企业获得的访问码或类似设备就可进行的访问，或如果被访问的信息是非标准化的，则不需要任何独特的解码信息就可对所产生的数据进行的访问。

3.22

便携式排放测试系统（PEMS） portable emissions measurement system

能安装在机械上，同时进行排气流量、污染物浓度测量，环境温度、湿度、大气压力测量和柴油机的转速、扭矩、负荷、经纬度及海拔等相关参数实时测量或采集的整套排放测试系统。

3.23

车载法 PEMS method

将 PEMS 安装在被测机械上，对机械在实际作业过程的排气污染物排放进行测量的方法。

3.24

功基窗口 work-based window

从试验开始点到终止点之间的一个连续区间，当区间的累积做功等于瞬态循环的柴油机做功量时，定义该连续区间为一个功基窗口。

3.25

窗口比排放 window brake-specific emissions

功基窗口内机械排气污染物排放总质量与窗口内做功量的比值，单位：$g/(kW \cdot h)$。

3.26

功基窗口法 work-based window method

通过比较各功基窗口比排放与柴油机型式检验比排放的符合性评价机械排放的方法。

3.27

窗口平均功率百分比 average window power percentage

功基窗口内柴油机平均功率占该柴油机最大净功率的百分比。

3.28

有效功基窗口 valid work-based window

窗口平均功率百分比大于 20% 的窗口。

如窗口平均功率百分比大于 20% 的窗口个数少于所有窗口个数的 50%，可将窗口平均功率百分比 20% 的要求以 1% 为步长逐渐减小，但最小不能小于 15%。

3.29

有效数据点 valid data points

当柴油机的冷却液温度在 70℃ 以上，或者当冷却液的温度在 PEMS 测试开始后，5 min 之内的变化小于 2℃ 时（以先到为准，但不能晚于柴油机启动后 20 min），至试验结束的所有测试数据点。

3.30

操作过程 operating process

由柴油机启动、（机械）运行、柴油机停机和从柴油机停机至柴油机下次启动前的时间组成的连续过程。

3.31

作业过程 working process

能够反映柴油机安装在机械上的实际排放性能的完整（或部分）实际操作过程。

3.32

电控燃油系统 electronic fuel injection system

可以使柴油机的喷射参数随条件不同而作出调整的柴油机的电子控制系统。

3.33

稳态循环（NRSC）　non-road steady cycle

按照 GB 20891—2014 附录 B.1 规定，包含五工况、六工况和八工况的试验循环。

3.34

瞬态循环（NRTC）　non-road transient cycle

按照 GB 20891—2014 附录 B.1 规定，包含 1 238 个逐秒变化工况的试验循环。

3.35

连续性再生 continuous regeneration

持续发生的或在每个热态的 NRTC（或 NRSC）试验中至少发生一次的排气后处理系统再生过程。

3.36

周期性再生 periodic regeneration

柴油机正常运行期间，排放控制装置不超过 100 h 便周期性发生的再生过程。

3.37

非易失性存储器 non-volatile computer memory

当电源供给中断（例如，机械电池断开，控制单元保险丝移除）时仍能保留信息的随机存取存储器。通常非易失性存储器的非易失性是通过采用车载电脑配备的备用电池来实现的，也可以通过使用电子擦除且可编程的只读存储芯片来实现。

3.38

排放控制装置 pollution control device

机械上所安装的控制或限制柴油机污染物排放的装置及其电子控制单元。

3.39

壁流式柴油颗粒物捕集器（DPF） wall flow diesel particulate filter

相邻的蜂窝孔道两端交替堵孔，迫使气流通过多孔的壁面，将颗粒物捕集在壁面孔内以及入口壁面上的颗粒物后处理系统。

3.40

机械环保代码（MEIN） machine environmental identification number

为识别机械由机械生产/进口企业根据本文要求为其生产、进口的每一台机械指定的一组字码。

3.41

全寿命 full life

机械从生产、使用直到报废的全生命周期。

3.42

机械有效寿命 useful life

与机械装用的柴油机有效寿命完全一致的时间周期。

3.43

最大净功率　maximum net power

在柴油机全负荷下测得的柴油机最大净功率值。

3.44

三轮汽车 tri-wheel vehicles

按照 GB 7258 规定，最大设计车速不超过 50 km/h，具有三个车轮的载货汽车。

4 污染控制要求

4.1 机械及柴油机型式检验

4.1.1 一般要求

4.1.1.1 本标准适用范围的机械和柴油机应按照 5.2 和 GB 20891—2014 中 5.2 的要求进行型式检验。

4.1.1.2 柴油机机型或柴油机系族可作为独立技术总成进行型式检验。

4.1.1.3 对装有未经型式检验柴油机的机械，应对机械或柴油机进行型式检验；对装有已经型式检验柴油机的机械，无须进行额外的机械或柴油机型式检验。

4.1.1.4 进行型式检验时，应使用符合 GB 17691—2018 表 D.1 规定的基准燃油，应使用符合 GB 29518—2013 要求的尿素水溶液（如适用）。

4.1.1.5 柴油机标签应清晰并便于查看，也可以辅助采取二维码形式。

4.1.1.6 当柴油机在台架上，实测的最大净功率与额定净功率不在一个功率段时，且不满足 B.2 功率偏差的要求，应执行更严格功率段的排放限值和技术要求。

4.1.2 系族（源机）的型式检验

4.1.2.1 柴油机型式检验时，应选择一台能够代表柴油机机型或系族的源机。如果所选择的机型不能完全代表 GB 20891—2014 附录 A 所述机型或系族，则应增选一台有代表性的柴油机进行试验。

4.1.2.2 源机（机械）应具有本系族中的最差排放水平，对源机（机械）进行的型式检验，可扩展到系族中的所有成员，系族中的其他成员无须再进行型式检验。

4.1.2.3 检验机构应将型式检验时柴油机的 ECU 封存备查，柴油机或机械停产 5 年后，可不再保留。

4.1.2.4 生态环境主管部门可以按照附录 J 进行确认检查。

4.2 产品型式的变更

对已型式检验柴油机机型或机械的任何修改，不应出现对污染物排放的不利影响，且仍能满足本标准要求，若变更项目属于已公开信息，机械生产/进口企业应将产品变更内容进行信息公开；若变更项目可能影响到排放性能，应进行相应的型式检验，并将产品变更内容和型式检验结果进行信息公开。

4.3 信息公开

4.3.1 本标准适用范围的机械,应由机械生产/进口企业按照 GB 20891—2014 附录 A 和本标准附录 A 的要求进行信息公开。涉及柴油机生产企业机密的相关内容,可由柴油机企业经技术处理后公开。

4.3.2 每一台机械都必须固定环保信息标签,环保信息标签应满足附录 I 的要求。

4.3.3 每一台机械都必须具有唯一的机械环保代码,机械环保代码应满足附录 K 的要求。

4.4 环保生产一致性和在用符合性

4.4.1 机械和柴油机生产企业应确保批量生产的机械和柴油机的环保生产一致性,并按附录 F 的要求提供有关生产一致性保证材料。生产企业应按本标准规定,确保新生产机械和柴油机排放达标,并按第 7 章的要求编制有关新生产机械和柴油机排放自查的相关材料,生态环境主管部门可按第 7 章的要求对新生产机械和柴油机进行达标监督抽查。

4.4.2 机械和柴油机生产企业应确保生产机械和柴油机的在用符合性,并按附录 G 的要求编制有关在用符合性自查计划。机械和柴油机生产企业应按本标准的规定确保机械在实际使用中排放达标,并按第 8 章的要求编制在用符合性自查报告,生态环境主管部门可按第 8 章的要求进行在用符合性监督抽查。

4.4.3 装用额定净功率 37 kW 及以上柴油机的机械和三轮汽车按照 5.7.6 和 GB 36886—2018 的要求,进行新生产机械达标检查和在用符合性检查。装用额定净功率小于 37 kW 柴油机的机械和三轮汽车,应按照 GB 36886—2018 要求,进行新生产机械达标检查和在用符合性检查。对有多种运行模式的机械,应在各种模式下进行新生产机械达标检查和在用符合性检查。

5 技术要求和试验

5.1 一般要求

5.1.1 基础排放控制策略的要求

基础排放控制策略应在柴油机正常的工作范围内有效,并满足本标准的相关要求。

5.1.2 辅助排放控制策略的要求

5.1.2.1 在柴油机或机械上允许使用辅助排放控制策略,作为对部分特定环境和（或）运行条件的反应。辅助排放控制策略可以被激活,但是不能永久改变基础排放控制策略。具体条件如下:

a) 当使用条件超出了 5.1.2.2 规定的控制条件,且满足 5.1.2.3 的条件时,辅助排放控制策略可以被激活；

b) 当使用条件满足 5.1.2.2 规定的要求，但为了 5.1.2.3 的目的，辅助排放控制策略可以被激活。当激活条件不存在时，辅助排放控制策略应不再起作用。

5.1.2.2 控制条件：

a) 海拔高度不超过 1 700 m；

b) 环境温度在 266～311 K（–7～38℃）；

c) 柴油机冷却液温度不低于 343 K（70℃）；

d) 如果环境温度低于 275 K（2℃）并且满足以下两个条件之一，则无论 5.1.2.1 中的控制条件如何，在配备有废气再循环（EGR）的柴油机上可以激活 EGR 的辅助排放控制策略：

1) 进气歧管温度小于或等于由以下公式计算的温度：

$$\text{IMT}_C = \frac{P_{IM}}{15.75} + 304.4$$

式中：IMT_C——进气歧管温度，K；

P_{IM}——绝对进气歧管压力，kPa。

2) 柴油机冷却液温度不高于由以下公式计算的温度：

$$\text{ECT}_C = \frac{P_{IM}}{14.004} + 325.8$$

式中：ECT_C——柴油机冷却液温度，K；

P_{IM}——绝对进气歧管压力，kPa。

5.1.2.3 为了下述目的，辅助排放控制策略可以被激活：

a) 为保护柴油机系统（包括对进气系统的保护）和（或）机械避免毁坏，且仅通过车载信号激活；

b) 为了运行安全的目的；

c) 为冷启动、热机或停机时防止过量排放；

d) 在特定环境或运行工况下，可进行权衡并降低对某一种污染物的控制，以保持对所有其他污染物的控制。

5.1.2.4 柴油机生产企业应按 5.1.3 的要求进行说明，在型式检验时，运行任何的辅助排放控制策略都满足 5.1.2 的要求。

5.1.2.5 禁止使用限制排放控制装置功效的失效策略。

5.1.3 机械生产企业应将该机械任何影响排放的技术要点、柴油机排放控制策略、柴油机系统直接或间接控制与排放有关变量的方法，以及附录 C 和附录 D 中所要求的驾驶员报警系统和驾驶性能限制系统的详细说明整理成文件包，并满足 A.3.2 的要求。

5.1.4 装有钒基 SCR 催化剂的机械，在全寿命期内，不得向大气中泄漏含钒化合物；并在型式检验时提交相关的资料（如温度控制策略及相关测试报告等），证明在机械使用期间的任何工况下，SCR 的入口温度低于 550℃。

5.1.5 机械生产企业应明确告知用户及时添加并使用符合本标准要求的燃油及反应剂，以保证机械在实际使用中能够满足本标准的排放要求。

5.1.6 柴油机生产企业应最大限度降低柴油机原机（后处理装置前端）的 NO_x 排放，并应将原机 NO_x 排放情况（数据）及测试方法向生态环境主管部门说明。

5.2　型式检验项目

机械和柴油机机型（系族）按本标准进行型式检验时，要求进行的型式检验项目见表 1（如适用）。

表 1　检验项目

标准循环	稳态循环 （NRSC）	气态污染物
		颗粒物质量（PM） 粒子数量（PN）[1]
		氨（NH$_3$）浓度[2]
		CO_2 和油耗
	瞬态循环 （NRTC）[5]	气态污染物
		颗粒物质量（PM） 粒子数量（PN）
		氨（NH$_3$）浓度[2]
		CO_2 和油耗
非标准循环[6]	稳态单点测试	气态污染物
		颗粒物质量（PM）
耐久性		
NO_x 控制[2,3]		
PM 控制[4]		

[1]　PN 测量适用于 37 kW≤P_{max}≤560 kW 的柴油机；
[2]　采用反应剂后处理系统需进行的检验项目；
[3]　采用 EGR 系统需进行的检验项目；
[4]　采用颗粒物后处理系统需进行的检验项目；
[5]　不适用于 P_{max}<19 kW 的单缸柴油机和 P_{max}>560 kW 的柴油机；
[6]　适用于电控燃油系统柴油机。

5.3　标准循环排放要求

5.3.1 装用额定净功率在 37～560 kW 柴油机的机械应加装壁流式柴油颗粒物捕集器（DPF）或更加高效的颗粒物控制装置，按照 GB 20891—2014 附录 B 及本标准附录 B 的试验规程进行试验时，应同时测量粒子数量且结果乘以劣化系数后，不应超出 GB 20891—2014 修改单表 2 规定的限值，同时应确保 DPF 再生时不能有目视明显可见烟。

5.3.2 在按照 GB 20891—2014 附录 B 及本标准附录 B 的试验规程进行试验时，应同时测定柴油机 CO_2 排放和燃油消耗量，并记录测量结果。

5.3.3 在按照 GB 20891—2014 附录 B 及本标准附录 B 的试验规程进行试验时，如果有反应剂使用，生产企业应确保柴油机在 NRTC 和 NRSC 循环中 NH_3 的排放平均值不超过 GB 20891—2014 修改单表 2 中的限值要求。

5.4 非标准循环排放要求

5.4.1 非标准循环排放的要求，适用于所有机械用电控燃油系统柴油机。

5.4.2 应按照附录 B 规定的非标准循环排放要求，在完成稳态测试工况后，进行非标准循环排放测试要求。

5.4.3 在非标准循环排放区内最少选择 3 个随机的负荷和转速点进行试验，还应随机决定上述试验点的运行顺序。试验应根据稳态循环的要求进行，但每个试验点应单独计算各种污染物的比排放量（不包含 PN），每个试验点的比排放量应不超过 GB 20891—2014 修改单表 2 限值的 2 倍。

5.5 耐久性要求

5.5.1 耐久性要求除满足 GB 20891—2014 附录 BD 的要求外，还应满足 5.5.2～5.5.4 的要求。

5.5.2 在确定劣化系数或劣化修正值的过程中，每个试验节点的额定净功率和最大净扭矩应满足附录 B.2 的规定。

5.5.3 可采用 GB 20891—2014 第 B.3.8.1 和 B.3.8.2（仅热启动循环）两种试验循环中的一种在每个时间节点进行劣化系数或劣化修正值的确定，另一个试验循环需在耐久性试验的开始和终点各进行一次排放测试。确定的劣化系数或劣化修正值适用于两个循环，且耐久性试验每个节点的污染物排放均应不超过 GB 20891—2014 表 2 规定的限值。恒定转速柴油机仅需进行稳态循环。

5.5.4 柴油机生产企业可以选择表 2 指定的劣化系数，作为替代用耐久性劣化系数。各项污染物的比排放量乘以表 2 确定的劣化系数，结果均不应超过 GB 20891—2014 表 2 规定的限值。对于使用表 2 中规定的劣化系数通过型式检验的机型，如生产企业提出书面申请，自提出申请一年内，可以实测确定劣化系数或劣化修正值，替代表 2 中的劣化系数，并变更型式检验报告。

表 2 各污染物指定的劣化系数

污染物	CO	HC	NO$_x$	PM	PN	NH$_3$
指定的劣化系数	1.3	1.3	1.15	1.05	1.0	1.0

5.6 NO$_x$ 控制措施和颗粒物控制措施的要求

5.6.1 机械生产企业应提供详细的信息充分描述排放控制系统的功能特性。

5.6.2 如果排放控制系统使用反应剂，机械生产企业必须说明反应剂的特性，包括类型、浓度、工作温度等。

5.6.3 机械生产企业应确保在所有正常条件，特别是在低温条件下，排放控制系统能保持其排放控制功能。

5.6.4 如果在机械上使用反应剂罐，则反应剂罐应易于接近、易于从反应剂罐内取样。

5.6.5 柴油机生产企业应：

    a）向机械生产企业提供书面的柴油机维护指导材料；

    b）向机械生产企业提供柴油机的安装文件，包括作为柴油机的组成部分的排放控制系统的安装文件；

    c）向机械生产企业提供驾驶员报警系统、驾驶性能限制系统以及反应剂防冻系统（若适用）的说明材料。

确保满足本标准附录 C 和附录 D 中的有关安装文件、驾驶员报警系统、驾驶性能限制系统和反应剂防冻系统的规定。

5.6.6 NO$_x$ 控制措施（如适用）正常运行应满足附录 C 的要求，并按照附录 C 的规定进行试验验证。允许企业采用比附录 C 更加严格的控制策略。

5.6.7 颗粒物控制措施（如适用）正常运行应满足附录 D 的要求，并按照附录 D 的规定进行试验验证。允许企业采用比附录 D 更加严格的控制策略。

5.6.8 NCD 和 PCD 信息应能通过通用诊断仪获取，通信协议至少满足以下标准协议中的一种。

    a）基于 ISO 15765—4 的 ISO 27145（基于 CAN）；

    b）基于 ISO 13400 的 ISO 27145（基于 TCP/IP）；

    c）SAE J1939—73；

    d）ISO 15031。

5.7 机械技术要求

5.7.1 机械生产企业将柴油机安装到机械上时，应严格按照第 6 章规定的安装要求进行，且在实际作业过程中按照附录 E 及 GB 36886—2018 进行验证时，仍能满足对应标准要求。

5.7.2　排放控制诊断系统应提供标准化的接口及无限制的访问（仅限读取），且符合 HJ 437—2008 中 D.8.2、D.8.4、D.8.5、D.8.6 的规定。诊断接口应处于容易发现和访问的位置。如果诊断接口在特定的设备箱内，该箱子的门应在不需要工具的情况下手动打开，并且箱子上清楚地标示"排放控制诊断系统"，以识别诊断接口。若因驾驶室内的结构无法满足以上要求，可以采用替代位置，但应易于接近，且在正常使用条件下能够防止意外损坏，机械生产企业应将替代位置进行信息公开。

5.7.3　禁止篡改排放控制系统。机械生产企业有责任防止机械的排放控制诊断系统和排放控制单元被篡改，机械上应具有防止篡改的功能。如果被篡改，机械生产企业应查明原因向生态环境主管部门说明，给出防篡改可行技术解决方案，并在新生产机械中采取相应补救措施。

5.7.4　装用额定净功率 37 kW 及以上柴油机的机械，出厂前应加装卫星导航精准定位系统，并满足 5.7.7 要求。机械生产企业应采取必要的技术措施，在机械全寿命内作业时，应能通过卫星导航精准定位系统实现对其准确定位，定位系统应满足附录 H 的要求。生产企业应保证机械按附录 H 的要求进行定位信息的数据发送。生态环境主管部门在进行新生产机械达标检查和在用符合性检查时，可对卫星导航精准定位系统进行定位功能检查。卫星导航精准定位系统为污染控制装置。

5.7.5　装用额定净功率 37 kW 及以上柴油机（如果装有 SCR 后处理系统，至少应有 SCR 下游 NO_x 传感器）的工程机械，出厂前应加装车载终端系统，并满足 5.7.7 要求。机械生产企业应采取必要的技术措施，在机械全寿命内作业时，按照附录 H 的要求，进行数据发送。主管部门在进行新生产机械达标检查和在用符合性检查时，可对表 H.7 上传信息用通用诊断仪进行读取的检查。车载终端系统为污染控制装置。

5.7.6　37 kW 及以上机械按照附录 E 的试验规程进行排气污染物排放测量，90% 以上有效功基窗口的 CO 和 NO_x 的比排放量应不超过 GB 20891—2014 表 2 相应功率段限值的 2.5 倍（额定净功率小于 56 kW 的柴油机 NO_x 比排放量为该功率段 HC+NO_x 限值的 2.5 倍），对于恒定转速及 560 kW 以上机械，采用累积比排放量进行污染物排放计算的，CO 和 NO_x 的比排放量同样应不超过 GB 20891—2014 表 2 相应功率段限值的 2.5 倍。

5.7.7　机械生产企业应具有车载终端和精准定位系统防拆除技术措施，确保车载终端和精准定位系统不被恶意拆除。当车载终端和精准定位系统故障或拆除时，机械应激活报警系统，并尽可能向管理平台按照表 H.2 和表 H.10 的要求发送拆除报警信息，报警信息包括拆除状态，拆除时间和定位经纬度信息。报警系统可以使用与 NCD、PCD 不同的系统。

5.7.8　机械企业应确保车载终端和精准定位系统在机械全寿命期内应正常工作。

5.8　排放质保期规定

5.8.1　机械生产企业应保证排放相关零部件的材料、制造工艺及产品质量，能确保其在机械有效寿命期内的正常功能。

5.8.2　在用户正常使用条件下，排放相关零部件如果在质保期内由于零部件本身质量问题而出现故障或损坏，导致排放控制系统失效，或排放超过本标准要求，机械生产企业应按《中华人民共和国大气污染防治法》等相关法律要求采取措施。

5.8.2.1　机械生产企业应明确告知用户按照机械的正常使用和维护指南（手册）的要求正常使用和维保，并且添加符合使用说明书和维护指南（手册）规定的油品和反应剂。

5.8.2.2　用户应使用符合标准规定的油品和反应剂。

5.8.2.3　若能证明排放相关零部件所出现的故障或损坏是由用户使用或维护不当所造成，则生产企业可不承担相关质保责任。

5.8.3　企业应对排放相关零部件的排放质保期作出自我承诺，且不应短于表 3 中规定的时间，以先到为准。

表 3　环保相关零部件排放质保期要求

柴油机功率段/ kW	转速/ （r/min）	质保期[1]	
		时间/h	年限/a
$P_{max} \geq 37$	任何转速	3 000	5
$19 \leq P_{max} < 37$	非恒速		
	恒速<3 000		
	恒速≥3 000	1 500	2
$P_{max} < 19$	任何转速	1 500	2
[1] 质保期从销售之日起计算。			

5.8.4　信息公开时，应公开排放相关零部件名单及其相应的质保期，并将以上信息在产品说明书中进行说明。

6　在机械上的安装

6.1　对本标准适用范围的机械，机械生产企业应确保柴油机安装到机械上后的状态与柴油机型式检验的状态完全相同，企业不得对柴油机进行任何调整。

6.2　进气压力降不应超过 GB 20891—2014 附录 A 对已经型式检验的柴油机规定的压力降；

6.3　排气背压不应超过 GB 20891—2014 附录 A 中对已经型式检验的柴油机规定的背压；

6.4　柴油机运行所需辅件吸收的功率不应超过 GB 20891—2014 附录 A 中对已经型式检验的柴油机规定的辅件吸收功率。

6.5　排气后处理系统特性应与 GB 20891—2014 附录 A 中柴油机型式检验中的一致。

6.6 作为独立技术总成进行型式检验的柴油机，在机械上安装时，排放控制诊断系统应满足柴油机生产企业的要求。

7 新生产机械（柴油机）排放达标要求及检查

7.1 一般要求

7.1.1 机械生产企业应按附录 F 的要求，采取措施保证生产一致性。

7.1.2 生产一致性检查应以附录 A 及 GB 20891—2014 附录 A 的信息公开材料为基础进行。

7.1.3 试验用的机械应随机抽取，机械生产企业不得对抽取的机械进行任何调整（包括对 ECU 软件的更新）。

7.1.4 机械原则上不进行磨合。如机械生产企业提出要求，可按磨合规范进行磨合，但不得超过 5 h，且不得对抽取的机械进行任何调整。

7.2 新生产机械（柴油机）达标自查

7.2.1 机械生产企业应自行制定自查规程，对新生产的机械按系族进行排放达标自查，包括自查项目、自查方法、抽样方法和抽样比例等，并将自查计划和自查结果进行信息公开。

7.2.2 机械排放自查，应按照本标准附录 E 和 GB 36886—2018 的规定进行测试。

7.2.3 机械生产企业应对机械自查试验做详细记录并存档，该记录文档应至少保存 5 年。生态环境主管部门可根据需要检查试验记录。

7.2.4 机械生产企业可以不对每个机械系族进行自查，但自查的机械系族应具有足够的代表性，确保其他系族也能达标。信息公开时，生产企业应在合理的操作和适用环境条件下，对各系族排放性能进行了合理的工程评估，并同时声明其他机械系族也符合本标准 5.7.6 的要求。

7.2.5 对机械出厂前进行自查存在困难的，应说明原因，可在使用不超过 500 h 期间进行新生产机械达标自查，并向生态环境主管部门说明。

7.2.6 新生产柴油机按照 GB 20891—2014 的 6.2 规定的抽样及方法,本标准 5.2 规定的试验项目进行排放达标自查。

7.3 新生产机械（柴油机）的达标监督抽查

7.3.1 排放基本配置核查

对排放基本配置进行核查,如被检查的机械排放控制关键部件或排放控制策略与信息公开的内容不一致,则视为该型号机械检查不通过。

7.3.2 对企业自查情况进行检查

对机械生产企业自查计划、自查过程、自查记录和自查结果进行检查。

7.3.3 排放控制策略功能性检查

从批量生产的机械中随机抽取 3 台，若 2 台以上满足附录 C（如适用）和附录 D（如适用）的规定，则判定合格。若 1 台以上诊断系统无法有效访问，或者发现无诊断接口的情况，则判定不合格。

7.3.4 污染物排放检查

7.3.4.1 对机械的污染物排放进行监督抽查。

7.3.4.2 污染物排放检查按附录 E 或 GB 36886—2018 的要求进行排放测试。

7.3.4.3 按附录 E 进行排放测试的机械，从批量生产的机械中随机抽取 3 台，若 3 台机械的各污染物比排放量结果均不超过 5.7.6 要求的 1.1 倍，且其平均值不超过 5.7.6 的要求，则判定环保一致性检查合格；若 3 台机械中任一台的某种污染物排放结果超过 5.7.6 要求的 1.1 倍，或其平均值超过 5.7.6 要求，则判定环保一致性检查不合格。

7.3.4.4 按 GB 36886—2018 进行排放测试的机械，从批量生产的机械中随机抽取 3 台，如果有 2 台及以上满足 GB 36886—2018 中 Ⅱ 类限值的要求，则判定合格，否则不合格。

7.3.5 新生产柴油机的监督抽查

按 GB 20891—2014 第 6 章的规定，对新生产柴油机进行监督抽查。

7.4 新生产机械出厂检查

新生产机械应确保出厂前满足 GB 36886—2018 中 Ⅱ 类限值的要求。

8 在用符合性要求及检查

8.1 一般要求

8.1.1 本标准适用范围的机械或柴油机，应采取措施保证其在用符合性。

8.1.2 机械生产企业采用的技术措施应确保在正常使用条件下，机械在全寿命周期的排气污染物排放都能得到有效控制。

8.1.3 在用符合性监督抽查不合格，则在用符合性检查不合格，并判定为耐久性不符合要求。

8.2 在用符合性检查

在用符合性应在正常使用条件下，有效寿命期内，按本标准附录 G 的规定进行检查。在用符合性检查包括 8.2.1 规定的机械及柴油机生产企业的自查，以及 8.2.2 规定的生态环境主管部门的监督抽查。

8.2.1 生产企业自查

8.2.1.1 柴油机生产企业应在安装了该柴油机的机械首次销售后的 18 个月内，制订在用符合性自查计划，并将自查计划和自查结果进行信息公开。柴油机生产企业的在用符合性自查应以柴油机系族为基础进行，可以不对每个系族进行自查，但自查的系族应具有足够的代表性，确保其他系族也能达标。

8.2.1.2 机械生产企业应同时制订在用符合性自查计划，自查计划应以机械系族为基础，可以不对每个系族进行自查，但自查的系族应具有足够的代表性，确保其他系族也能达标。信息公开时，生产企业应在合理的操作和适用环境条件下，对各系族排放性能进行了合理的工程评估，并同时声明其他机械系族也符合本标准 5.7.6 的要求。

8.2.1.3 在用符合性自查计划包括试验的时间表和抽样计划等，并按 GB 20891—2014 附录 A 及本标准附录 A 的要求编制，以备生态环境主管部门监督检查。

8.2.1.4 柴油机生产企业按自查计划进行在用符合性自查，应尽量选择不同机械生产企业的机械进行试验，柴油机系族的在用符合性自查报告应信息公开，并可作为机械生产企业在用符合性自查报告的一部分。

8.2.1.5 机械生产企业按自查计划进行在用符合性自查，机械的在用符合性自查报告应进行信息公开。

8.2.2 生态环境主管部门监督抽查

8.2.2.1 主管部门可根据附录 G 规定的在用符合性试验规程，对某一机型（柴油机系族）的在用符合性进行监督抽查，并记录购买、维护以及生产商的参与度等信息。

8.2.2.2 主管部门可对车载终端进行功能性检查。

8.2.2.3 如主管部门证实某一机型（柴油机系族）不满足本标准要求，生产企业应按本标准 8.2.3 和附录 G.5 的规定采取整改措施。

8.2.2.4 生态环境主管部门随机抽取 3 台机械，若 2 台及以上机械的测试结果满足 5.7.6 或 GB 36886—2018 中 II 类限值的要求，则判定合格，否则不合格。

8.2.3 不符合性整改措施

8.2.3.1 生产企业应按要求提交整改措施计划并按计划实施。

8.2.3.2 整改措施应适用于属于同一机械（系族）的所有在用柴油机或机械，并扩展到该生产企业可能受相同缺陷影响的柴油机机型（系族）、机械（系族）。

8.2.3.3 生产企业应保存每一台机械或柴油机的环境保护召回、维修或改造记录，保存期至少 10 年。

9　机械环保信息标签

9.1　机械企业在生产时或进口前，应给每台机械安装一个机械环保信息标签，标签应符合下列要求：

　　a)　如果不毁坏标签或损伤机械外观则无法将标签取下；

　　b)　在整个机械全寿命期间保持清楚易读；

　　c)　固定机械环保信息标签的零部件，应是整个机械全寿命期内一般不需要更换的；

　　d)　标签的位置应明显可见。

9.2　机械环保信息标签还应满足附录 I 的其他要求。

9.3　三轮汽车按照《关于开展机动车和机械环保信息公开工作的公告》（国环规大气〔2016〕3 号）执行机动车环保信息随车清单的规定。

10　系族

10.1　机械系族

　　同时满足下列条件的，视为同一个机械系族：

　　a)　机械由同一机械生产企业生产；

　　b)　柴油机为同一系族；

　　c)　机械种类一致，如挖掘机、装载机、叉车、拖拉机、玉米收割机等。

10.2　柴油机系族

　　确定柴油机系族时，除满足 GB 20891—2014 第 8 章要求外，还需满足以下条件。

10.2.1　电子控制策略

　　有、无电子控制单元（ECU）是柴油机系族的一个基本参数。对于电控柴油机，生产企业应提供技术要点说明编入同一系族的一组柴油机的理由，也就是，该组柴油机满足同一排放要求的原因。技术要点可以是计算、模拟、估算、喷射参数描述、试验结果等。

　　控制特征示例：

　　a)　正时；

　　b)　喷油压力；

　　c)　多点喷射；

　　d)　增压；

　　e)　VGT；

f) EGR。

10.2.2 排气后处理系统

下列装置的功能和组合均是同一柴油机系族的成员标准：

a) 氧化型催化器；

b) 三元催化器；

c) deNO$_x$ 与选择性还原 NO$_x$（附加还原剂）系统；

d) 其他 deNO$_x$ 系统；

e) 被动再生颗粒物捕集器；

f) 主动再生颗粒物捕集器；

g) 其他颗粒物捕集器；

h) 其他装置。

附录（略）

非道路柴油移动机械排气烟度排放限值及测量方法
（GB 36886—2018）

前 言

为贯彻《中华人民共和国环境保护法》和《中华人民共和国大气污染防治法》，防治装有柴油机的非道路移动机械排放颗粒物对环境的污染，制定本标准。

本标准规定了非道路移动柴油机械排气烟度限值及测量方法。本标准适用于在用非道路移动柴油机械和车载柴油机设备的排气烟度检验。新生产和进口非道路移动柴油机械的排气烟度检查参照使用。

本标准参照采用欧洲经济委员会指令 77/537/EEC《关于各成员国测量农用或林用轮式拖拉机用柴油机污染物排放的法律》和 GB 3847《柴油车污染物排放限值及测量方法（自由加速法及加载减速法）》的相关技术内容。

本标准附录 A 和附录 B 为规范性附录。

本标准为首次发布。

本标准由生态环境部大气环境司、法规与标准司组织制订。

本标准主要起草单位：北京理工大学、济南汽车检测中心有限公司。

本标准生态环境部 2018 年 9 月 27 日批准。

本标准自 2018 年 12 月 1 日起实施。

自本标准实施之日起，各相关地方标准废止。

本标准由生态环境部负责解释。

1 适用范围

本标准规定了非道路移动柴油机械和车载柴油机设备的排气烟度限值及测量方法。

本标准适用于在用非道路移动柴油机械和车载柴油机设备的排气烟度检验。新生产和进口非道路移动柴油机械的排气烟度检查参照使用。

本标准适用于以下（包括但不限于）装用在非恒定转速下工作的柴油机的非道路移动柴油机械：

——工程机械（包括装载机、挖掘机、推土机、压路机、沥青摊铺机、叉车、非公路用卡车等）；

——农业机械；

——林业机械；

——材料装卸机械；

——工业钻探设备；

——雪犁装备；

——机场地勤设备。

本标准适用于以下（包括但不限于）装用在恒定转速下工作的柴油机的非道路移动柴油机械：

——空气压缩机；

——发电机组；

——渔业机械；

——水泵。

2 规范性引用文件

本标准引用了下列文件或其中的条款。凡是注明日期的引用文件，仅注明日期的版本适用于本标准。凡是未注日期的引用文件，其最新版本适用于本标准。

GB 3847　柴油车污染物排放限值及测量方法（自由加速法及加载减速法）

GB 20891—2007　非道路移动机械用柴油机排气污染物排放限值及测量方法（中国Ⅰ、Ⅱ阶段）

GB 20891—2014　非道路移动机械用柴油机排气污染物排放限值及测量方法（中国第三、四阶段）

3　术语和定义

下列术语和定义适用于本标准。

3.1

非道路移动柴油机械 non-road mobile machinery equipped with diesel engine

用于非道路上的、如"适用范围"中提到的各类机械，即：

——自驱动或具有双重功能：既能自驱动又能进行其他功能操作的机械；

——不能自驱动，但被设计成能够从一个地方移动或被移动到另一个地方的机械。

3.2

车载柴油机设备 onboard diesel engine equipment

在道路上用于载人（货）的车辆装用的、不为车辆提供行驶驱动力的柴油机驱动的车载专用设备。

3.3

额定净功率（P_{max}） rated net power

按 GB 20891—2014 规定、制造企业在信息公开时为柴油机标明的净功率。

3.4

光吸收系数 coefficient of light absorption

光束被单位长度的排烟衰减的系数，单位为 m^{-1}。

3.5

不透光烟度计 smoke opacimeter

按 GB 3847 的规定，用于连续测量柴油机排气的光吸收系数的仪器。

3.6

林格曼烟度 ringelmann smoke

采用附录 B 中定义的林格曼黑度级数表示的非道路移动柴油机械排气烟度值。

3.7

林格曼烟度仪 ringelmann smokemeter

满足附录 B 规定的林格曼烟度法测量原理的林格曼烟度测量仪器。

4　排气烟度限值

4.1　按第 5 章进行排气烟度检验，非道路移动柴油机械排气的不透光法烟度（光吸收系数）和林格曼黑度级数不应超过表 1 规定的限值。

表 1　排气烟度限值

类别	额定净功率（P_{max}）/kW	光吸收系数/m^{-1}	林格曼黑度级数
Ⅰ类	$P_{max}<19$	3.00	1
	$19{\leqslant}P_{max}<37$	2.00	
	$37{\leqslant}P_{max}{\leqslant}560$	1.61	
Ⅱ类	$P_{max}<19$	2.00	1
	$19{\leqslant}P_{max}<37$	1.00	1（不能有可见烟）
	$P_{max}{\geqslant}37$	0.80	
Ⅲ类	$P_{max}{\geqslant}37$	0.50	1（不能有可见烟）
	$P_{max}<37$	0.80	

4.1.1　满足 GB 20891—2007 第二及以前阶段排放标准的非道路移动柴油机械，执行表 1 中的 Ⅰ 类限值。

4.1.2　满足 GB 20891—2014 第三及以后阶段排放标准的非道路移动柴油机械，执行表 1 中的 Ⅱ 类限值。

4.1.3　城市人民政府可以根据大气环境质量状况，划定并公布禁止使用高排放非道路移动柴油机械的区域，限定区域内可选择执行表 1 中的非道路移动柴油机械烟度排放的 Ⅲ 类限值。

4.2　在海拔高于 1 700 m 的地区使用的各类非道路移动柴油机械的排气不透光烟度（光吸收系数）限值应在表 1 基础上增加 0.25 m^{-1}。

4.3　执行 Ⅱ 类（$P_{max}{\geqslant}19\ kW$）和 Ⅲ 类限值的非道路移动柴油机械，在正常工作过程中，目视不能有明显可见烟。

5　检验方法

5.1　烟度检验工况

5.1.1　烟度检验前，受检机械装置的柴油机应充分预热。在机械装置连续测试过程中，应确保发动机处于正常工作的状态。

5.1.2　采用如下描述的自由加载法对在用非道路移动柴油机械的排气烟度进行检验：

现场检验人员可以根据受检机械装置的实际工作状态确定加载方法，在机械装置连续正常工作过程中（例如装载机从铲土到装载完毕的全过程），测量非道路移动柴油机械的排气烟度。

5.1.3 在非道路移动柴油机械不具备加载条件的情况下,可采用 GB 3847 描述的自由加速法进行烟度测量,即在 1 s 时间内,将油门踏板快速、连续但不粗暴地完全踩到底,使喷油泵供给最大油量。在松开油门踏板前,发动机应达到额定转速(采用手动或其他方式控制供油量的发动机采用类似方法操作),在测量过程中应进行检查。

5.2 烟度检验方法

5.2.1 不透光烟度法

用不透光烟度计连续测量 5.1 所述工况下的非道路移动柴油机械排气的光吸收系数,采样频率不应低于 1 Hz,取测量过程中不透光烟度计的最大读数值作为测量结果。若采用自由加速法,检测结果取最后三次自由加速烟度测量结果最大值的算术平均值。

不透光烟度计的安装和使用应满足 GB 3847 要求。

5.2.2 林格曼烟度法

非道路移动柴油机械按照附录 B 规定的林格曼烟度法连续观测非道路移动柴油机械在 5.1 所述测量工况下的排气烟度,将观测的林格曼烟度的最大值确定为排气烟度测量结果。检验过程中,可以使用视频、摄像或者执法记录仪等手段获取烟度检测结果。

6 判定规则

6.1 如果非道路移动柴油机械的林格曼烟度超标,则判定烟度排放检验不合格。

6.2 林格曼烟度检验合格的非道路移动柴油机械,生态环境主管部门也可继续采用不透光烟度法进行现场排气烟度检验,排气烟度满足 4.1 条规定,判定合格,否则为不合格。

7 管理要求

7.1 制造企业应按照本标准要求,制定自查规程,对新生产的机械进行排放达标自查,并将自查结果信息公开。

7.2 进口非道路移动柴油机械代理商应按照本标准要求,对进口的机械进行排放达标自查,并将自查结果信息公开。

7.3 依照城市人民政府划定禁止使用高排放非道路移动柴油机械区域的要求,可采取登记、安装定位系统等方式加强对其跟踪管理。

8 检验用仪器设备要求

8.1 检验用排放测试设备(不透光烟度计等)的工作原理、准确度应满足 GB 3847 的相关要求。

8.2 对非道路移动柴油机械排气烟度进行检验的林格曼烟度仪的测量原理应满足附录 B 的要求，林格曼黑度级数检验分辨率不超过 0.25 林格曼级数，且能够显示和记录林格曼烟度值。

9 检验用燃油要求

9.1 在用非道路移动柴油机械排气烟度现场检查时，不应更换非道路移动柴油机械的在用燃油。

9.2 新生产非道路移动柴油机械烟度排放检验时，依据制造企业要求可选用满足标准要求的柴油。

10 检验报告

非道路移动柴油机械烟度排放检验报告应满足附录 A 的要求。

附录（略）

非道路移动机械用小型点燃式发动机排气污染物排放限值与测量方法（中国第一、二阶段）
（GB 26133—2010）

前　言

根据《中华人民共和国环境保护法》和《中华人民共和国大气污染防治法》，防治非道路移动机械用小型点燃式发动机排气对环境的污染，制定本标准。

本标准规定了非道路移动机械用小型点燃式发动机第一阶段和第二阶段的型式核准和生产一致性检查的排气污染物排放限值和测量方法。

本标准的技术内容主要采用 GB/T 8190.4（idt ISO 8178）《往复式内燃机　排放测量第 4 部分：不同用途发动机的试验循环》的运转工况，修改采用欧盟（EU）指令 97/68/EC

及其修正案 2002/88/EC《关于协调各成员国采取措施防治非道路移动机械用内燃机气体污染物和颗粒物排放的法律》以及美国法规 40 CFR Part 90《非道路点燃式发动机排放控制》的相关技术内容。

本标准与上述标准相比，主要差别如下：

——发动机标签的有关内容；

——基准燃料的种类和技术要求；

——实施时间和管理要求；

——增加了生产一致性保证要求。

本标准的附录 A、附录 B、附录 C、附录 D、附录 E 和附录 F 为规范性附录。

本标准为首次发布。

本标准由环境保护部科技标准司组织制订。

本标准起草单位：天津内燃机研究所、中国环境科学研究院。

本标准环境保护部 2010 年 9 月 10 日批准。

本标准自 2011 年 3 月 1 日起实施。

本标准由环境保护部解释。

1 适用范围

本标准规定了非道路移动机械用小型点燃式发动机（以下简称发动机）排气污染物排放限值和测量方法。

本标准适用于（但不限于）下列非道路移动机械用净功率不大于 19 kW 发动机的型式核准和生产一致性检查。

——草坪机；

——油锯；

——发电机；

——水泵；

——割灌机。

净功率大于 19 kW 但工作容积不大于 1 L 的发动机可参照本标准执行。

本标准不适用于下列用途的发动机。

——用于驱动船舶行驶的发动机；

——用于地下采矿或地下采矿设备的发动机；

——应急救援设备用发动机；

——娱乐用车辆，如雪橇、越野摩托车和全地形车辆；

——为出口而制造的发动机。

2 规范性引用文件

本标准内容引用了下列文件或其中的条款。凡是不注日期的引用文件，其有效版本适用于本标准。

GB 17930　车用汽油

GB 18047　车用压缩天然气

GB 18352.3—2005　轻型汽车污染物排放限值及测量方法（中国Ⅲ、Ⅳ阶段）

GB 19159　汽车用液化石油气

GB/T 6072.1　往复式内燃机　性能　第 1 部分：标准基准状况，功率、燃油消耗和机油消耗的标定和实验方法

GB/T 8190.4　往复式内燃机　排放测量　第 4 部分：不同用途发动机的试验循环

3 术语和定义

下列术语和定义适用于本标准。

3.1

非道路移动机械 non-road mobile machinery

装配有发动机的移动机械、可运输的工业设备以及不以道路客运或货运为目的的车辆。

3.2

发动机机型 engine type

本标准附件 AA 所列发动机基本特征没有区别的同一类发动机。

3.3

发动机系族 engine family

制造企业通过其设计以期具有相似排放特性的一类发动机，在该系族中，所有发动机均须符合所适用的排放限值。发动机系族及系族内发动机机型的基本特点见附件 AB 和 AC。

3.4

源机 parent engine

按照 9.1 和附件 AA 的规定选出的代表发动机系族排放水平的发动机机型，如果系族中只涵盖一个发动机机型，则该发动机机型即为源机。

3.5

手持式发动机 hand-held engine

应至少满足下列要求之一的发动机，用"SH"表示：

a）在使用过程中应由操作者携带；

b）在使用过程中应具有多个位置，如上下或倾斜；

c）执行本标准 5.3.1 第一阶段排放限值期间该设备连同发动机的质量不大于 20 kg，执行本标准 5.3.2 第二阶段排放限值期间质量不大于 21 kg，且至少具有下列特征之一：

　　1）操作者在使用过程中应支撑或携带该设备；

　　2）操作者应在使用过程中支撑或用姿态控制该设备；

　　3）用于发电机或泵的发动机。

3.6

非手持式发动机 non-hand-held engine

不满足手持式发动机定义的发动机，用"FSH"表示。

3.7

净功率 net power

按照本标准表 EB.1 要求安装发动机装置与附件（风冷发动机直接安装在曲轴上的冷却风扇可保留），从曲轴末端或其等效部件上测得的功率，发动机运转条件和燃油按照本标准规定执行。

3.8

额定转速 rated speed

a）制造企业为手持式发动机规定的满负荷运转条件下最常用的发动机转速；

b）制造企业为非手持式发动机设定的满负荷运转条件下由调速器决定的最大允许转速。

3.9

中间转速 intermediate speed

如果发动机按 G1 循环测试，中间转速为额定转速的 85%。

3.10

负荷百分比 percent load

发动机在某转速下扭矩占该转速可得到的最大扭矩的百分数。

3.11

最大扭矩转速 maximum torque speed

制造企业规定的最大扭矩对应的发动机转速。

3.12

发动机生产日期 engine production date

发动机通过最终检查离开生产线的日期，这个阶段发动机已经准备好交货或入库存放。

3.13 符号、单位和缩略语

3.13.1 试验参数符号

所有的体积和体积流量都应折算到 273 K（0℃）和 101.325 kPa 的基准状态。

符号	单位	定义
A_T	m^2	排气管的横截面积
$Aver$		加权平均值：
	m^3/h	——体积流量
	kg/h	——质量流量
C1	—	碳氢化合物，以甲烷当量表示
conc	10^{-6}（或%，体积分数）	用下标表示的某组分的浓度
$conc_c$	10^{-6}（或%，体积分数）	背景校正的某组分浓度（用下标表示）
$conc_d$	10^{-6}（或%，体积分数）	稀释空气的某组分浓度（用下标表示）
DF	—	稀释系数
f_a	—	实验室大气因子
F_{FH}	—	燃油特性系数，用来根据氢碳比从干基浓度转化为湿基浓度
G_{AIRW}	kg/h	湿基进气质量流量
G_{AIRD}	kg/h	干基进气质量流量
G_{DILW}	kg/h	湿基稀释空气质量流量
G_{EDFW}	kg/h	湿基当量稀释排气质量流量
G_{EXHW}	kg/h	湿基排气质量流量
G_{FUEL}	kg/h	燃油质量流量
G_{TOTW}	kg/h	湿基稀释排气质量流量
H_{REF}	g/kg	绝对湿度参考值
		10.71 g/kg 用来计算 NO_x 的湿度校正系数
H_a	g/kg	进气绝对湿度
H_d	g/kg	稀释空气绝对湿度
K_H	—	NO_x 湿度校正系数
$K_{w,a}$	—	进气干-湿基校正系数
$K_{w,d}$	—	稀释空气干-湿基校正系数
$K_{w,e}$	—	稀释排气干-湿基校正系数
$K_{w,r}$	—	原排气干-湿基校正系数
L	%	试验转速下，扭矩相对最大扭矩的百分数
p_a	kPa	发动机进气的饱和蒸气压
		（GB/T 6072.1：p_{sy}=PSY 测试环境）

符号	单位	定义
p_B	kPa	总大气压（GB/T 6072.1：P_x=PX 现场环境总压力；P_y=PY 试验环境总压力）
p_d	kPa	稀释空气的饱和水蒸气压
p_s	kPa	干空气压
P_M	kW	试验转速下测量的最大功率（安装附件 EB 的设备和辅件）
$P_{(a)}$	kW	试验时应安装的发动机辅件所吸收的功率
$P_{(b)}$	kW	试验时应拆除的发动机辅件所吸收的功率
$P_{(n)}$	kW	未校正的净功率
$P_{(m)}$	kW	试验台上测得的功率
Q	—	稀释比
R_a	%	进气相对湿度
R_d	%	稀释空气相对湿度
R_f	—	FID 响应系数
S	kW	测功机设定值
T_a	K	进气绝对温度
T_D	K	绝对露点温度
T_{ref}	K	参考温度（燃烧空气：298 K）
V_{AIRD}	m^3/h	干基进气体积流量
V_{AIRW}	m^3/h	湿基进气体积流量
V_{DILW}	m^3/h	湿基稀释空气体积流量
V_{EDFW}	m^3/h	湿基当量稀释排气体积流量
V_{EXHD}	m^3/h	干基排气体积流量
V_{EXHW}	m^3/h	湿基排气体积流量
V_{TOTW}	m^3/h	湿基稀释排气体积流量
WF	—	加权系数
WF_E	—	有效加权系数
[wet]	—	湿基
[dry]	—	干基

3.13.2 化学组分符号

CO	一氧化碳
CO_2	二氧化碳
HC	碳氢化合物

NMHC	非甲烷碳氢
NO_x	氮氧化物
NO	一氧化氮
NO_2	二氧化氮
O_2	氧气
C_2H_6	乙烷
CH_4	甲烷
C_3H_8	丙烷
H_2O	水
PTFE	聚四氟乙烯

3.13.3　缩写

FID	氢火焰离子化检测仪
HFID	加热型氢火焰离子化检测仪
NDIR	不分光红外线分析仪
CLD	化学发光检测仪
HCLD	加热型化学发光检测仪
PDP	容积式泵
CFV	临界流量文氏管

4　型式核准的申请与批准

4.1　型式核准的申请

4.1.1　发动机型式核准的申请由制造企业或制造企业授权的代理人向型式核准机构提出。应按本标准附录 A 的要求提交型式核准有关技术资料。

4.1.2　应按本标准附录 F 的要求提交生产一致性保证计划。

4.1.3　应按型式核准机构要求向指定的检验机构提交一台发动机完成本标准规定的检验内容，该发动机应符合 9.1 和附录 A 所描述的机型（或源机）特性。

4.1.4　如果型式核准机构认为，申请者申报的源机不能完全代表附件 AB 中定义的发动机系族，制造企业应提供另一台源机，按照本标准 4.1.3 的要求重新提交型式核准申请。

4.2　型式核准的批准

4.2.1　型式核准机构对满足本标准要求的发动机机型或发动机系族应予以型式核准批准，并颁发附录 E 规定的型式核准证书。

4.2.2 对源机的型式核准可以扩展到发动机系族中所有机型。

5 技术要求

5.1 一般要求

5.1.1 影响发动机排放的零部件设计、制造与装配，应确保发动机在正常使用中，无论零部件受到何种振动，排放仍应符合本标准的规定。

5.1.2 制造企业应采取有效技术措施确保发动机在正常使用条件下，在表 4 或表 5 规定的发动机使用寿命期内，排放均应满足本标准要求。

5.2 发动机分类

发动机类别代号及对应工作容积见表 1。

表 1 发动机类别

发动机类别代号	工作容积 V/cm^3
SH1	$V<20$
SH2	$20{\leqslant}V<50$
SH3	$V{\geqslant}50$
FSH1	$V<66$
FSH2	$66{\leqslant}V<100$
FSH3	$100{\leqslant}V<225$
FSH4	$V{\geqslant}225$

5.3 排气污染物限值

5.3.1 第一阶段

发动机排气污染物中一氧化碳、碳氢化合物和氮氧化物的比排放量不得超过表 2 中的限值。

表 2 发动机排气污染物排放限值（第一阶段）　　　　单位：g/（kW·h）

发动机类别代号	污染物排放限值			
	一氧化碳（CO）	碳氢化合物（HC）	氮氧化物（NO_x）	碳氢化合物+氮氧化物（HC+NO_x）
SH1	805	295	5.36	—
SH2	805	241	5.36	—

发动机类别代号	污染物排放限值			
	一氧化碳 （CO）	碳氢化合物 （HC）	氮氧化物 （NO$_x$）	碳氢化合物+氮氧化物 （HC+NO$_x$）
SH3	603	161	5.36	—
FSH1	519	—	—	50
FSH2	519	—	—	40
FSH3	519	—	—	16.1
FSH4	519	—	—	13.4

5.3.2　第二阶段

5.3.2.1　自第二阶段开始，发动机排气污染物中一氧化碳、碳氢化合物和氮氧化物的比排放量不得超过表 3 中的限值，同时发动机应满足表 4、表 5 和附件 BD 规定的排放控制耐久性要求。制造企业应声明每个发动机系族适用的耐久期类别。所选类别应尽可能接近发动机拟安装机械的寿命。

表 3　发动机排气污染物排放限值（第二阶段）　　　　单位：g/（kW·h）

发动机类别代号	污染物排放限值		
	一氧化碳 （CO）	碳氢化合物+氮氧化物 （HC+NO$_x$）	氮氧化物 （NO$_x$）
SH1	805	50	
SH2	805	50	
SH3	603	72	
FSH1	610	50	10
FSH2	610	40	
FSH3	610	16.1	
FSH4	610	12.1	

5.3.2.2　对于手持式发动机，制造企业应从表 4 选择排放控制耐久期的类别。

表 4　手持式发动机排放控制耐久期的类别　　　　单位：h

发动机类别代号	排放控制耐久期类别		
	1	2	3
SH1	50	125	300
SH2	50	125	300
SH3	50	125	300

5.3.2.3　对于非手持式发动机，制造企业应从表 5 选择排放控制耐久期的类别。

表 5 非手持式发动机的排放控制耐久期的类别 单位：h

发动机类别代号	排放控制耐久期类别		
	1	2	3
FSH1	50	125	300
FSH2	125	250	500
FSH3	125	250	500
FSH4	250	500	1 000

5.3.3 用于扫雪机的二冲程发动机，无论是否为手持式，只需满足相应工作容积的 SH1、SH2 或 SH3 类发动机限值要求。

5.3.4 对于以天然气为燃料的发动机，可选择使用 NMHC 替代 HC。

5.4 排气污染物测量

5.4.1 按本标准附件 BA 的规定进行发动机排气污染物测量，试验循环按 B.3.5 及表 B.1 的规定执行。

5.4.2 发动机排气污染物应使用本标准附录 D 描述的系统测量。

5.5 发动机安装在非道路移动机械上的要求

5.5.1 安装于非道路移动机械设备上的发动机应符合型式核准所限定的使用范围。

5.5.2 发动机还应满足型式核准所关注的下列特征：

   a）发动机进气压降应不大于附件 AA 和 AC 对已经型式核准的发动机规定的最大压降。

   b）发动机排气背压应不大于附件 AA 和 AC 对已经型式核准的发动机规定的最大背压。

6 生产一致性检查

6.1 一般要求

6.1.1 对已通过型式核准并批量生产的发动机机型或系族，制造企业应采取措施确保发动机与相应的型式核准申报材料一致。

6.1.2 生产一致性检查以该发动机机型或系族排放型式核准的申报材料的内容为基础。

6.1.3 型式核准机构根据监督管理的需要，按 6.2 的要求抽取样机。

6.1.4 如果某一发动机机型或系族不能满足本标准的要求，则制造企业应积极采取措施整顿，确保生产一致性保证体系有效性。在该发动机机型或系族的生产一致性保证体系未得到恢复之前，型式核准机构可以暂时撤销该发动机机型或系族的型式核准证书。

6.1.5 生产一致性检查过程中排放测试使用符合 GB 17930、GB 18047 或 GB 19159 规定的市售燃料，也可在制造企业要求下使用符合附录 C 的基准燃料。

6.1.6 应按附录 F 采取措施保证生产一致性。

6.2 生产一致性检查方法

6.2.1 从批量生产的发动机中随机抽取一台样机。制造企业不得对抽样后用于检验的发动机进行任何调整，但可以按照制造企业的技术规范进行磨合。被测发动机的污染物排放应满足本标准要求。

6.2.2 如果从成批产品中抽取的一台发动机不能达到本标准要求，制造企业可以要求从批量产品中抽取若干台发动机进行生产一致性检查。制造企业应确定抽检样机的数量 n（包括原来抽检的那台）。除原来抽检的那台发动机以外，其余的发动机也应进行试验。然后，根据抽检的 n 台样机测得的每一种污染物的排放值求出算术平均值（$\bar{x}$）。如能满足下列条件，则该批产品的生产一致性可以判定为合格，否则为不合格。

$$\bar{x} + k \cdot S \leqslant L_i$$

式中：S——标准差，$S = \sqrt{\dfrac{\sum\limits_{i=1}^{n}(x_i - \bar{x})^2}{n-1}}$；

n——发动机数；

L_i——表 2、表 3 中规定的污染物排放限值；

k——根据抽检样机数 n 确定的统计因数，其数值见表 6；

x_i——n 台样机中第 i 台的试验结果；

$\bar{x}$——n 台样机测试结果的算术平均值。

表 6   统计因子

n	2	3	4	5	6	7	8	9	10
k	0.973	0.613	0.489	0.421	0.376	0.342	0.317	0.296	0.279
n	11	12	13	14	15	16	17	18	19
k	0.265	0.253	0.242	0.233	0.224	0.216	0.210	0.203	0.198

如果 $n \geqslant 20$，则 $k = \dfrac{0.860}{\sqrt{n}}$

7 发动机标签

7.1 发动机制造企业在生产时应给每台发动机固定一个标签，标签应符合下列要求：

a）如果不毁坏标签或损伤发动机外观则无法将标签取下；

b）在整个发动机使用寿命期间保持清楚易读；

c）固定在发动机正常运转所需零件上，该零件应是整个发动机使用寿命期内一般不需要更换的；

d）发动机安装到移动机械上，标签的位置应明显可见。

7.2 如果发动机安装到移动机械上以后，因机械遮盖而使发动机标签变得不明显易见，则发动机制造企业应向移动机械制造企业提供一个附加的标签。附加的标签应符合下列要求：

a）如果不毁坏标签或损伤移动机械外观则无法将标签取下；

b）应固定在移动机械正常运转所必需的机械零件上，该零件应是整个移动机械使用寿命期内一般不需要更换的。

7.3 标签应包含下列信息：

a）型式核准号；

b）发动机生产日期： 年 月 日（"日"可选。如在发动机其他部位已经标注生产日期，则标签中可不必重复标注）；

c）发动机制造企业的全称；

d）经过第二阶段排放型式核准的发动机，应注明发动机的排放控制耐久期（h）；

e）制造企业认为重要的其他信息。

7.4 发动机完成最终检查离开生产线之前应带有标签。

7.5 发动机标签的位置应在附录 A 中申报，经型式核准机构核准并在附录 E 型式核准证书中说明。

8 确定发动机系族的参数

8.1 发动机系族应根据系族内发动机共有的基本设计参数确定。在某些条件下有些设计参数可能会相互影响，这些影响也应被考虑进去以确保只有具有相似排放特性的发动机才包含在一个发动机系族内。

8.2 同一系族的发动机应具有下列共同的基本参数：

——工作循环

二冲程

四冲程

——冷却介质

空气

水

油

——单缸工作容积：系族内发动机单缸工作容积应在最大单缸工作容积 85%～100%的范围内。

——发动机类别（见表 1）

——气缸数量

——气缸布置型式

——吸气方式

——燃料类型

汽油

其他供点燃式发动机用燃料

——气阀和气口

——结构、尺寸和数量

——燃料供应系统

化油器

气口燃油喷射

直接喷射

——排放控制耐久期   （h）

——排气后处理装置技术参数

氧化型催化器

还原型催化器

氧化还原型催化器

热反应器

——其他特性

废气再循环

水喷射/乳化

空气喷射

9 源机机型的选择

9.1 应选取本系族中碳氢化合物与氮氧化物排放值之和最高的发动机机型作为本系族的

源机机型。

9.2 如果系族内的发动机还有其他能够影响排放的可变因素，那么选择源机时，这些因素也应被确定并考虑在内。

10 标准的实施

10.1 自表 7 规定的日期起，所有发动机或系族应按本标准要求进行排气污染物型式核准。

10.2 制造企业也可在表 7 规定的型式核准执行日期前进行排气污染物型式核准。

10.3 对于按本标准已获得型式核准的发动机或系族，其生产一致性检查自批准之日起执行。

10.4 自表 7 规定型式核准执行日期之后一年起，所有制造和销售的发动机应符合本标准的要求。

表 7 型式核准执行日期

第一阶段	第二阶段	
非手持式和手持式发动机	非手持式发动机	手持式发动机
2011 年 3 月 1 日	2013 年 1 月 1 日	2015 年 1 月 1 日

附录（略）